年代(×100万年前)

紀 / Period	Epoch	Age (Ma)
新第三紀 Neogene		23.03
古第三紀 Paleogene		65.5
白亜紀 Cretaceous	後期 Late	99.6
	前期 Early	145.5
ジュラ紀 Jurassic	後期 Late	161.2
	中期 Middle	175.6
	前期 Early	199.6
三畳紀 Triassic	後期 Late	228.0
	中期 Middle	245.0
	前期 Early	251.0
ペルム紀 Permian	ロピンギアン Lopingian	260.4
	ガダルピアン Guadalupian	270.6
	キスラリアン Cisuralian	299.0
石炭紀 Carboniferous	ペンシルバニア亜紀 Pennsylvanian — 後期 Late	306.5
	— 中期 Middle	311.7
	— 前期 Early	318.1
	ミシシッピー亜紀 Mississippian — 後期 Late	326.4
	— 中期 Middle	345.3
	— 前期 Early	359.2
デボン紀 Devonian	後期 Late	385.3
	中期 Middle	397.5
	前期 Early	410.0
シルル紀 Silurian	Pridoli / Ludlow	428.2
	Wenlock	
	Llandovery	443.7
オルドビス紀 Ordovician	後期 Late	460.9
	中期 Middle	471.8
	前期 Early	488.3
カンブリア紀 Cambrian	後期 Late	501
	中期 Middle	513
	前期 Early	542.0

第四紀 Quaternary — 2.59

世 / Epoch	Age	Ma
鮮新世 Pliocene	前期 Early	5.33
中新世 Miocene	後期 Late	11.61
	中期 Middle	15.97
	前期 Early	23.03
漸新世 Oligocene	後期 Late	28.4
	前期 Early	33.9
始新世 Eocene	後期 Late	37.2
	中期 Middle	48.6
	前期 Early	55.8
暁新世 Paleocene	後期 Late	58.7
	中期 Middle	61.7
	前期 Early	65.5

地球の変動と生物進化

新・自然史科学 II

沢田 健・綿貫 豊・西 弘嗣・栃内 新・馬渡峻輔 ── 編著

北海道大学出版会

扉イラスト：楢木　佑佳
地球環境の層状構造をイメージした。

口絵 i

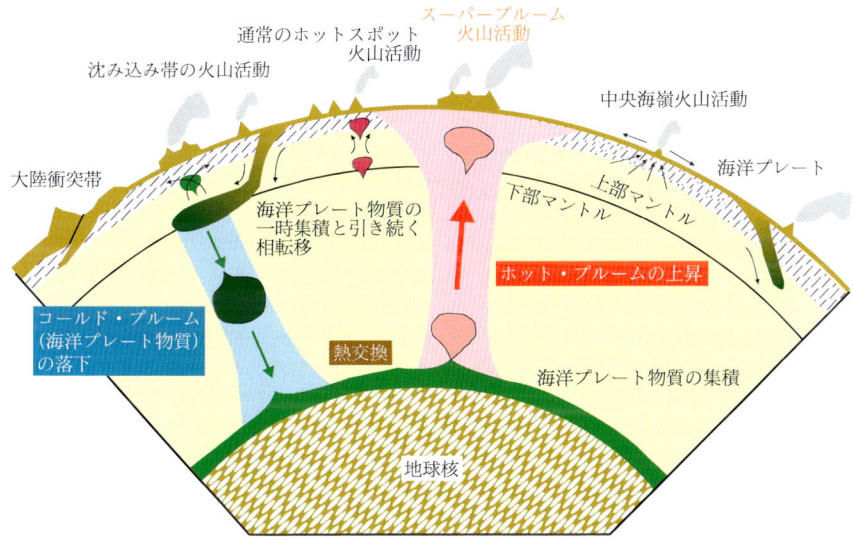

口絵 1 　プルーム・テクトニクスと地圏の変動（丸山，1997 を参考に作成）。第 2 章参照

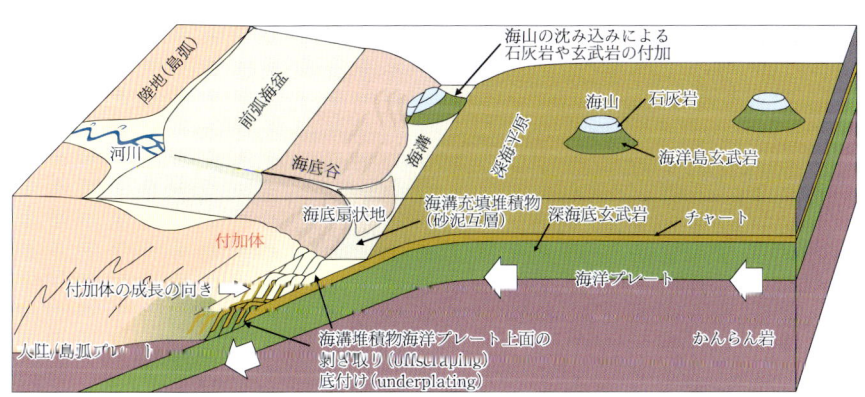

口絵 2 　プレート沈み込み – 付加作用の模式図（植田勇人氏原図）。第 2 章参照

ii

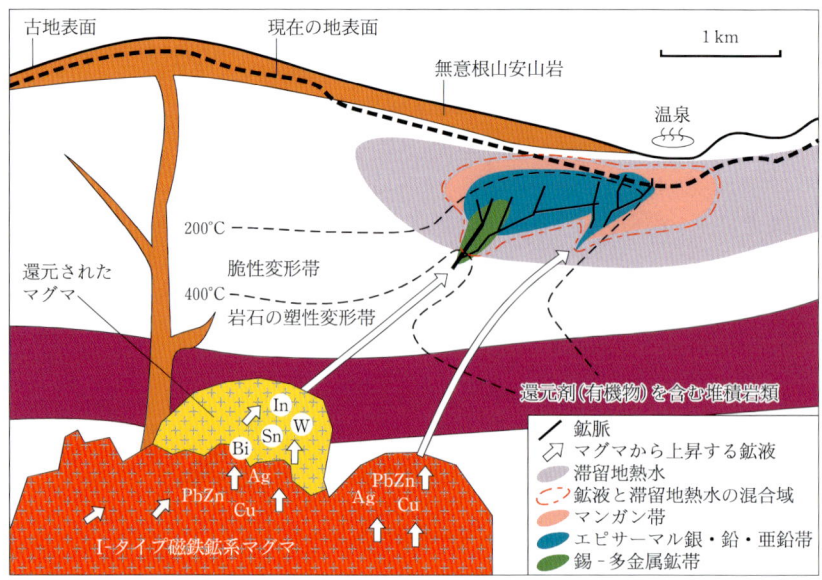

口絵3　豊羽鉱床におけるマグマ‐熱水系と鉱床形成モデル(Ohta, 1995)。第3章参照

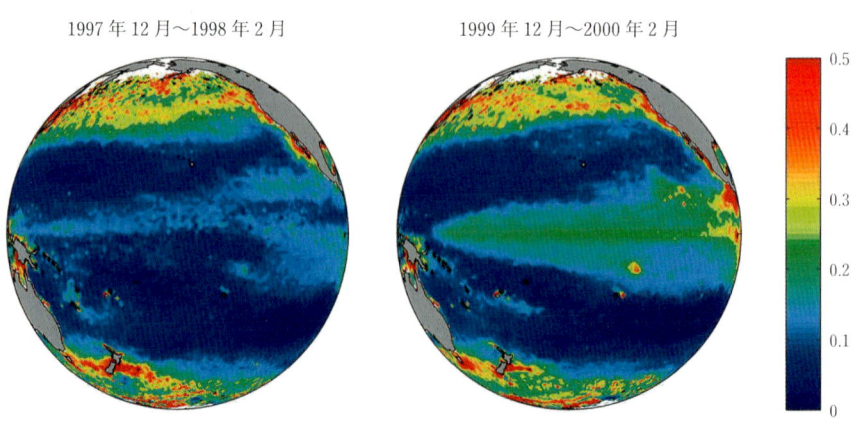

口絵4　エル・ニーニョであった1998年冬(左)とラ・ニーニャであった2000年冬(右)の，衛星観測で得られたクロロフィルa濃度。カラーバーの単位はmg m^{-3}である。なお，これらのエル・ニーニョとラ・ニーニャの海面水温，風速，降水量は第5章図1に示されている。第5章参照

口絵 5 イタリア中央部 Gubbio 郊外に露出する白亜系中部の露頭（高嶋礼詩撮影）。深海で堆積した白色石灰岩のなかに，黒色頁岩が頻繁に挟まれている。第 4 章参照

口絵 6 イタリア中央部 Gubbio 郊外に露出する OAE2 を示す黒色頁岩層（高嶋礼詩撮影）。イタリアでは OAE2 の黒色頁岩層は，Bonarelli Level と名づけられている。第 4 章参照

口絵7 北パタゴニア・チリのフィヨルドへ崩壊(カービング)するサン・ラファエル San Rafael 氷河(1983年11月,GRPP-83 撮影)。第8章参照

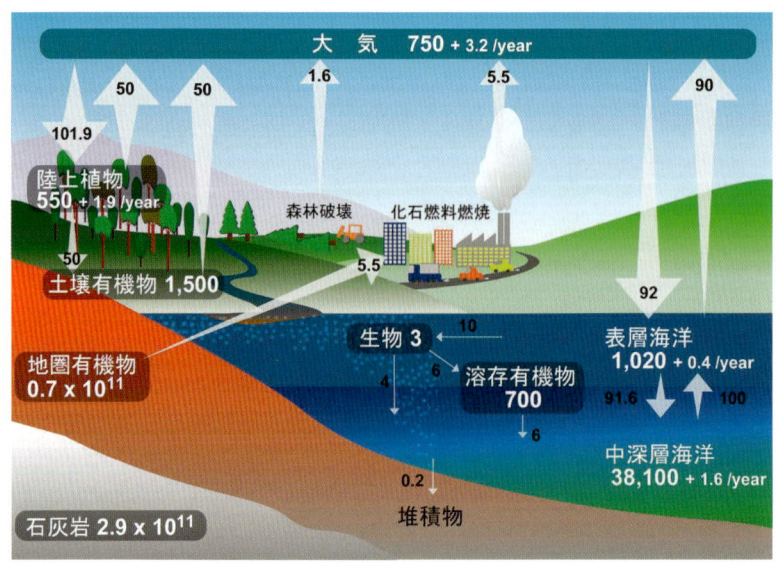

口絵8 地球表層部における各炭素リザーバーの大きさと各リザーバーのあいだの炭素収支の一般的な見積値(Siegenthaler and Sarmiento, 1993; Schimel et al., 1995 などを参考に作成)。ただし,それぞれ相当程度の誤差を含む。大気・表層海洋・中深層海洋・陸上植物の「＋」記号の後の数字は,人為起源二酸化炭素の増加に起因する年変化を表す。各数値の単位は Gt。第11章参照

口絵9 (A)ツォー・ロルパ氷河湖を堰き止めているモレーン(Yamada, 1996の掲載写真に加筆)。(B)ツォー・ロルパ氷河湖の上流側に接する氷河末端(湖面上の高さ約20 m)(知北, 2005)。第9章参照

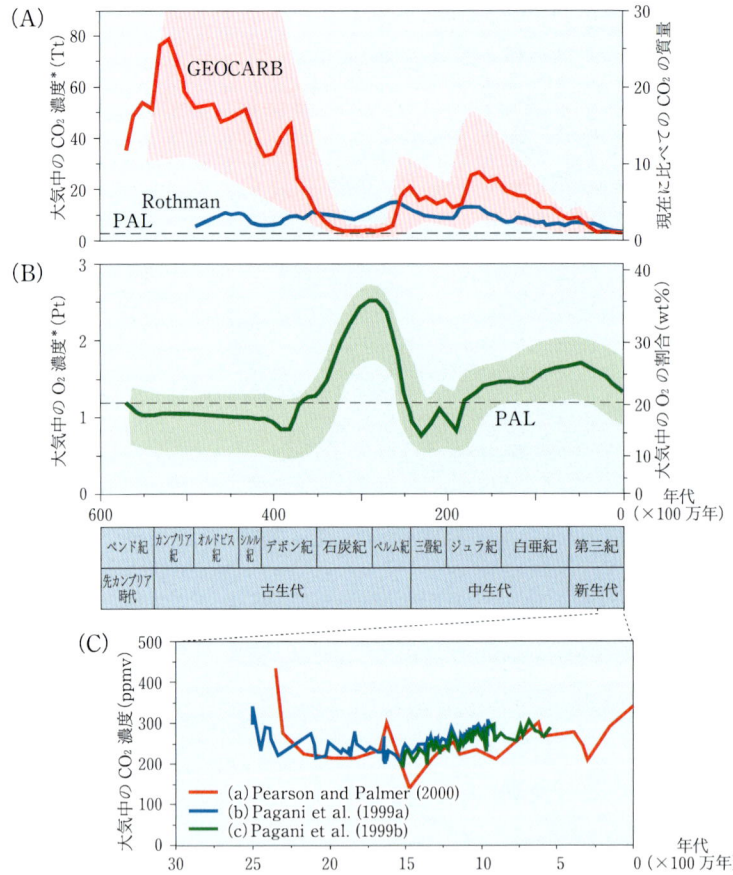

口絵 10 （A）数値モデル（GEOCARB III）から構築された顕生代における大気中の CO_2 の濃度変動（Berner and Kothavala, 2001; Royer et al., 2001）。Rothman（2002）の結果も示す。（B）数値モデルから構築された顕生代における大気中の O_2 の濃度変動（Berner and Canfield, 1989; Berner, 2001）。（C）堆積物中のホウ素同位体比（$δ^{11}B$）およびアルケノンの炭素同位体分別（$ε_p$）モデル解析によって復元された，漸新世末期以降の大気中の CO_2 の濃度変動（Pearson and Palmer, 2000; Pagani, 1999a, b を改変）。＊：CO_2，O_2 濃度を質量で示す。第 10 章参照

まえがき

　平成 15 年度 21 世紀 COE 研究教育拠点形成プログラムの「学際，複合，新領域」において，北海道大学大学院理学研究科の地球惑星科学専攻と生物科学専攻を中心としたプログラム「新・自然史科学創成―自然界における多様性の起源と進化」が採択された．これは，地球科学分野と生物分類・進化学分野の融合により，自然界，とくに人類の生存圏である地球表層圏(岩石圏，水圏，大気圏そして生物圏)の多様性と進化を包括的に理解するための新しい学問領域「新・自然史科学」を萌芽発展させることを目的としたものである．以来，2008 年までの 5 年間，本プログラムの事業担当者および関係者は，もとは自然史学(博物学)から分化した地球科学と生物分類学・進化学の二大領域を，現代的な視点から「新・自然史科学」として再統合することを目指し，さまざまな研究・教育活動を展開してきた．本プログラムが大きな成果をあげたことは，何よりも，北海道大学大学院の改組にともない，地球惑星科学専攻と生物科学専攻の一部が自然史科学部門として理学研究院のなかに組み込まれたことに現れている．

　本プログラム遂行における教育活動の一環として，北海道大学の大学院生を対象に，「新・自然史科学」に関連した必修科目 2 科目と選択科目 5 科目が開講された．そして，そのうち 5 科目の単位を取得すると修了が認定される COE 大学院特別コースが開設された．この特別コースの必修科目の 1 つが「新・自然史科学 II」である．2006 年からは，この「新・自然史科学 II」は，北海道大学大学院共通科目へと拡大され，「新自然史科学特別講義 II ―地球の長・短周期変動」という科目名で開講されている．本書は，この「新・自然史科学 II」の講義内容を整理し，さらに詳細な内容を加えたものである．

　本書は，地球内部，海洋，陸水，陸域，大気圏などの各々の空間ごとの進化・変動史を，地球科学分野と生物科学分野の理論・基礎知識に基づき，体系的にまとめたものである．本書の特徴は，おもに地球惑星科学分野の専門

家が自分の専門領域に閉じこもることなく，「新・自然史科学」の意義を理解したうえで，そのなかに生物科学的現象との相互作用という視点も加えて，各々の空間での長周期および短周期の進化・変動を執筆したことである．また，地球科学・生物科学両分野の最新の研究成果やトピックスも紹介しながら，より専門的な内容も解説した．

　本書は大学院生や学部学生のために書かれているが，それだけでなく，地球科学と生物分類学・進化学，あるいはその関連分野に関心をもつ研究者や一般の読者にとっても役に立つ教科書であれば幸いである．本書は，数億年オーダーの長時間スケールの現象から，数年オーダーの短時間スケールの現象までを，空間ごとに整理して理解できるように工夫されている．また，地球システムと地球環境の進化・変動に，生物科学的現象との相互作用も考慮して理解できるよう意図した．本書を読むことで，個々の専門分野を超えて，広範な知識に基づく地球観や生命観をもつ人材が育つことを期待している．その結果として，地球科学と生物分類学・進化学の融合した「新・自然史科学」とは何か，そして，この新分野からどのような地球と生命の歴史が概観できるのか，社会の理解が進むことを望む．

　本書を編集するにあたり，森藤恵氏にさまざまな協力をいただいた．楢木佑佳氏にはカバーイラストを，岡野和貴氏には見返し図を作成していただいた．本書の出版にあたっては北海道大学出版会の成田和男・杉浦具子両氏に多大なご協力をいただいた．ここに謝意を表する次第である．

2008年3月3日　　　　　　　　　　　　　　　　　　　　編者一同

目　次

口　絵　i
まえがき　vii

第1章　地球内部の構造と進化　1

1. 地球内部の構造と構成物質　1
   地球内部の層構造　1/地球内部を構成する物質を探る方法　3/地球内部を構成する鉱物　8
2. 地球内部の物質循環　11
   プレートの沈み込み　11/ホット・プルームの上昇　13
3. 地球内部の物質進化　15
   微惑星の衝突による原始地球の形成　16/核とマントルの分化　16/マントル対流の変化および超大陸の出現と分裂　18

引用文献　19

第2章　地殻・上部マントルの構造と変動　21

1. 地球の大構造　21
2. 地圏の基本的枠組み──プレート・テクトニクス　22
   コラム・中央海嶺下のマグマプロセスとプレート生産　24
3. 地圏における変動──山脈の形成　27
   コラム・日高山脈の火成作用とテクトニクス　28
4. 地圏表層の物質再配分──砕屑性堆積作用　31
5. 地圏の発達プロセス──沈み込み・付加作用　33

引用文献　35

第3章　島弧‐大陸縁のマグマ‐熱水系における金属鉱化作用——地殻浅所における元素の移動・濃集作用　37

1. 鉱床——はじめに　37
   鉱床と鉱石　37/島弧‐大陸縁の環境　38
2. マグマ‐熱水系における物質移動　39
   マグマ‐熱水系　39/流体の起源と挙動　41/重金属の沈殿要因　42/鉱化作用の成因と多様性　42/温泉活動との関係　42
3. 熱水性多金属型鉱床——豊羽鉱床の例　43
   豊羽鉱床の概要と鉱化作用　43/鉱石鉱物の多様性　45/鉱床生成条件　47/鉱床の成因と起源　49
4. バイオ・ミネラリゼーション——足寄町湯の滝 Mn 酸化物の例　57
   現世の生物による金属濃集作用　57/現世のマンガン鉱床　58/温泉水の性質　58/マンガン鉱物　60/微生物によるマンガン酸化物の生成　61/地質時代のマンガン鉱床成因論へ　62

   引用文献　63

第4章　新生代の海洋環境と気候変動——海洋の長周期変動　67

1. 長周期変動としての新生代の気候　67
2. 新生代とは　68
3. 新生代の気候の変遷　69
   暁新世と PETM　69/前期始新世の温暖期　72/寒冷気候の開始"5000万年前"　72/始新世末から前期漸新世の寒冷化　73/後期漸新世から中新世の温暖期　75/中期中新世以降の寒冷化　76/鮮新世から更新世の寒冷化　78
4. テクトニクスの影響による気候変動　79
   海洋海路 gateway の開閉事件と北半球の氷床拡大　79/西太平洋暖水塊の形成　80/ベーリング海峡とテチス海　80/アジアモンスーンの形成　81
5. 新生代の気候を制御する要因　82

太陽放射の量とアルベド　83/温室効果ガスの量　83/テクトニクスとの関連　85/地球の気候変動を支配するのは？　86
　コラム・白亜紀海洋無酸素事変　86
　引用文献　89

第5章　数年から100年スケールの海洋と大気の変動——海洋の短周期変動　97

　1．過去100年間の気候変動　97
　2．エル・ニーニョ　98
　3．北極振動（北半球環状モード）と北大西洋振動　105
　4．太平洋10年変動　107
　5．大西洋数十年振動　112
　6．将来の気候変動パターンの変化　112
　コラム・気候変化が海鳥の生産性に影響する　113
　引用文献　114

第6章　日本列島の形成と淡水魚類相の成立過程——陸域の長周期変動　117

　1．化石からみた新生代の淡水魚類相　117
　　古第三紀　118/新第三紀・中新世　118/新第三紀・鮮新世〜第四紀・更新世，完新世　123
　2．現在の分布パターンからみた淡水魚類相の歴史　127
　　区系生物地理から分布プロセスへ　127/淡水魚類相の階層構造　130
　3．遺伝子に刻まれた淡水魚類の歴史　131
　　大陸との関係　131/東西日本の魚類相の分断　135/通し回遊魚における分布域形成パターン　137
　4．日本列島の形成，環境変動と淡水魚類相の形成——統合的理解に向けて　140
　　分岐年代推定　140/網羅的な分子集団解析　141/分布域形成と地域魚類相の形成　142
　引用文献　146

第 7 章　氷期・間氷期の陸域環境の変動――陸域の短周期変動　151

1. 氷期の自然環境の概観　152
2. 氷河の周辺地域　154
   永久凍土環境の拡大　154/失われた植物群集・氷期のツンドラ　155
3. 乾燥地域　155
   サハラ砂漠の例　155/風成塵・レス　157
4. 熱帯雨林地域　159
5. 気候変動と動植物の応答――花粉と甲虫　160
   植物の分布の変化と移動速度　160/甲虫の遺体による環境変動の検討　162
6. 日本列島周辺の環境変動　163
   引 用 文 献　166

第 8 章　氷河の変動――陸水の長周期変動　167

1. 氷 河 と は　167
2. 地球上の氷河の分布　168
3. 氷河の涵養と消耗　172
4. 氷河の流動　174
5. 氷河変動の時間スケール　175
6. 氷河変動の仕組み　178
7. 過去の地球環境を記憶している氷河の氷　180
8. 地球温暖化にともなう海面変動　182
   コラム・氷河期のレフュジア　184
   引 用 文 献　185

第 9 章　水循環と気候変動――陸水の短周期変動　187

1. 地球と陸域の水循環　187
2. 陸域の降水と地形効果　190
3. 流域の水循環　190
4. 降雨に対する河川の応答　194

5. 河川による海洋への土砂流出 195
6. 氷河の動きと気候変動 197
7. 氷河湖の構造 201
8. 森林火災と氷河 204
コラム・アメマス，オショロコマと地球温暖化 208
引用文献 210

第10章　太古の大気組成を探る——大気の長周期変動 213

1. 大気の長周期変動 214
   炭素・酸素の長周期的な循環 214/大気中の O_2 と CO_2 のフィードバック過程 217
2. 数値モデルによって推定された地質時代の酸素と二酸化炭素の濃度変動 218
3. 地層や化石に残された過去の大気中の酸素濃度の記録 222
4. 地球化学・古生物学プロキシーから大気中の二酸化炭素濃度の変動を復元する 225
5. バイオマーカーの炭素同位体分別モデルと二酸化炭素の濃度変動 226
   炭素同位体分別モデル 227/炭素同位体分別モデルに関する植物生理学と地球化学の協調 229/ε_p による大気中の CO_2 濃度変動の復元 231

コラム・ミニチュアの地球，タイタン 233
引用文献 235

第11章　炭素循環と環境変化——大気の短周期変動 239

1. 電磁波と分子の相互作用 239
2. 大気の組成変化とその影響 244
   放射強制力 245/炭素循環 248
3. 炭素循環——石灰化と風化 250

コラム・海洋の酸性化 256
引用文献 256

第 12 章　急速に変わりつつある地球環境——あとがきにかえて　259

　1．自然界の周期性に基づく地球環境の予測　259
　2．人為的要因に基づく最近の温暖化傾向　260
　3．温暖化を実感した私的体験　262
　4．地球変動と地域文明社会の栄枯盛衰　264
　5．国境を越えた環境汚染と食糧不足　264
　6．最　後　に　266
　引 用 文 献　267

用 語 解 説　269
索　　引　273

地球内部の構造と進化

第*1*章

藤野清志・永井隆哉

　地球に関するさまざまな現象とその進化の過程を理解するには，現在の地球内部がどのような物質からなり，どのような物質循環が働いているかを知る必要がある．この章では，現在の地球内部の構造と物質循環，およびそれから推定される地球の誕生以来の進化の過程をたどってみよう．

1. 地球内部の構造と構成物質

地球内部の層構造

　現在の地球内部の構造とその構成物質を知るうえで，地球内部が深さによる層構造からなるという情報は大きな手助けとなった．そのような層構造の情報は，地震波の深さによる速度分布の解析からもたらされた．地震波の速度分布や密度分布としては，PREM(Preliminary Reference Earth Model, Dziewonski and Anderson, 1981)と呼ばれる標準モデルがよく使われる．これは，実体波，表面波，自由振動データを，マントル上部220 kmの地震波速度の異方性を考慮して解析し，得られたモデルである(図1)．

　もし地球が均質な物質からできているのであれば，密度や地震波速度は深さとともに単調に増加していくはずである．ところが，このモデルによれば，地球内部には地震波速度や密度分布が急激に変化する不連続面がいくつか存在することがわかる．大きな不連続面の1つは，大陸下では深さ30〜40 km程度，海洋下では深さ5〜6 km程度に位置し，地殻crustとマントル

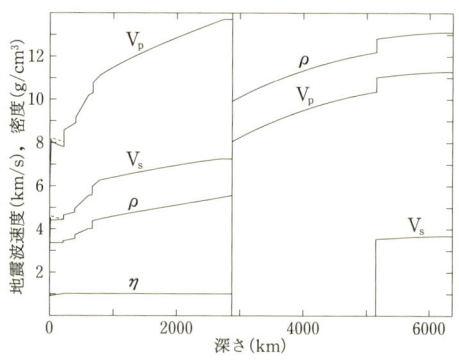

図1 最近の標準モデルである PREM による，地球内部における地震波速度(V_p, V_s)，および密度分布(ρ)(Dziewonski and Anderson, 1981 より)

mantle の境界面とされ，モホ面 Moho と呼ばれる．また，深さ約 2900 km のところにも大きな不連続面が観測され，マントルと核 core の境界面として知られている．マントルの内部には深さ 200 km・410 km・670 km にも不連続面が観測され，モホ面から深さ 670 km までを上部マントル，その下部の深さ 670 km からマントルと核の境界までを下部マントルと呼んでいる．また上部マントルの深さ 410〜670 km のあいだをマントル遷移層 transition zone と呼んでいる．なお，上部マントルを深さ 410 km までとし，その下の遷移層と分ける分類もある．下部マントルの最下部には厚さ 100〜200 km の地震波速度異常帯が認められ，D″層と呼ばれている．また，核のなかにも深さ約 5200 km のところに不連続面があり，この境界面で外核と内核に分けられる．深さ 2900〜5200 km の外核は，地震波の横波成分を通さないことから溶融状態にあると考えられる．外核での対流などの運動は，地球磁場の形成と密接な関係がある．

　こうした地球内部の層構造は，それぞれの層を構成する物質の違い，あるいは物質の何らかの変化を反映していると考えられ，地球内部の構成物質を考える際の重要な制約条件となる．

地球内部を構成する物質を探る方法
(1) 地球の化学組成
　地球内部を構成する物質を知るには，その土台となる化学組成を知らなければならない．しかし，化学組成は地球全体で一様であるわけではない．

全地球の化学組成
　全地球の化学組成を考えるときに重要となるのは，太陽系の元素存在度と，隕石のもたらす情報である．隕石には，おもにケイ酸塩鉱物からなる石質隕石，鉄とニッケル合金からなる鉄隕石，それにケイ酸塩鉱物と鉄・ニッケル合金の混合物からなる石鉄隕石の 3 種がある．石質隕石はコンドリュール chondrule と呼ばれる小さな球状の粒を含むコンドライト chondrite と，そのような粒を含まないエイコンドライト achondrite に分類される．コンドライトはそれが形成されて以来その状態を変えていない未分化の隕石であり，エイコンドライトおよびほかの隕石は分化した隕石と考えられている．原始地球は未分化な隕石の集積によって形成したと考えられており，難揮発性元素に関しては C1 と呼ばれる始源的な炭素質コンドライトの化学組成(表1)に近いと推定されている．しかし，揮発性元素に関しては，隕石や微惑星の衝突，集積，あるいは，地球誕生の最終段階で起こったとされるマグマオーシャンの過程で失われ，枯渇していると考えられる．

表 1　各種岩石の化学組成

	C1 chondrite*(wt%)	Pyrolite*(wt%)	MORB*2(wt%)
SiO_2	33.3	45.2	50.4
TiO_2	—	0.7	0.6
Al_2O_3	2.4	3.5	16.1
Cr_2O_3	—	0.4	—
FeO	35.5	8.0	7.7
MgO	23.5	37.5	10.5
CaO	2.3	3.1	13.1
Na_2O	1.1	0.6	1.9
K_2O	—	0.1	0.1
NiO	1.9	0.2	—

*Ringwood, 1966 より，*2Green et al., 1979 より

地殻の化学組成

地殻の化学組成については，地殻を構成する鉱物を地質調査やボーリングなどにより直接手にでき，詳しく分析することができるため比較的よくわかっている。その結果，大陸地殻と海洋地殻とでは，それぞれを構成する岩石の種類，年齢，厚さ，構造などが大きく異なることが知られている。大陸地殻上部は SiO_2 成分が約70％を占める花こう岩質の岩石からなり，海洋地殻は中央海嶺で生成する玄武岩(MORBという。表1参照)から構成されている。また，海洋地殻は，海洋生物の殻や遺骸を起源とする CaO 成分に富んでいるのも大きな特徴である。

マントルの化学組成

マントルの化学組成は，次項で述べるマントルからの捕獲岩などからある程度は推定できるが，深い部分はよくわかっていない。Ringwood(1966)は，マントルの化学組成をコンドライト的だとして，玄武岩とかんらん岩を主要元素の比率がコンドライトと同じになるように混ぜ合わせたパイロライト pyrolite と呼ばれる仮想的なマントル岩石を提唱した(表1)。これらの化学組成がマントル中の地震波速度や密度をうまく説明できるかどうかは，後述する高温高圧実験から得られる鉱物の相関係をもとに計算した地震波速度や密度を，PREM と比較することから議論できる。現在のところ，パイロライトモデルは PREM とよく一致し，深さ410 km・670 km の不連続面も定性的にはよく説明できる。しかし，マントル遷移層は，海洋地殻がマントル内に沈み込んでできるエクロジャイト eclogite と呼ばれる岩石(MORB組成)からなると考えたほうがより妥当であるという説もある(Anderson, 1979)。また，深さ670 km の不連続面に関しては，化学的な境界であり，下部マントルは上部マントルよりも(Mg, Fe, Ca)SiO_3 組成に富むとする説もある。

核の化学組成

核の化学組成は，その高い密度($\sim 10^4 kg/m^3$)と太陽系の元素存在度から，鉄とニッケルを主成分とすることが推定されている。しかし，純粋な鉄-ニッケル合金からなると考えた場合に比べて，その密度が数％低く，何らかの軽元素が外核では10％程度，内核では数％程度存在するものと考えられている。軽元素の候補としては，太陽系の元素存在度などから H, C, O,

Si，S などが考えられるが，後述する高温高圧実験からのアプローチでも，核の温度圧力発生はまだ発展途上にあり，どの元素がどのくらい核に含まれているかについてはよくわかっていない。しかし，これらの情報は，地球の核形成過程の温度，圧力，酸化還元状態などを明らかにするうえで非常に重要である。

(2) 地球内部からの岩石の採取

　地球内部の物質を調べるもっとも直接的な方法は，実際に地下に存在する物質を採取することである。そのため，ボーリングが行われてきた。これまでに陸地で行われたボーリングのもっとも深いものは，ロシアのコラ半島における深さ約 12 km に及ぶものとされる。また最近は，海洋部分で地殻が薄いことに着目して，深海底掘削船による海洋底ボーリングで海底からの深さ 6 km のマントルの岩石を採取しようとの計画も進んでいる。

　しかし，こうしたボーリングには限りがあり，さらに深いところからの岩石の採取には，岩石の地表への噴出が利用される。典型的な例は，ダイヤモンドを産出することで有名なキンバーライト kimberlite と呼ばれる岩石である。これは，南アフリカ，シベリア，南米そのほかの古い大陸に見られ，MgO のほか H_2O や CO_2 などの揮発性成分に富み，ダイヤモンドが熱力学的に安定である地下 100〜200 km から急速に上昇してきたとされる。この岩石は，上昇途中のさまざまな深さにあるマントルの岩石を捕獲しているので，それを調べることにより，さまざまな深さのマントルの構成鉱物を推定することができる。さらには，そこに含まれるダイヤモンド中の包有物から，ダイヤモンドが生成した深さでのマントルの構成鉱物を推定することもできる。近年，こうした包有物中に下部マントル由来の鉱物が含まれていることが報告され，注目を集めている。

(3) 高温高圧実験による地球内部の温度・圧力の再現

　上に述べてきた地球内部の構成物質を探る方法は，直接的ではあるけれども地球表層に限られたり，あるいは断片的・間接的な情報しか得られないなどの制約がある。そうした状況を打ち破ったのが，近年の地球内部の高温高圧状態を再現する装置の開発である。以下に，それらの装置について，簡単に紹介する。

静的な圧力を発生する代表的な高温高圧装置として，ピストンシリンダー型装置，マルチアンビルセル装置(図2)，ダイヤモンドアンビルセル装置(図3)がある。いずれも高圧を発生する原理は同じである。硬い物質からなる台座の断面積の広い底面に圧力をかけると，その反対側の台座の先端の非常に狭い面に，底面との断面積比に反比例する高い圧力が発生することを利用し

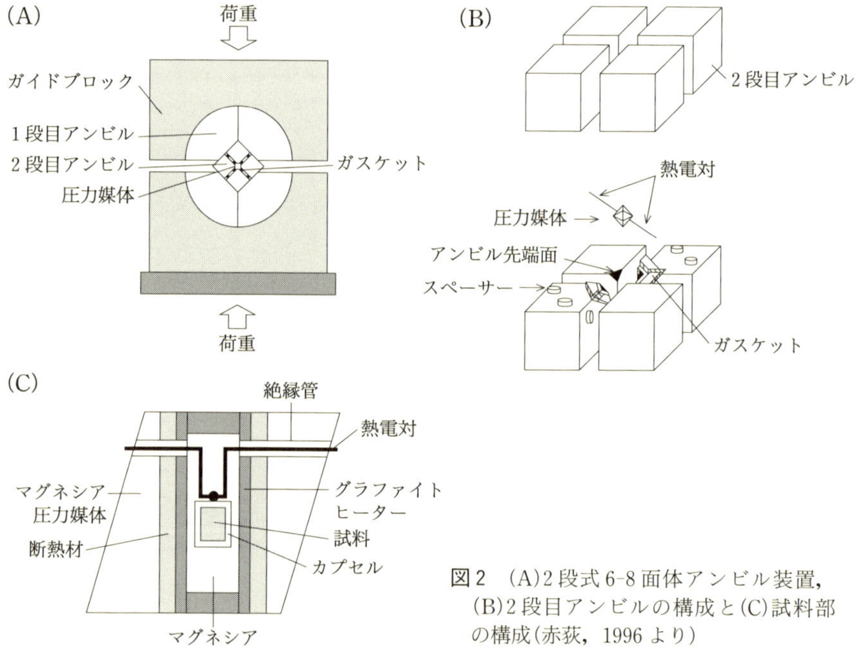

図2 (A)2段式6-8面体アンビル装置，(B)2段目アンビルの構成と(C)試料部の構成(赤荻，1996より)

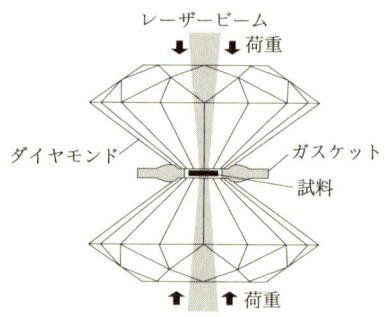

図3 ダイヤモンドアンビルセル装置

ている。この高圧発生のための広い底面と狭い先端の面をもつ台座を，アンビル anvil という。ピストンシリンダー型は 1 段のアンビルをピストンとして用いたものであり，マルチアンビルセルの場合は，アンビルを 2 段に組み合わせて使用している。しかし，いくら計算上の圧力が高くても，それを支える材質が耐える以上の圧力は発生できない。そこで，ダイヤモンドアンビルセルでは，アンビルに地球上でもっとも硬いダイヤモンドを用いている。

これら装置における高温の発生は，ピストンシリンダー型やマルチアンビルセルでは，試料の近くに導電性の材料を配置し，電流による抵抗発熱で試料を高温にする。一方，ダイヤモンドアンビルセルの場合は，ダイヤモンドが光に透明であることを利用して，試料にのみ吸収される波長のレーザー（YAG，YLF，CO_2）を照射することにより，試料を高温にする方法が一般的になってきた。これらの装置により，ピストンシリンダー型装置では約 4 GPa，2000 K(上部マントルの上部相当)，マルチアンビルセル装置では約 70 GPa，2000 K(下部マントルの中部相当)，ダイヤモンドアンビルセル装置では約 300 GPa，3000 K(外核相当)近くの高圧高温状態をそれぞれ発生させることができ，その到達温度・圧力は日々更新されている。

これらの高温高圧条件で何ができたかを調べるため，従来は高温高圧状態に保持した試料を大気圧下に回収し，X 線や電子線を使った回折実験や分析を行っていた。この方法では回折実験や組成分析を精密に行うことができるが，高圧鉱物のなかには大気圧に戻すと低圧鉱物に変わったり非晶質になってしまうものがあるという問題点があった。ところが，1980 年代以降，フォトンファクトリー(つくば市)や SPring-8(兵庫県西播磨)というような大型放射光施設が稼動を始め，強力な X 線を高温高圧状態にある試料に直接あてて情報を取り出す〝その場観察〟という手法が盛んに行われるようになり，高圧鉱物の構造をその安定条件下で観察することが可能になった。

これらの実験手法を用いた研究の結果，PREM に見られた深さ 410 km と 670 km の地震波の不連続面は，次のような鉱物の相変態に対応するらしいことがわかってきた。

410 km 不連続面：(Mg，Fe)$_2$SiO$_4$ かんらん石 - 変形スピネル転移 olivine-modified spinel transition

670km不連続面：(Mg, Fe)$_2$SiO$_4$ スピネル - (Mg, Fe)SiO$_3$ ペロブスカイト＋(Mg, Fe)O マグネシオウスタイト分解反応
spinel - perovskite + magnesiowustite decomposition reaction

なお，先に述べた200km不連続面は，部分的に溶融した低速度層とその下の冷たく硬い層(メソスフェアー mesosphere という)との境界に対応し，特定の鉱物の相変態には対応していないらしい。

地球内部を構成する鉱物

前節のさまざまな方法により推定される現在の地球内部を構成する鉱物をまとめると，図4のようになる。この図では，岩石の化学組成がパイロライト組成の場合と，MORB組成の場合の鉱物構成をまとめた。横軸に圧力あるいは地表からの深さをとり，縦軸にその深さで存在する鉱物の体積比を表した。通常のマントルでの鉱物構成にはパイロライト組成の図で考えるのが一般的であり，沈み込むプレートの上面の海洋地殻部分の鉱物構成にはMORB組成の図で考えればよい。以下，上部マントル以深の岩石組成はパイロライト組成であるとして地球の表層から中心核に向けて，構成鉱物をみてみる。

(1) 地　殻

地殻を構成している鉱物は，火成作用，変成作用，堆積作用，風化作用，変質作用といったさまざまな地質学的プロセスを反映し，じつに多種多様である。前述したように大陸地殻と海洋地殻ではその化学組成はかなり異なるが，一般的に地殻はマントルに比べてSiO$_2$に富んでいることから，SiO$_2$成分からなる石英，おもにNaAlSi$_3$O$_8$-KAlSi$_3$O$_8$-CaAl$_2$Si$_2$O$_8$ 3成分系からなる長石，(Mg, Fe)SiO$_3$斜方輝石，Ca(Mg, Fe)Si$_2$O$_6$単斜輝石が主要構成鉱物である。また，水と鉱物との反応によってできる含水鉱物や，大気，海洋中のCO$_2$との相互作用でできる炭酸塩鉱物は，大気と水をもつ地球を特徴づける鉱物であり重要である。

(2) 上部マントル(遷移層より浅い部分)

マントルの岩石の分析，あるいは，高温高圧実験の結果は，遷移層より浅い部分の上部マントルの鉱物組み合わせが地殻に比べ単純であることを示し

(1) パイロライト組成

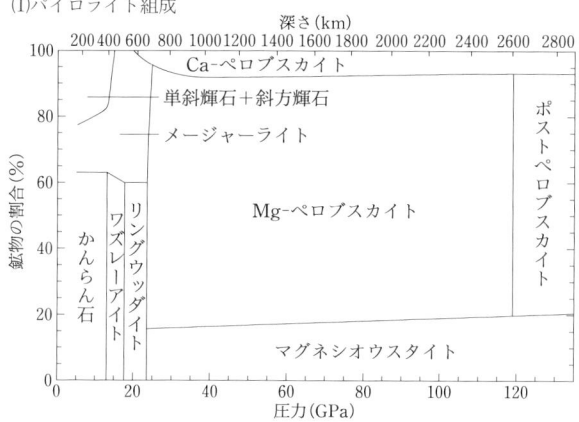

(2) MORB組成

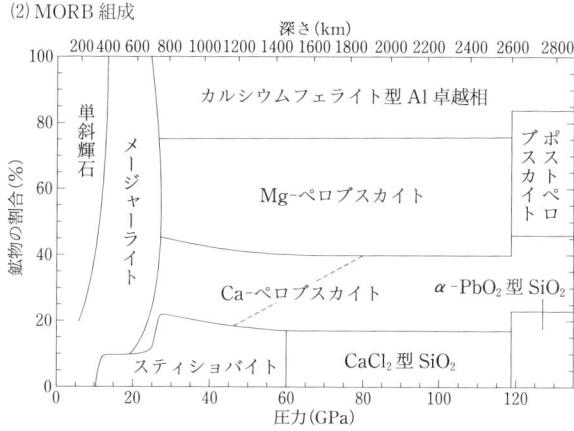

図4　地球内部の物質構成（Hirose, 2006 より）

ている。主要構成鉱物は，(Mg, Fe)$_2$SiO$_4$ かんらん石，斜方輝石，単斜輝石，それとおもに Mg$_3$Al$_2$Si$_3$O$_{12}$ 組成のざくろ石である。

(3) 遷移層

かんらん石から相転移した(Mg, Fe)$_2$SiO$_4$ 変形スピネル（β-スピネルともいう，鉱物名ワズレーアイト wadsleyite），さらに相転移した(Mg, Fe)$_2$SiO$_4$ スピネル（γ-スピネルともいう，鉱物名リングウッダイト ringwoodite）と斜方輝石成分が固溶したメージャーライト majorite と呼ばれる(Mg, Fe)$_3$(Mg, Al, Si)$_2$

Si$_3$O$_{12}$ 組成のざくろ石からなる。前述したようにかんらん石 – 変形スピネル相転移の特徴は，深さ 410 km に相当する地震波の不連続をよく説明する。しかし，前述したように 410 km 不連続面は一種の化学境界であり，エクロジャイト（MORB 組成）が遷移層を構成しているという考え方もある。その場合のおもな構成鉱物は，メージャーライトと単斜輝石，それに石英の多形である SiO$_2$ スティショバイトとなる。

(4) 下部マントル

パイロライトモデルから予想される下部マントル主要構成鉱物は非常にシンプルで，ペロブスカイト構造 perovskite structure をもつ (Mg, Fe)(Al, Si)O$_3$ 組成と CaSiO$_3$ 組成の 2 種類のケイ酸塩ペロブスカイト，および岩塩構造の (Mg, Fe)O マグネシオウスタイトである。副成分としての存在が推定される Al については，Al に富む単独の鉱物相で存在するという説もあるが，最近の実験結果からは，Mg に富むペロブスカイト中に 3 価の Fe といっしょに固溶している可能性が高い。従来，地球内部は深さとともに還元的になるので，下部マントルの鉄はすべて 2 価と考えられていたが，Mg に富むペロブスカイト相は 3 価の鉄とアルミを構造中に取り込みやすいので (Frost et al., 2002; Nishio-Hamane et al., 2005)，下部マントルの鉄はむしろ 3 価が支配的との考えが強まっている。その際鉄は $3Fe^{2+} \longrightarrow 2Fe^{3+} + $ metal Fe の価数不均化反応を起こすと考えられる。一方，MORB 組成の海洋地殻が下部マントルにまで沈むと，パイロライトとは少し違った鉱物組み合わせとなる。Mg に富むものと Ca に富むものの 2 種類のケイ酸塩ペロブスカイトと Al に富む相および SiO$_2$ の高圧相からなるらしい。

D″ 層に関しては，従来マントルと核との化学反応，あるいは下部マントル最下部の部分的な融解などがその原因として考えられていた。ところが最近，高温高圧実験で Mg に富むケイ酸塩ペロブスカイトが，D″ 層に相当する温度圧力条件で (Mg, Fe)SiO$_3$ 組成の新たな相（ポストペロブスカイト構造と呼ばれる：Murakami et al., 2004; Oganov and Ono, 2004）に相転移することが発見され，D″ 層を構成するのではないかと熱い議論が交わされている。

(5) 外核（液相）

構成物質は，溶融状態の鉄 – ニッケル合金と考えられている。ただ，前述

したように観測される密度がFe-Niだけではやや低いことから，これに10%程度の軽元素（H，C，O，Si，Sなどが候補）が溶け込んでいると考えられている。

(6) 内核（固相）

地震波から推定される密度から，外核に比べるとより鉄－ニッケルに富む固体の合金と考えられるが，数％の軽元素も含まれているらしい。高温高圧実験から，ε 相（六方最密充填格子）の結晶構造であると推定されている。

2. 地球内部の物質循環

前節で，現在の地球内部を構成する物質をみてきたが，これらの物質は地球内部で固定して存在しているわけではなく，地球規模の物質の運動のなかで生成・消滅し，変化している。そうした地球規模の物質循環は，地球のさまざまな現象に影響を与えている。ここでは地球規模の物質循環の代表的な例として，プレートの沈み込みとホットプルームの上昇をみてみよう。両者は，相補的な関係にあるとみられている。

プレートの沈み込み

中央海嶺で生成したばかりの海洋地殻は基本的には無水鉱物から構成されている。しかし，大洋底をプレートとして移動するあいだに，水－鉱物間の相互作用が起こり，緑泥石，角閃石，雲母，蛇紋石などの含水鉱物が生成する。その結果，沈み込むプレートにともなって，揮発性物質である水が地球内部に取り込まれることになる。水が地球内部のどこまで運ばれるかは，生成した含水鉱物が地球内部の高圧高温条件下でどれだけ安定であるかにかかっている。多くの含水鉱物は，プレートの沈み込みにより高温高圧の条件にさらされると脱水反応を起こし，水を放出することがわかっている。この放出された水はマントル鉱物の融点を著しく低下させ，島弧火山のマグマの成因にも大きく関与していると考えられている。このようにして，地球内部にいったん取り込まれた水は，火山活動にともなって再度，地表に戻ることになる。

しかし，含水鉱物のなかにはさらに地球内部の深くまで安定して存在するもの(DHMS：Dense Hydrous Magnesian Silicate)がある可能性が，近年の高圧実験で示されている．さらに，マントル遷移層の主要構成鉱物である変形スピネル相やスピネル相が，それぞれ 3.2 wt％，2.2 wt％もの水を構造中に取り込むことがわかってきた．含水量がわずか数％であっても，これらの鉱物はマントルの主要構成鉱物であるため，地球内部に蓄えられる水の総量は非常に大きなものになる．このことから，地球内部の温度が現在よりも低くなると，多くの含水鉱物が地球内部のより深部まで脱水することなくもたらされ，水が地表に戻ることなく地球内部に蓄えられ続けることになる可能性も指摘されている．

　炭素も重要な揮発性元素の1つであり，その大部分が地球誕生時に脱ガスにより地球内部から放出され，多くは CO_2 として大気を形成したと考えられている．CO_2 の一部は炭酸塩として鉱物中に取り込まれる．この炭酸塩鉱物も沈み込むプレートにともなって地球内部に運ばれていくと考えられ，一部は融解あるいは脱炭酸反応の結果，水の場合と同じようにマントル鉱物の融点を下げ，マグマの成因に大きく関与するであろう(炭酸塩メルトによる火山も知られている：カーボナタイト carbonatite)．炭酸塩鉱物の1つである $MgCO_3$ マグネサイト magnesite は，単体では核‐マントル境界条件まで安定であることが実験的にわかっていた．しかし最近，深さ 1000 km 程度の下部マントル条件下で SiO_2 と反応して CO_2 に分解した後，ダイヤモンドが生成されうることが実験的に示された(Seto et al., 2008)．この発見は重要で，1990年代から盛んに報告されるようになった下部マントルを起源とするダイヤモンドの成因と深くかかわっている可能性がある．また，核‐マントル境界条件では，炭酸塩と共存する鉄に炭素が分配される，つまり，核に軽元素をもたらすメカニズムとなりうることが高温高圧実験によって示されつつある．これらのシナリオが正しければ，地表から炭酸塩として地球内部に取り込まれた炭素の一部は核にまで運ばれ，一部は下部マントルから再び地表に戻ってくることになり，揮発性元素の物質循環も地球内部のマントル，核をも含むグローバルなものであることを意味し，興味深い．

　近年，地震波トモグラフィー seismic tomography という解析法で，マント

ルに沈み込むプレートの3次元的な形状がわかるようになってきた(Fukao et al., 1992；図5)。これまでの報告によると，マントルに沈み込むプレートは，上部マントルと下部マントルの境界まではほぼ直線的に沈み込むが，境界に達するとそこでいったん横たわる場合が多いという。深尾らはこれを，スタグナントスラブ stagnant slab と命名した。こうして，いったん滞留したスラブは，そのうち核・マントル境界に向けて崩落するらしい。

　このような沈み込むプレートの振る舞いは，物質科学的にはどのように説明されるのであろうか。沈み込んだプレートが上部マントルと下部マントルの境界に横たわる理由としては，深さ 670 km 付近でプレートの内外で起きる $(Mg, Fe)_2SiO_4$ スピネルから $(Mg, Fe)SiO_3$ ペロブスカイト＋$(Mg, Fe)O$ マグネシオウスタイトへの相変態反応の温度－圧力平面における境界線が負の温度勾配をもつため，周りより温度の低いプレート内部では両者の相境界が下に凸になるので，低密度相が高密度相にはいりこむことになり，プレートに浮力が働くためとの考えがある。また，深さ 670 km 付近では上記の相変態により，周りのマントルのほうがプレートの上面を構成する海洋性地殻(MORB 組成)の高圧相(おもにメージャーライト)より密度が大きくなり，プレートに浮力が働くためとも考えられている。いずれもまだ決着のつかない問題であり，いったん滞留したプレートがなぜ崩落するかも含め，地震波トモグラフィーと高温高圧実験によるさらなる解明が進められている。

ホット・プルームの上昇

　マントルの深部に固定した熱源があり，そこから熱い流れが上昇してきて火山活動を引き起こす，そのような場所をホットスポット hot spot と呼ぶことが 1960 年代ごろから始まり，ハワイ諸島がその典型とされてきた。1980 年代には，ホットスポットのもとが全地球規模でつながっており，そこから上昇してくる熱い流れが地球の表層にさまざまな現象を引き起こしているとの考えがでてきた。そして，この上昇流についても，地震波トモグラフィーが全地球規模の3次元像をわれわれに示してくれるようになった。この上昇する熱い流れは「ホット・プルーム hot plume」と呼ばれる。こうしてマントル内の大規模な対流運動が全地球規模の変動を支配するとの「プルーム・

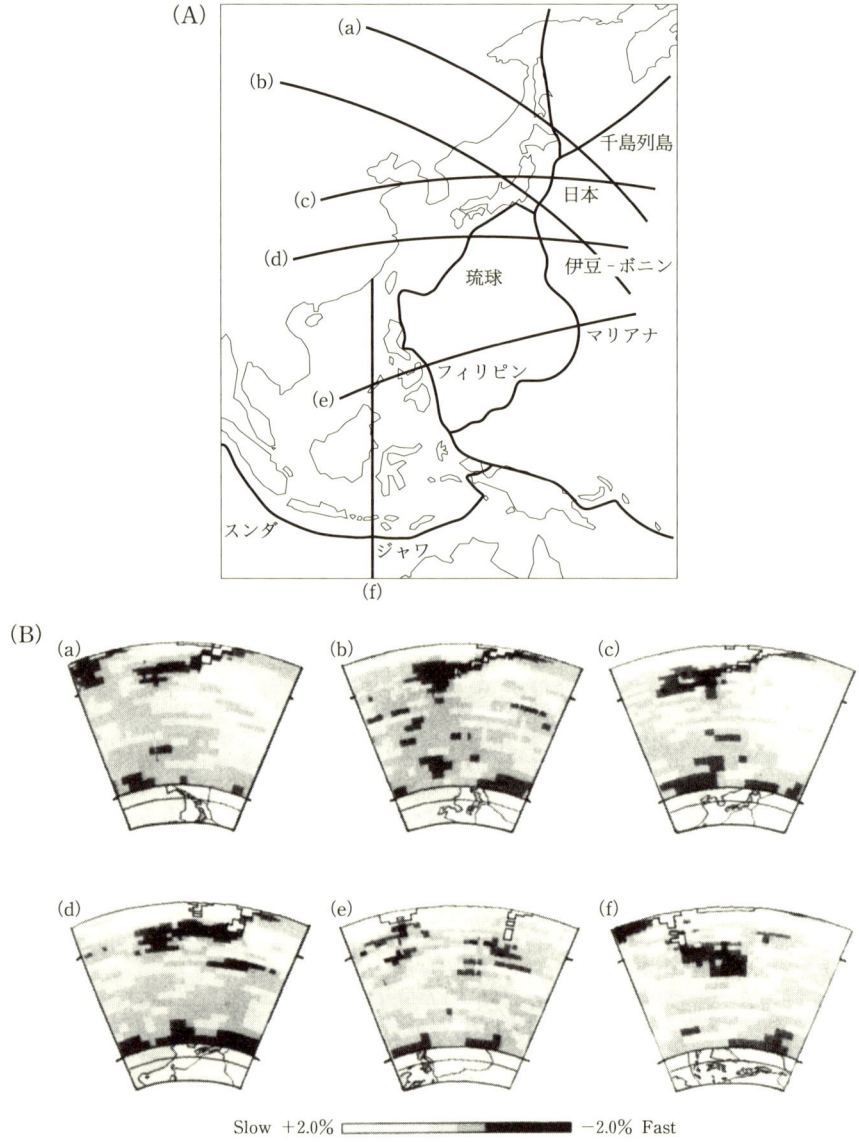

図5 地震波トモグラフィーでみた沈み込むプレートの行方(Fukao et al., 1992)。(A)で示した各測線にそってみた地表から核−マントル境界までの地震波の速度異常が(B)に示してある。(B)で濃い色ほど地震波速度の速い(より低温の)部分を表し,沈み込むプレートを反映していると思われる。地表からの白いブロックは,和達−ベニオフ帯を表す。上方の横にでた線は,670 kmの不連続面の深さを表す。

テクトニクス」の考えが，広がってきている(Maruyama, 1994；口絵参照)。現在，南太平洋とアフリカ大陸の下に巨大な上昇流があるといわれ，スーパープルームと呼ばれている。

ホット・プルームがマントルのどこから上昇してくるかはいまだ確定していないが，多くの研究者はそれが核－マントル境界から上昇してくると考えており，地震波トモグラフィーでもそのことを支持する例が報告されている。しかし，上昇の源はそうだとしても，そうしたプルームは下部マントルと上部マントルの境界でいったんとどまり，あらためてその境界付近からプルームが上昇するとの考えもある。プルームを構成するペロブスカイト相とその低圧相との相境界が負の温度勾配をもつため，今度は周りのマントルより温度の高いプルーム内での両者の相境界が上に凸になることにより，ホット・プルームに重力抵抗が働くことがその理由の1つに挙げられている。

ホットプルームのうち大規模なものは，間欠的に起きると考えられており，それは沈み込んだプレートの崩落と関係づけられている。すなわち，沈み込んだプレートが上部マントルと下部マントルの境界にいったん滞留した後，それがある程度の量になると塊となって下部マントルへ落ち込み(コールド・プルームと呼ばれる)，そのときマスバランスを保つためにその反動でホット・プルームが上昇するとの考えである。こうして上昇した大規模なプルームが地球表層で巨大な洪水玄武岩に見られるような激しい火成活動を引き起こすという。こうしたサイクルが数億年に一度の頻度で起きると考えられている。

じつはこの滞留したプレートが崩落し，その反動でプルームが上昇を始める場所がD″層であり，こうした時間的に非定常に起き，空間的な地域差をもったイベントがD″層の不均質性を生みだしているのかもしれない。いずれにしろ，滞留したプレートの崩落とスーパープルームの上昇およびD″層の不均質性とは，互いに関連しているように思える。

3. 地球内部の物質進化

これまでに述べた現在の地球内部の構造とそこにおける物質循環は，原始

地球誕生以来の進化の過程における現在の時間断面である。その長い過程で地球内部の物質進化は地球表層の地質と生物の進化にさまざまな影響を及ぼしてきた。表2に地球誕生以来の推定される地球内部の物質進化を年代別に並べ，それと地球表層の進化とを対比してみた。この表をもとに，両者の関係をたどってみよう。しかし，こうした過程を探ることは，現在の姿から過去のプロセスを紐解くという逆問題を解くことであり，つねに不確かさをともなうのはやむをえない。

微惑星の衝突による原始地球の形成

約45.6億年前の原始地球の形成に関しては，原始地球の集積の最終段階のシナリオが，ここ十数年のあいだに大きく変わった。従来は，原始太陽系の星雲中で塵が集まって微惑星になり，さらにそれら微惑星が集まって地球になったと説明されていたが，その微惑星の集積するプロセスについては，詳しい説明はなかった。しかし，最近の説では，微惑星の集積の最終段階で火星規模の大きさの微惑星ができると，軌道運動の不安定さによるそれら火星規模の微惑星同士の巨大衝突（ジャイアントインパクト）で，地球が「暴力的に」誕生した(Kokubo et al., 2006)とする考えが広まってきている。

核とマントルの分化

約45.6億年前に原始地球が形成されたときには，その表面は集積による重力エネルギーの解放のため，完全に溶けたマグマに覆われていた（マグマオーシャンという）と考えられている。そのとき地球の内部では，核とマントルの分化がすでに始まっていたと考えられる。約45.5億年前の月の誕生は，火星サイズの微惑星と地球との巨大衝突によりできたと考えられており，このときすでに地球と微惑星では，核とマントルの分化がかなり進んでいたと思われる。なぜなら，そうした巨大衝突で誕生した月には，観測できるほどの鉄-ニッケルからなる核がなく，微惑星と地球の分化したマントル部分から月ができたと考えられるからである。月を誕生させた巨大衝突により，地球は少なくとも相当の深さまで再びマグマオーシャンに覆われたと思われる。

表2 地球内部と表層における進化の対照表

年代	地球内部の物質進化	地球表層の進化
46億年前	・原始太陽系の形成	
45.6億年前	・原始地球の形成 ・核とマントルの分化 ・乱流的マントル対流	・マグマオーシャン(微惑星または巨大惑星の衝突による重力エネルギーの解放)
45.5億年前	・最後の巨大衝突による月の形成	
40億年前？	・マントル二層対流	・海の形成 ・大陸地殻誕生 ・プレート運動の開始
38億年前？		・最古の生命活動の痕跡 ・プレートの規模の拡大
28億〜27億年前から？	・全マントル対流の開始 ・プレートの沈み込みとホット・プルームの上昇	・洪水玄武岩の噴出
24億〜6億年前まで何回か		・スノーボールアース(全地球凍結)多くの生物が絶滅した可能性 ・スノーボールアース後のシアノバクテリアの急激な成長 ⇒大気中の酸素濃度の増大
22億〜19億年前？		・最古の真核生物の出現 (細胞内に核膜で覆われた核をもつ生物)
19億年前？		・超大陸の出現と分裂 (4億〜5億年で分裂と合体を繰り返す；ウィルソン・サイクル)
約5億年前		・カンブリア爆発 ・その後，何回かの生物の大量絶滅
6500万年前		・巨大隕石の衝突 ・恐竜の絶滅

マントル対流の変化および超大陸の出現と分裂

巨大衝突による熱や中心部に落下する鉄の重力エネルギーの開放，および放射性元素の崩壊による熱で地球内部が相当高温であったときは，熱は乱流的なマントル対流により地球表面から逃げていき，地球は急速に冷えていったと考えられる。マグマオーシャンが固化するにつれて，固体地球にはいりきれなかった揮発性成分が分離して，大気，海洋が生じたらしい(高橋，1996)。約40億年前ごろには，深さ数百km以深でペロブスカイト相からなる下部マントルと上部マントルの分化が起きていたと思われる。それにともなって，マントル内の対流は，上部マントルと下部マントルそれぞれの内部で対流が起きる二層対流に変わっていたであろう(図6)。そして，今に残る地球最古の岩石からなる大陸地殻も，このころには出現していたと考えられる。

プレートの沈み込みやホット・プルームの上昇がいつごろから起きるようになったのかは，よくわかっていない。プレートの運動は，40億年前ごろから起こっていたとの説もある。ホット・プルームの上昇については，マントル内での対流が二層対流から全マントル対流に変わる28億〜27億年前ごろから起こっていたといわれている(図6)。ほぼこのころになると，地球内

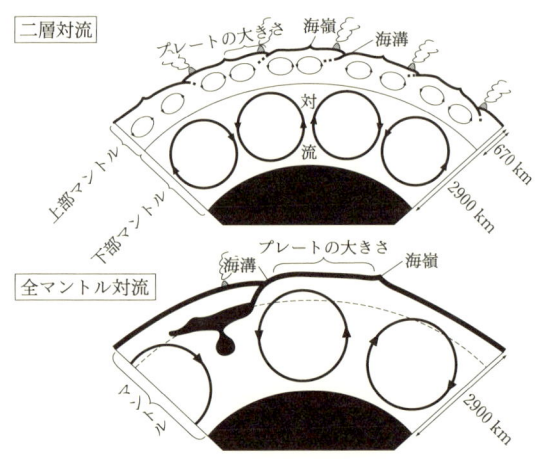

図6　二層対流と全マントル対流(丸山・磯崎，1998)

部の大規模な物質進化には，大きな変化はなくなってきたものと思われる。最近注目されている全地球凍結(スノーボールアース)が，地球内部の物質進化とどう関係しているかなどについては，まだよくわかっていない。地球上での超大陸の出現と分裂は，19億年前ごろから4億〜5億年の間隔で繰り返し起きているらしい(ウィルソン・サイクル)。

　いずれにしろ，この章で述べた地球内部の物質進化は，地球表層の地質や生物の進化と深い関係をもっており，両者の関係(相互作用)を解明することが，本書の目指す研究の重要な一環をなしている。

[引用文献]

赤荻正樹. 1996. 地球構成物質の高圧相転移と熱力学. 岩波講座地球惑星科学 5 地球惑星物質科学(住明正・平朝彦・鳥海光弘・松井孝典編), pp. 123-176. 岩波書店.
Anderson, D.L. 1979. The upper mantle: eclogite? Geophys. Res. Lett., 6: 433-436.
Dziewonski, A.M. and Anderson, D.L. 1981. Preliminary reference Earth model. Phys. Earth Planet. Int., 25: 297-356.
Frost, D.J. and Falko, L. 2002. The effect of Al_2O_3 on Fe-Mg partitioning between magnesiowustite and magnesium perovskite. Earth Planet. Sci. Lett., 199: 227-241.
Fukao, Y., Obayashi, M., Inoue, H. and Nenbai, M. 1992. Subducting slabs stagnant in the mantle transition zone. J. Geophys. Res., 97: 4809-4822.
Green, D.H., Hibberson, W.O. and Jaques, A.L. 1979. Petrogenesis of mid-oceanic ridge basalts. In "The Earth: Its Origin, Structure and Evolution" (ed. McElhinny, M.W.), pp. 265-99. Academic Press, London.
Hirose, K. 2006. Postperovskite phase transition and its geophysical implications. Reviews of Geophysics, 44, RG3001, doi:10.1029/2005RG000186.
Kokubo, E., Kominami, J. and Ida, S. 2006. Formation of terrestrial planets from protoplanets. I. Statistics of basic dynamical properties. Astrophys. J., 642: 1131-1139.
Maruyama, S. 1994. Plume tectonics. Jour. Geol. Soc. Japan, 100: 24-49.
丸山茂徳・磯崎行雄. 1998. 生命と地球の歴史(岩波新書543). 275 pp. 岩波書店.
Murakami, M., Hirose, K., Kawamura, K., Sata, N. and Ohshi, Y. 2004. Post-perovskite phase transition in $MgSiO_3$. Science, 304: 855-858.
Nishio-Hamane, D., Nagai, T., Fujino, K. and Seto, Y. 2005. Fe^{3+} and Al solubilities in $MgSiO_3$ perovskite: implication of the $Fe^{3+}AlO_3$ substitution in $MgSiO_3$ perovskite at the lower mantle condition. Geophys. Res. Lett., 32, L16306, doi:10.1029/2005GL023529.
Oganov, A.R. and Ono, S. 2004. Theoretical and experimental evidence for a post-perovskite phase of $MgSiO_3$ in Earth's D" layer. Nature, 430: 445-448.
Ringwood, A.E. 1966. The chemical composition and origin of the earth. In "Advances in Earth Sciences" (ed. Hurley, P.), pp. 287-356. M.I.T. Press.
Seto, Y., Hamane, D., Nagai, T., Fujino, K., Sata, N. and Kikegawa, T. 2008. Fate of

carbonates within oceanic crust subducted to the lower mantle and a possible mechanism of diamond formation. Phys. Chem. Minerals, 印刷中.

高橋栄一. 1996. マントルダイナミクスⅢ―物質. 岩波講座地球惑星科学 10 地球内部ダイナミクス(住明正・平朝彦・鳥海光弘・松井孝典編), pp. 123-199. 岩波書店.

第2章 地殻・上部マントルの構造と変動

川村信人

1. 地球の大構造

　この章で扱うのは，地球表層部の構造と変動である。地球全体を地球圏 Terrasphere としてとらえると，その大区分は表1のようになっている。一般に用いられる「地殻・マントル・核」という"三区分"との対応関係も挙げておく。なお，岩石圏以下の圏区分はおもに物理的性質に，"三区分"はおもに化学的性質による地球圏の大区分となっている。

　ここで，地球の表層部にあたる水圏と生物圏下部に岩石圏を加えたものを一括して地圏 Geosphere と呼称する。これが地質学 geology の通常の取り扱い範囲であり，本章の記述範囲である。地圏の厚みは，最大でも 150 km 程

表1　地球圏の区分

圏区分		三区分との対応
地球圏 Terrasphere	大気圏　Atmosphere	──
	生物圏　Biosphere	
	水　圏　Hydrosphere	
	岩石圏　Lithosphere	地殻 crust＋マントル最上部 uppermost mantle
	岩流圏　Asthenosphere	マントル上部 upper mantle
	中間圏　Mesosphere	マントル下部 lower mantle
	中心圏　Centrosphere	核（外核 outer core・内核 inner core）

度であり，地球の全径に比べれば微々たるものである．しかし，ある意味では，そこに，地球全体のダイナミズムが凝縮された形で記録されているのである．

2. 地圏の基本的枠組み——プレート・テクトニクス

地球から海水を取り去った地形図を見ると，われわれが普段見ている山や陸地などの地形は，海水に隠された地球の一部にすぎないことがわかる(図1)．この地形図でまず目を引くのは，太平洋・大西洋・インド洋などの海洋のなかの大山脈地形(海嶺)である．海嶺にほぼ直角なたくさんの線はトランスフォーム断層 transform fault である．太平洋西部の地形が非常に複雑であることもわかる．そして，大陸のへりには深い溝状の地形，すなわち海溝が形成されている．

このような地形は，地球表面部の形状を示しているだけではない．深さ100 km 以上に及ぶ地圏の大構造とプロセスをそのまま表している．海溝の内側(陸側)には，火山帯だけではなく，深発地震帯が海溝にほぼ平行に分布することからもこのことが理解できるであろう．このような地形の特徴は，「プレート・テクトニクス plate-tectonics」という地圏における運動の基本的な枠組みを反映している．

プレート・テクトニクスの簡単な模式を図2に示す．中央海嶺 mid-oceanic ridge で生産された海洋プレート(海洋地殻＋マントル最上部から構成される)が大陸・島弧縁において海溝から沈み込む．海洋物質と大陸・島弧物質の混合により，付加体 accretionary prism が形成される．沈み込み帯の背後では島弧マグマが発生し，海溝に並行して火山弧が形成される．島弧と海溝のあいだには前弧海盆という海域が形成される．島弧の背後には地殻が伸張する領域があり，背弧海盆(縁海)という海域が形成される場合がある．これら全体を島弧-海溝系 arc-trench system と呼ぶ．また海洋プレート上には，ホットスポット火山作用により，火山島(海山・海洋島)が形成されている場合が多い．

日本列島周辺では，2つの大陸プレート(ユーラシア・北アメリカプレート)の下に2つの海洋プレート(太平洋・フィリピン海プレート)が沈み込むという基本

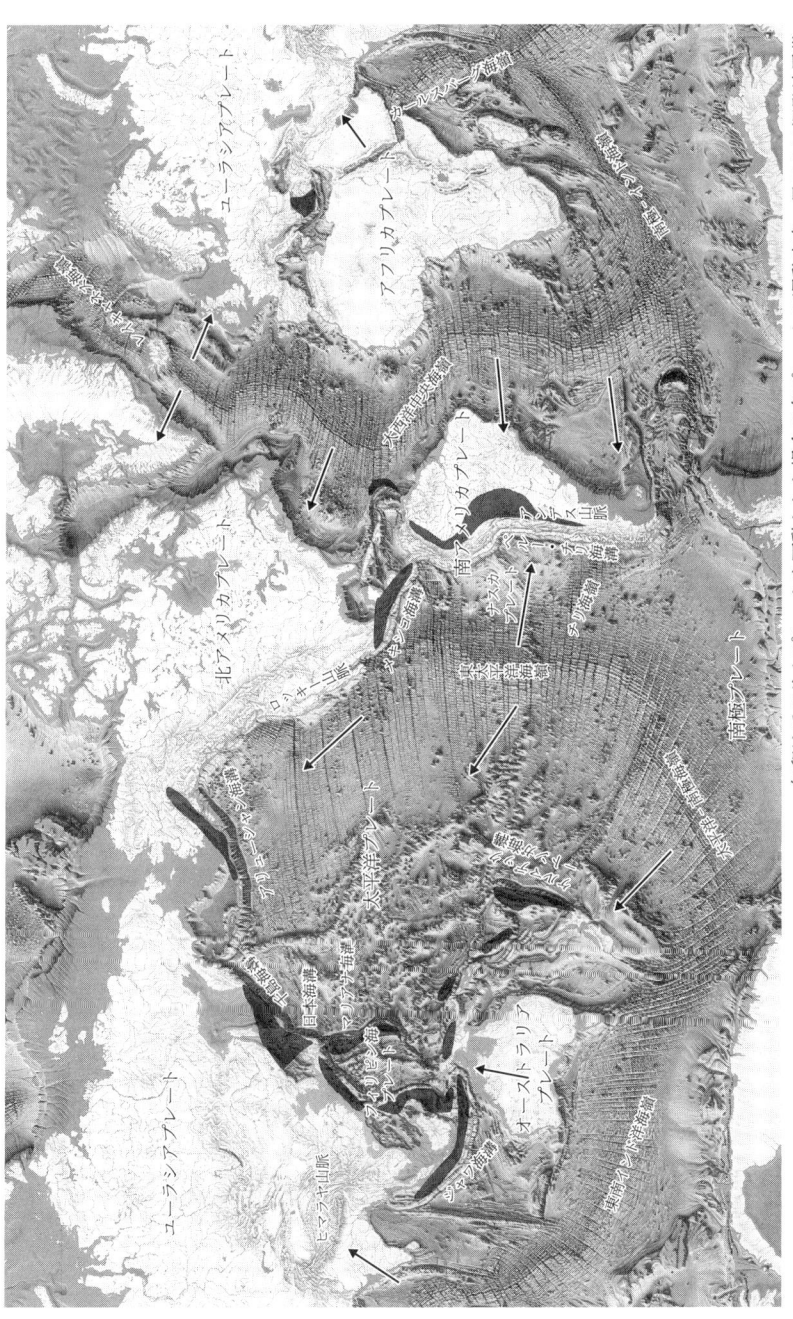

図1 地球の"グローバル地形図"（地形図は Heezen and Tharp, 1977 に加筆）
矢印はアフリカプレートを不動とした場合の各プレートの運動方向。黒アミは深発地震帯。

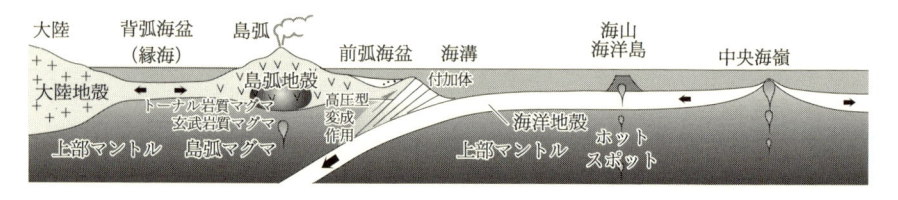

図2　プレート・テクトニクスの模式図（新井田清信氏原図）

中央海嶺下のマグマプロセスとプレート生産

前田仁一郎

　6万kmにわたって海底を走る中央海嶺系は，プレートの生産境界であり，地球の進化・物質循環あるいは熱移動において決定的に重要な役割を果たしている。ここでは，マントル内を上昇するアセノスフェアかんらん岩の断熱部分溶融，メルトの濃集・分離・上昇，固結・海洋地殻の形成といったマグマプロセスが起きている。最上部を除く海洋地殻とその下の溶け残りかんらん岩からなる上部マントルを直接観察するのは，長いあいだ，ほとんど不可能であった。そのためわれわれの理解は海洋底基盤の地震学的観測と，構造運動によって陸上にもたらされた海洋地殻・マントル地質体であるらしいオフィオライトの観察に頼らざるをえなかった。地震波によって得られた海底基盤の層序は4層からなり，上から第1層(Vp 1.5〜2.0 km/s程度，以下同様)，第2層(3.5〜6.6 km/s)，第3層(6.6〜7.6 km/s)，第4層(>8.1 km/s)と累重する。一方，多くのオフィオライトでは，薄い遠洋性堆積物の下に，枕状溶岩層/シート状岩脈群，塊状斑れい岩/層状斑れい岩の順で重なる厚さ6km程度の苦鉄質岩層があり，その下に溶け残り岩の性質を示すかんらん岩がみられる。地震波の結果と比較して，堆積物が第1層，枕状溶岩層/シート状岩脈群が第2層，塊状斑れい岩/層状斑れい岩層が第3層，かんらん岩が第4層にあたり，斑れい岩とかんらん岩の境界がモホ面に相当するものと解釈されている。
　この対応関係を確認しようと1960年代に企画されたのがモホール計画(モホ面まで掘削する計画)である。この計画は，さまざまな要因で挫折したが，その後も海洋底掘削の成果は着実に積み上げられ，今日では中央海嶺にも高い多様性があることがわかってきた。たとえば，拡大速度の小さな中央海嶺(南西インド洋海嶺が典型)では，マグマの生産量が低く，ときにはまったくマグマの発生をともなわない，つまり海洋地殻がまったく形成されないタイプのプレート生産もあることがわかった。この場合，第3層は斑れい岩ではなく，変質したマントルかんらん岩であるらしい(図3，Hessモデル)。一方，上に述べたオフィオライト的な海洋地殻・マントル構造は，高速拡大海嶺(東太平洋海膨が典型)のものであると考えられ，ここではマントルかんらん岩の部分溶融度とマグマの生産量が高いものとみなされている(図3，Penroseモデル)。
　しかし，現在のわれわれのこのような健全な理解も依然として観察によって検証されているわけではない。現在，新たに計画されているモホ面掘削の国際共同研究が成功すれば，プレート生産境界に関するわれわれの認識は新たな段階に到達することになるだろう。

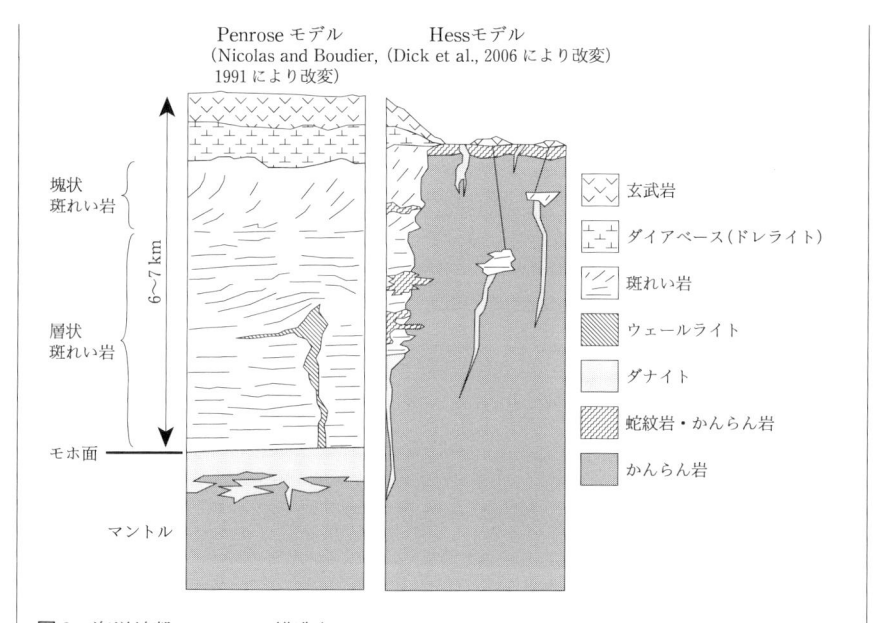

図3 海洋地殻・マントル構造(Nicolas, 1989; Nicolas and Boudier, 1991; Dick et al., 2006を参考に作成)

的な配置になっている。しかし，それらの接合関係は，とくに日本列島中央部において，かなり複雑なものになっている。また，北アメリカプレートとユーラシアプレートは，日本海東部にある境界で東西から衝突していると考えられている。

　プレート・テクトニクスによれば，われわれの眼には不変とも見える大陸の形状と配置あるいは海と陸分布も，長い時間軸でみると大きく変化している。たとえば，今から2.5億年前(古生代ペルム紀)には，ユーラシア大陸はなく，現在日本列島となっている部分は，小さな大陸地塊(揚子地塊)の縁にあったと考えられている。このように，大陸は地球の歴史を通じて離合・集散を繰り返しており，超大陸 supercontinent の形成と分裂が10^8(億)年オーダーで何度も起こっている。もう少し短い(10^7年)オーダーでみても，海陸分布の大きな変化はいたるところで起きている。たとえば，1900万〜1600万年前より以前には日本海はまだなく，日本列島はアジア大陸東縁部の一部

をなしていた(Otofuji, 1996)。その後，背弧の拡大により日本海が形成され，日本列島は大陸から分離されて現在のような島弧となったのである。北海道の西部は日本海形成以前には沿海州(シホテアリン)の一部をなしていたと考えられ，北海道中央部と東部は，現在よりも南に位置していた可能性が高い。

　プレート・テクトニクスは，地球表層部(地圏)における地殻の運動に関するパラダイム paradigm である。しかしそれによって起こる変動は，もちろん地圏でのみ完結しているものではない。たとえば，沈み込んだ海洋プレートは，その後どうなってしまうのであろうか？　大陸はなぜ大規模な離合集散を繰り返しているのだろうか？　マントル対流はその1つの説明であるが，必ずしも十分な説明を与えているわけではない。これらについて，最近になって新しい統一的な説明が行われるようになってきた(図4)。沈み込んだ海洋プレート物質が下部‐上部マントル境界付近に滞留し，その後相変化によってマントル‐地球核境界まで沈下していく(コールド・プルーム)。またその補償として高温のマントル物質からなるホット・プルームの上昇が起こる。ホット・プルームのなかには，とくに大規模なスーパープルーム super-

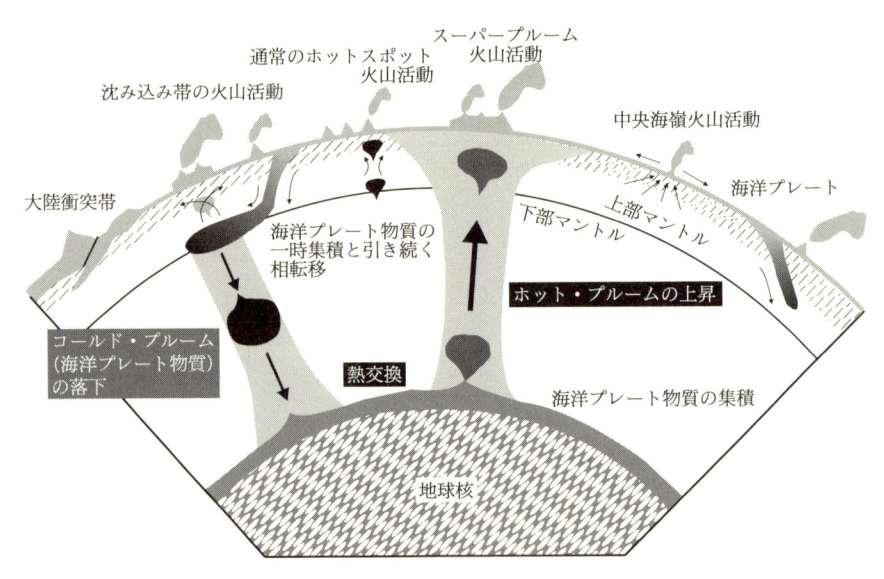

図4　プルーム・テクトニクスと地圏の変動(丸山，1997を参考に作成)。口絵参照

plume として上昇するものがあり，地球規模の大規模な火山活動と環境変動を引き起こす．またホット・プルームが大陸下に上昇するとその分裂を引き起こす．コールド・プルームの上方では，陸塊が集合し大陸衝突が起こる．これらは，ある意味で全地球的な物質・熱交換の超サイクルともいえるだろう．その結果，地圏での火山作用や山脈の形成などさまざまな変動が引き起こされることになる．このような考え方をプルーム・テクトニクス plume tectonics と呼ぶ．それはプレート・テクトニクスを包含するものである．

3. 地圏における変動——山脈の形成

われわれが地圏で目にする変動の結果で最たるものは，"山"であろう．山はその高さと鋭い美しさと岩石の露出によって，地球表層部が"生きている"ことを人間に実感させてくれる．その山の連なりである山脈がどのように生成したかを明らかにすることは，地質学の黎明期からの重要なテーマの1つである（造山論）．

山脈にもさまざまな成因をもつものがある．たとえば，海洋プレートの生産場である中央海嶺は，別の見方をすれば海底火山活動によって形成された長大な海底山脈である．アンデス山脈は島弧火山活動によって形成された火山山脈である．これに対して，ヒマラヤ山脈やアルプス山脈などは，地圏における構造運動によって形成された構造山脈の典型的な例である．以下では，北海道の中軸部の日高山脈を例として，構造山脈の1つである衝突山脈 collision mountains，つまり大陸あるいは島弧プレート同士の衝突によって形成された山脈について述べる．

日高山脈は，北アメリカプレートとユーラシアプレートという，地球上で最大級の大陸プレート同士の衝突によって形成された衝突山脈である．そこでは，衝突によって岩石圏（リソスフェア）が"めくり上げられ"，北アメリカプレート南縁部の島弧地殻シーケンスのほぼ全体が日高山脈として地表に露出している．新生代新第三紀（2300万〜180万年前）のサハリン－北海道周辺では，北アメリカプレートとユーラシアプレートが南北方向の境界をもって斜め衝突 oblique collision しており，右横ずれ構造帯が形成されていた．これと

同時に，北アメリカプレート南東縁部の下に太平洋プレートがやはり斜めに沈み込んでおり，これによって千島弧前弧域に発生した，海溝方向に平行な右横ずれ方向の分力によって，千島弧前弧域がスリバー sliver として西進し北海道南部(本州弧北部)に東から衝突していた(図5)。この衝突による圧縮応力により，北海道中央部が上昇隆起した結果形成されたのが日高山脈である。したがって日高山脈は島弧‐島弧衝突によって形成されたともいえる。日高

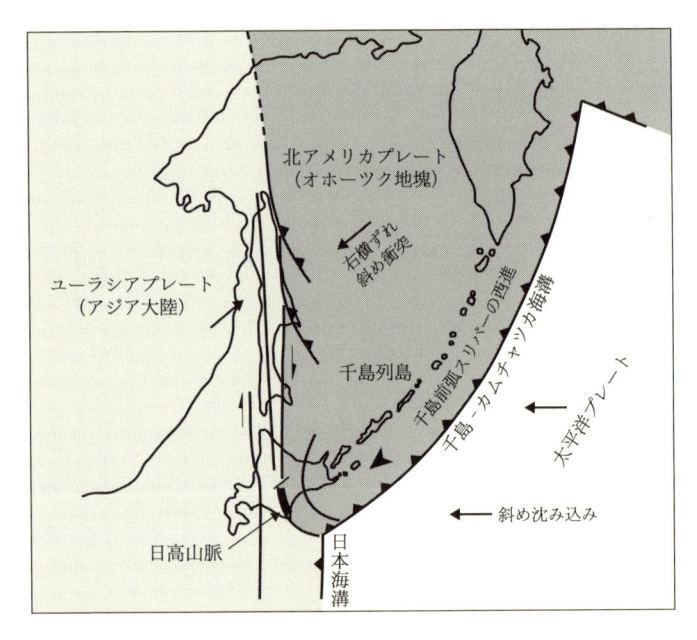

図5 新生代新第三紀の北海道周辺のプレート配置図(木村, 1982；Kimura et al., 1983 を一部改変)

日高山脈の火成作用とテクトニクス

前田仁一郎

氷河によって削られたナイフのように薄い稜線の下には圏谷が広がり，そこから急峻な谷が流れ下る。狩勝峠付近から襟裳岬付近まで，南北約 140 km にわたって連なる日高山脈は四季を通じて登山の格好の対象であり，冒険心あふれる若者をひきつけてやまない。そこはまた未成熟な大陸地殻・マントル断面が露出するという地球上でも非常に稀な場所であり，地質学者の大きな関心を集める場所でもある。

日高山脈の地質は，第二次世界大戦直後に始まった多くの研究者・学生の野外調査によってほぼ完全に明らかにされた．砂岩や泥岩を原岩とする変成岩類の分布に注目して，地質学者のあいだでは日高変成帯という呼称が広く用いられる．ここではマントル由来の未分化マグマが固結してできた斑れい岩が多産することも大変重要な特徴である．したがって，日高山脈に露出する地殻断面は，マントル由来の未分化マグマと地球表層に堆積した岩石（表成岩）という2つの端成分からなる．両端成分はそれぞれ発熱成分と吸熱成分でもある．つまり，マントル由来の苦鉄質マグマの固結によって斑れい岩が形成される際

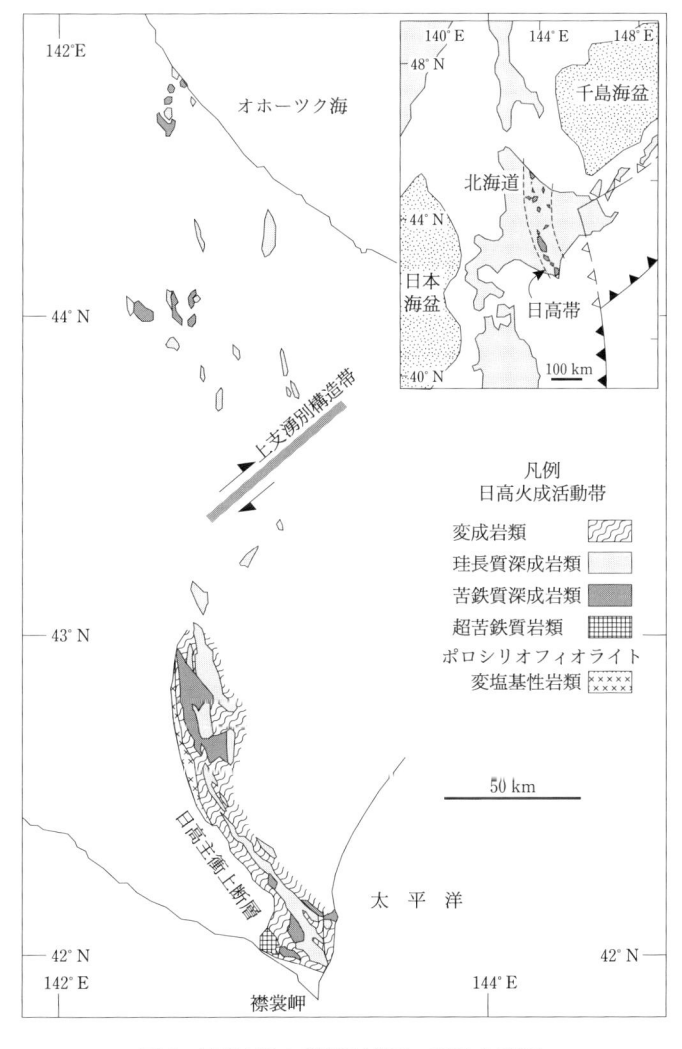

図6　日高山脈の地質図（前田，1997を簡略）

に，マントルから運ばれた熱が潜熱として放出される。一方，表成岩類はその熱によって比較的高温の温度・圧力経路を記録する変成岩（グラニュライト・片麻岩類など）に変化し，さらに一部は溶融してマグマを発生させ，固結して花こう岩となる（図6）。

このように大局的にみると，日高山脈の地質はマントル由来マグマと地球表成岩類の相互作用として理解することができる。しかし，実際にこのような単一の地質学的プロセスによって形成されたのか，あるいは複数の地質学的イベントの産物が混在しているのか，それを支配した広域テクトニクスはどんなものかなど，いまだ十分に解決されていない。これまでに提案されたモデルには，古第三紀から新第三紀中新世前期ごろの海洋プレートの定常的沈み込みや中央海嶺の沈み込み，あるいは千島海盆の拡大などがある。日高山脈に分布する岩石は，山脈の延長方向である北北西-南南東の走向を有し，東に急傾斜する構造で露出し，これは東から西への衝上運動によって説明される。この衝上運動が山脈形成の直接の原因であるが，そのテクトニクスは太平洋プレートの千島海溝への斜め沈み込みによって誘起された，後期中新世以降の千島弧前弧域の西方への移動であると説明されている（図5）。

山脈の上昇速度は，最大約0.28 cm/年と推定されている（Arita et al., 1993）。

このような衝突山脈として世界最大のものは，いうまでもなくヒマラヤ山脈である。ヒマラヤは，北上するインド亜大陸とユーラシア大陸という大陸プレート同士の衝突によって形成された。衝突によってユーラシア大陸の南縁部が衝上・隆起し，世界でもっとも標高の高い山脈を形成すると同時に，そこから大量の砕屑物質が供給されて巨大な地質体 geologic body が形成されている。これについては次節で述べる。

ここで少し視点を変えて，火山活動による地表変動の例をみてみよう。北海道南部の有珠山は2000年4月に小規模な噴火を起こした。この噴火にともなって上昇したマグマが地下に潜在円頂丘 crypto-dome を形成し，地表に隆起や断層形成などの変動を及ぼした。国道230号線は噴火口の生成と隆起変動によって完全に破壊され，付近を通る北海道縦貫自動車道も大きな変位を被った。日本国内で，国道上に噴火口が形成されたのはこれが初めてのことであろう。この噴火の前後に航空機からのレーザー測距などによる精密な地形測量が行われており，詳細なデジタル標高データが得られた。これをGPSデータなどとともに解析し，有珠2000年噴火時の地表変動の状況が明らかになった。それによると，約1ヶ月続いた噴火による地表の隆起量は，西山火口群付近で最大であり，70 mを超えた。単純にこの隆起速度を年間に換算すると840 m/年となる。このように，火山噴火は短期間に大きな量

の地表変動をもたらすイベントであるといえる．有珠山の山容も過去の何回かの噴火活動によってつねに大きく変化している．

一方，日高衝突山脈の隆起速度は最大でも 0.28 cm/年で，有珠山 2000 年噴火のわずか 30 万分の 1 である．しかし，それが長い期間定常的に継続すると，数 km というような大きな隆起量となるのである．日高山脈の場合，100 万年で 2800 m となり，日本でもっとも高い山の 1 つをつくりうる量となる．これが 1000 万年続いたとすると 28 km であり，山地領域での激しい侵食によるマイナス分を考慮しても，結果としていかに大きな上昇量をもたらすものか理解できるであろう．なお，ヒマラヤで見積もられている隆起速度は日高山脈のほぼ 2 倍に相当し，0.62 cm/年である(在田・雁澤，1997)．これに対して，大陸内部など非活動的な地域の一般的な侵食速度と釣りあった上昇速度は 0.02 cm/年，またプレート沈み込み帯(付加体；図2)での上昇速度もほぼ同じオーダーであり，0.01〜0.03 cm/年と一般に考えられている．

4. 地圏表層の物質再配分——砕屑性堆積作用

砕屑性堆積作用 clastic sedimentation は，地圏で進行する物質再配分のプロセスとして重要な役割をもつものである(図7)．この作用の結果として大規模な堆積地質体 sedimentary complex が形成される．砕屑性堆積作用を比喩的に表現すると，「山で生成し，川によって運ばれ，海に定着する」となる．ここで"山・川・海"としたものは必ずしも文字通りの意味ではない場合があることに注意して欲しい．正確な表現を用いればそれぞれ，"砕屑物の供給源・生成場"，"砕屑物の運搬メディア・経路"，"砕屑物の堆積場"と要約される．

砕屑性堆積作用の初期ステージは，風化・侵食作用による地表面あるいは既存の岩石の可動化から始まる．そこで大きな役割を果たしているのが，地滑りをはじめとするマス・ムーブメントである．たとえば，北海道全域の地滑りを空中写真から判読したデータベース(川村，1993)から集計すると，大きさ 50 m 以上の地滑りの総数は 1 万 2843 個，その総面積は 2916 km² となる．これは北海道の全面積の約 3.7% に相当する．これだけの面積が，地滑

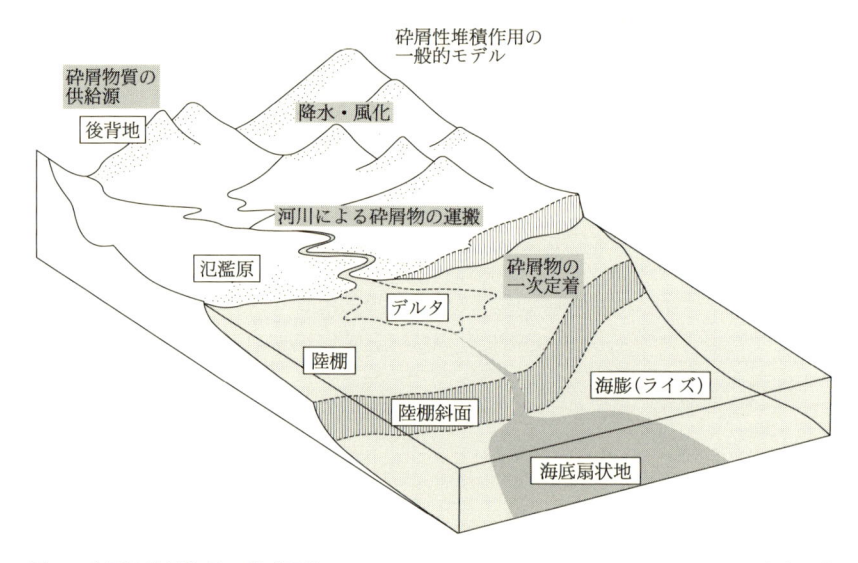

図7 砕屑性堆積作用の模式図(Stow et al., 1985; Tarbuck and Lutgens, 2005 を参考に作成)

りによって実際に可動化したのである．標高の低い平野部や平坦部にはそもそも地滑りはほとんど発生しないことを考えると，この割合は非常に大きなものといえるのではないだろうか．

　地表面の可動化によって生成した砕屑粒子 clastic particles は，水流などの営力で運搬され，エネルギー状態の低い場所に堆積する．このプロセスは地圏において普遍的なもので，その結果，堆積地質体がいたるところに形成される．海底扇状地 submarine fan はその代表的な1つである．巨大衝突山脈であるヒマラヤ山脈の前縁には，世界最大の海底扇状地といえるベンガル海底扇状地が形成されている．ベンガル海底扇状地は，ガンジス川を供給河川とし，運搬路(チャネル)である海底峡谷の長さは 300 km，扇状地面積は 3×10^6 km^2 である．扇状地の水深は最上部が 1600 m，最下部が 5000 m に達する．堆積物の厚さは 1 km から最大 12.5 km で，その体積は 1×10^7 km^3 に及ぶ(Reading, 1978)．ベンガル海底扇状地は，インド亜大陸を挟んで反対側に形成されたインダス海底扇状地とともに，プレート同士の衝突が巨大な堆積体をつくった典型的な例である．海底扇状地は，砕屑性堆積作用の観点か

らみるとその終端に位置する。しかし，グローバル・テクトニクスの観点からみれば，未来の山脈の"素材"となるものでもある。つまり，単方向のプロセスの終端なのではなく，地球表層部における大規模な固体物質循環の1ステージを示していることになるだろう。

地層のなかには，過去に地球上で起こったさまざまな現象や変動が時間軸にそって記録されている。しかしその記録は，時間軸方向に一様ではなく，さまざまな欠除 break や堆積速度の変化がある。地層記録の欠除の代表的なものが，不整合 unconformity である。不整合にはさまざまな定義がありうるが，狭義には，海底での地層の堆積 → 堆積場の隆起と陸化 → 陸上での侵食 → 沈降と新たな地層の堆積，という一連のプロセスで記述される。不整合は，地層中の記録欠除である半面，地圏での大規模かつ長期間にわたる変動の記録そのものでもある。これを手がかりとして，地球上の大規模な変動が解析されているのである。

5. 地圏の発達プロセス——沈み込み・付加作用

プレートの沈み込みは地球表層部からの物質の消費であると同時に，もう1つの側面をもっている。それは，海洋プレートの沈み込みにともなって，沈み込み帯に大規模な地質体が付け加わって，大陸・島弧の海側への成長を引き起こすことである。

中央海嶺で生成した海洋プレートは，そこから両側に発散し，海洋底を移動する。その過程で海洋プレート上にはチャートなどの遠洋性堆積物が堆積し，薄い被覆層をつくる。海洋プレートがプレート沈み込み帯(海溝)に達すると，沈み込んでいく海洋プレートの上に，陸側から海底チャネルなどを通じて供給された陸源砕屑物が堆積する。これが海溝充塡堆積物 trench-fill deposits である。つまり，形成場の遠く離れた異質な2種類の物質，海洋性岩石(玄武岩＋遠洋性堆積物)と陸源砕屑物とが海溝で合体したことになる。合体した2種類の物質は，沈み込みの進行にともなって海洋プレート上から引き剝がされ，上盤プレートの下面に"底付け"される(図8)。この過程で，合体した2つの物質の一部は剪断・流動作用によって混合され，その結果，

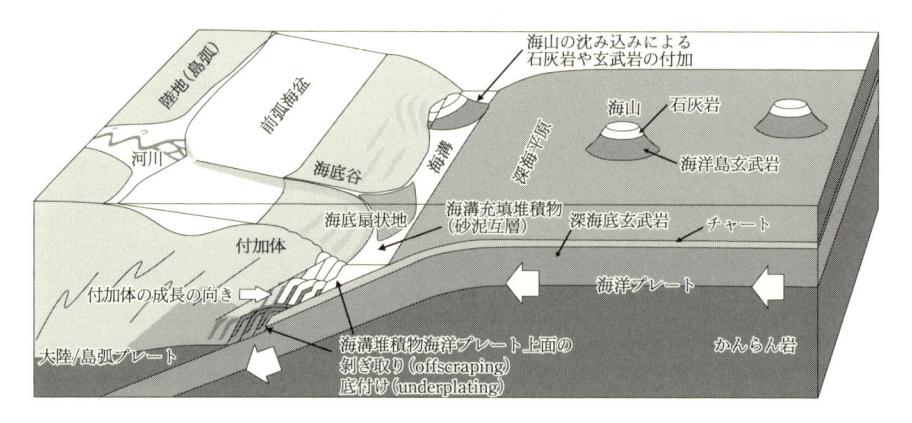

図8 プレート沈み込み‐付加作用の模式図(植田勇人氏原図)。口絵参照

沈み込み帯に特徴的な地質体であるメランジュ mélange が形成される。これらのプロセスの全体が付加作用 accretion であり，その結果形成される地質体が付加体である。

　北海道を例にすると，西南北海道から北海道中央部にかけて分布するジュラ紀〜古第三紀の付加体を構成する地層の上限年代は，西から東へと徐々に年代が若くなる傾向(年代極性)を示す。1つの付加体の上限年代は，それを構成する地質体が沈み込み帯で付加した年代を示すと一般に考えられる。この年代極性は，北海道の主要な部分が東から西へ沈み込む海洋プレートによる付加作用で順次東に向かって形成されたことを示している。なお，前期白亜紀の北海道では，沈み込む海洋プレートの破壊・破断によって沈み込み帯つまり海溝のジャンプが起こり(君波，1984)，それによって大量の海洋プレート物質の付加が起きている。この海溝ジャンプにともなって，その少なくとも1500万年以内には火山弧の位置も東にジャンプし，島弧および前弧域が新たに形成された。これはつまり，東アジア大陸縁辺部の成長が，地質学的な時間スケールで突然起こったことを意味する。付加体の成長は一般に定常的に進行すると考えられているが，この白亜紀の北海道の例のように非定常的に起きる場合もある。

　日本列島は，新しい時代に形成された表層部の堆積岩・火山噴出物を除くと，その基盤のほとんどが，プレート沈み込み帯で形成された複数の付加体

の接合した"付加体のコラージュ"である。つまり日本列島の下部構造は，アジア大陸東部の付加体成長によって形成された地帯そのものである。その歴史の始まりは上に述べた大陸の離合・集散とそれによって引き起こされた大規模な海陸分布の変化によって複雑な経緯をたどっており，まだ十分に明らかになってはいない。しかし少なくとも古生代オルドビス紀(5億〜4.5億年前)には，日本列島をつくった沈み込み作用が始まっていたと考えられている。

[引用文献]

在田一則・雁澤好博. 1997. ネパールヒマラヤのスラストテクトニクス―フィッション・トラック年代と山脈上昇過程. 地学雑, 106：156-167.
Arita, K., Shingu, H. and Itaya, T. 1993. K-Ar chronological constraints on tectonics and exhumation of the Hidaka metamorphic belt, Hokkaido, northern Japan. Jour. Mineral. Petrol. Econ. Geol., 88: 101-113.
Dick, H.J.B., Natland, J.H. and Ildefonse, B. 2006. Past and future impact of deep drilling in the ocean crust and mantle: an evolving order out of new complexity. Oceanography, 19: 72-80.
Heezen, B. and Tharp, M. 1977. The World Ocean Floor Map.
川村信人. 1993. 北海道地すべり地形データベース. 北海道の地すべり地形―分布図とその解説(山岸宏光編), pp. 18-20. 北海道大学図書刊行会.
君波和雄. 1984. 火打ち石は語る・ジャンプした海溝. 北海道創世記(松井愈・吉崎昌一・埴原和郎編), pp. 36-43. 北海道新聞社.
木村学. 1982. 島弧会合部のテクトニクス―北海道の場合―. 構造地質研究会誌, 28：5-22.
Kimura, G., Miyashita, S. and Miyasaka, S. 1983. Collision tectonics in Hokkaido and Sakhalin. In "Accretion Tectonics in the Circum-Pacific Regions" (eds. Hashimoto, M. and Uyeda, S.), pp. 123-134. Terra Sci. Pub. Co., Tokyo.
前田仁一郎. 1997. 北海道日高山脈に露出する未成熟大陸地殻断面に記録された火成活動. 火山, 42：S107-S121.
丸山茂徳. 1997. プルームテクトニクス. 科学, 67(7)：498-506.
Nicolas, A. 1989. Structures of Ophiolites and Dynamics of Oceanic Lithosphere. 367 pp. Kluwer, Dordrecht.
Nicolas, A. and Boudier, F. 1991. Rooting of the sheeted dike complex in the Oman ophiolite. In "Ophiolite Genesis and Evolution of the Oceanic Lithosphere" (eds. Peters, Tj., Nicolas, A. and Coleman, R.G.), pp. 39-54. Kluwer, Dordrecht.
Otofuji, Y. 1996. Large tectonic movement of the Japan Arc in late Cenozoic times inferred from paleomagnetism: review and synthesis. Island Arc, 5: 229-249.
Reading, H.G. 1978. Sedimentary Environments and Facies. 577 pp. Blackwell, Oxford, London.
Stow, D.A.V., Howell, D.G. and Nelson, C.H. 1985. Sedimentary, tectonic, and sea-level controls. In "Submarine Fans and Related Turbidite Systems" (eds. Bouma, A.H.,

Normak, W.R. and Barnes, N.E.), pp. 15–22. Springer-Verlag, New York.
Tarbuck, E.J. and Lutgens, F.K. 2005. Earth: An Introduction to Physical Geology (8th ed.). 712 pp. Pearson Education, Inc., New Jersey.

第3章 島弧 – 大陸縁のマグマ – 熱水系における金属鉱化作用
地殻浅所における元素の移動・濃集作用

松枝大治・三浦裕行

1. 鉱床——はじめに

鉱床と鉱石

　地殻における平均地殻元素存在度 crustal abundance は，20世紀初めごろ (1924年) にクラークとワシントンおよびゴールドシュミットにより，それぞれ異なる手法によって推定された。両者の値が非常によく一致したこともあり，20世紀中ごろまではこれらの値が平均地殻化学組成と理解されて用いられてきた。その後，地殻には大陸性地殻 (花こう岩質) のほかに，海洋性地殻 (玄武岩質) の存在が認識されるようになり，1955年にそれを加味した新たな平均地殻化学組成がポルデルバートによって提唱された。

　地下浅所や地表付近には，金属・非金属鉱物や燃料鉱物からなる有用な金属や物質が鉱床 ore deposit (または mineral deposit) として存在する。鉱床は，「地殻中に存在する鉱物集合体で，利潤をもって採掘できるものや現在は採掘に値しないが将来の需要や経済状態の変化により採掘できる見込みのあるものも含む」と定義される。すなわち，前述の平均地殻元素存在度に対して，特定元素がより濃集した部分が鉱床として認識される。このような鉱床から取り出された有用鉱物集合体を鉱石 ore と称するが，鉱物の集合体という観

点ではいわゆる岩石の一種と考えられるため，特殊な岩石といえる．もちろん，単に特定元素の異常濃集体のみならず，その物理的・化学的特性に基づく有用岩石も広い意味で鉱石として取り扱うこともできるが，本章では特定元素の異常濃集体という狭い意味での定義で取り扱うことにする．

地殻には，通常%オーダーの存在度をもつ O, Si, Al, Fe, Ca, Na, K, Mg 以外に，ppm(100万分の1)あるいは ppb(10億分の1)オーダーでの存在度しかもたないさまざまな元素が存在するが，むしろこれらの稀少元素が人間の近代的・文化的生活を支える重要な元素となっている．それらは，地殻平均元素存在度の数百〜数万倍に異常濃集したときに初めて鉱石としての採掘が可能になる．

島弧 – 大陸縁の環境

島弧 – 大陸縁辺部は，テクトニクス活動の影響でさまざまな地質学的環境におかれるが，なかでもプレートの沈み込み(サブダクション)に起因する活発なマグマ活動で特徴づけられる．そのマグマ活動の後期におけるマグマの冷却・固結と関連して，物質移動をともなうマグマ – 熱水系が生じている．とくにわが国のような島弧環境では，活発なマグマ活動に加え，物質循環に重要な役割を果たす豊富な水の存在と，プレートの沈み込みにともなう流体の通路となる裂罅系の発達が顕著であるため，有用金属をはじめとした各種物質の循環作用が促進される．

したがって，島弧や大陸縁は地殻における元素の移動・濃集作用における重要な地質・テクトニクス環境場となり，そこでの物質の移動・濃集作用は，大陸地域に比べて規模は小さくとも多様かつ地球史的にみても生産的である(岡村ほか, 1995)．その意味では，鉱床を1つの地質体ととらえることにより，島弧 – 大陸縁環境は資源科学的な観点のみならず，地殻における元素循環プロセスを考えるうえで重要な情報を提供する場となる．

2. マグマ‐熱水系における物質移動

マグマ‐熱水系

さまざまな要因でマントル上部あるいは地殻で発生したマグマは，地殻上部への移動過程で高温の浅所マグマ溜まりをつくり，その冷却過程で地表から潜り込んだ水(天水)や海水を温める。こうして形成された高温の熱水(流体)は，密度低下にともない地表に向かって上昇し，高温の熱水循環系が構築される。この熱水には，しばしばマグマ起源の種々の揮発性・非揮発性元素を含む流体(マグマ水)も混入するが，その上昇過程で周囲の岩石との反応により溶脱された元素も熱水中に溶解させ，地下深所から浅所へと移動することになる。

図1には，とくに浅熱水性金鉱床において考えられている，浅所貫入マグ

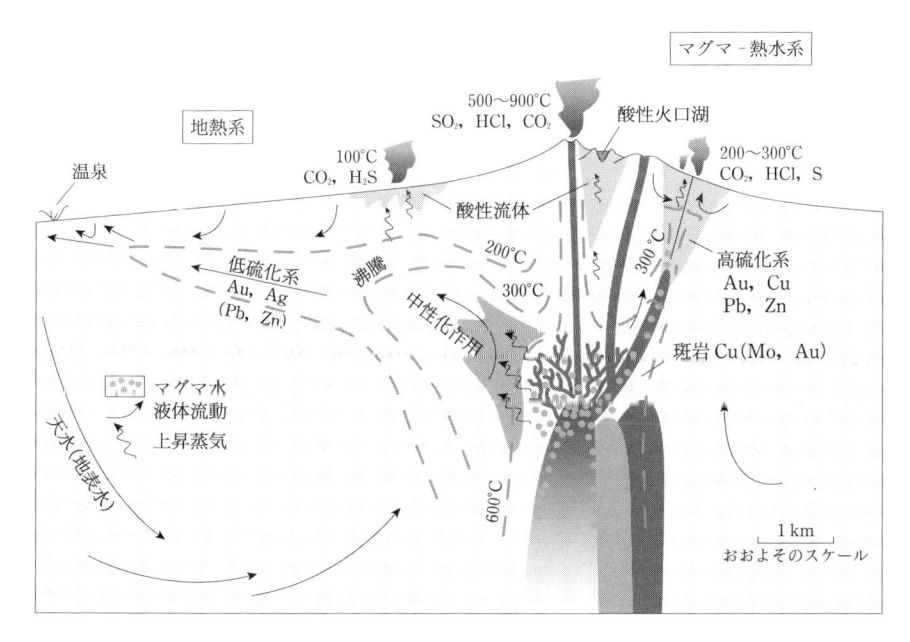

図1 火山底型鉱床におけるマグマ‐熱水系と浅熱水性鉱床の形成に関する模式断面図
(Hedenquist et al., 1996 に一部加筆)

マを熱源としたマグマ-熱水系のモデル図(Hedenquist et al., 1996)が示されている。循環熱水中に溶解した有用金属元素(Au, Ag, Cu, Pb, Znなど)が循環熱水の移動により地下浅所に到達したとき、さまざまな原因で重金属元素を沈殿(元素の固定)させることになる。

　高温流体(熱水)中に溶解する重金属元素組成は、マグマの化学組成や物理化学的特性を反映するほか、上昇流体の通路にある岩石(母岩)の違いや沈殿時の物理化学的環境の違いも影響して多様化する。たとえば、花こう岩質マグマ活動と関連して生成した鉱床(スカルン型鉱床、鉱脈型鉱床など)は、マグマの酸化度に著しく左右され、島弧の環境において特徴的な金属鉱床区を形成することが知られている(Ishihara, 1978)。そこでは、酸化的な磁鉄鉱系花こう岩が内帯側、還元的なチタン鉄鉱系花こう岩は相対的に外帯側に分布し、それにともなう金属鉱床区も、内帯側より外帯側に向けてモリブデン(Mo)帯、タングステン(W)帯、不毛(Barren)帯、スズ(Sn)帯と明瞭に区分される。この規則配列は、西南日本から中部・関東を経て東北日本南部まで続くが、地帯構造の異なる東北・北海道地域においてはこの関係が逆転することが知られている。そのおもな原因として、上部マントルに起源をもつ磁鉄鉱系花こう岩質マグマは、その上昇過程でほとんど地殻物質とは反応せず、地殻浅所に至り固結したことが指摘されている。一方、チタン鉄鉱系花こう岩質マグマは、有機物に富む地殻物質と十分に反応して還元的なマグマになるとともに、地殻物質中に比較的存在度の高いWやSnなどを取り込み、内帯側とは異なる特有の金属鉱化作用を生じたと考えられている(Ishihara, 1978)。

　一方、マグマからの距離に応じて、固定される金属元素の組み合わせがしだいに変化することもしばしば知られており、いわゆる鉱床における金属の累帯配列 zoning がある(堀越, 1994)。この要因として、温度や圧力構造、母岩との反応や天水との混合などによる鉱液(鉱化流体)のpH条件変化、もしくは溶解度変化などが考えられる。また、鉱化作用が生じた地質・テクトニクス場の違いも、鉱化作用の多様性に大きく影響を与えることもある。たとえば、鉱化作用をもたらす熱水活動が海底面で生じたものか、あるいは陸上もしくは地下で生じたものかによっても大きく左右される。海底面で生じるような鉱化作用(黒鉱鉱化作用、現世の海底熱水鉱床など)では、上昇鉱液と低温

海水との急激な混合にともなう冷却・希釈・酸化現象などにより，輸送された金属元素がその移動過程で分別濃集されることなく，同一場で同時に沈殿固定されるため多金属性を示す。しかし，比較的地下深所で固定される金属元素は相対的に分別固定されるため，沈殿元素種やその組み合わせが温度・圧力条件や深度などの条件に応じて変化する現象が認められる(ベースメタル鉱床，金鉱床など：立見，1977；飯山，1989)。

また，地表に流出した低温熱水はいわゆる温泉活動として認識され，しばしばその温泉水から Fe や Mn などの重金属元素の沈殿固定現象が生じている。この場合，後述するように単に物理化学条件(pH, Eh など)の変化による無機的元素固定作用のみならず，最近では生物関与(バイオ・ミネラリゼーション)も重視されている。

このように，マグマの性状の違いのみならず，その地質環境場も熱水活動にともなう鉱化作用の特性や多様性に大きく影響を与えることが知られている。

流体の起源と挙動

地殻における物質移動には流体が深く関与し，高温流体(熱水)であるため密度が低い。とくに，マグマ系における熱水はマグマ起源の揮発性成分を多量に含むことから，一般に地下深所より浅所へ向かい上昇する。流体の起源は，揮発性成分(SO_2, H_2S, HCl, CO_2 など)や重金属に富む高温のマグマ水のみでなく，地球表層から潜り込んだ雨水，河川水などの地表水(天水)が地下でマグマのような高温岩体に遭遇することにより，加熱されて上昇に転じるものもある。この高温流体中に，マグマ起源の揮発性成分や各種重金属類に富む流体が混入することにより，重金属元素の移動をうながす。また，海水が起源となって重金属移動が生じる場合もある。

マグマの冷却には長時間かかることから，マグマ－熱水系が形成されることにより物質移動をともなう大規模熱水循環系が生じ，それにともなう金属錯体の形成により重金属の溶解度が著しく増加する。結果として，大量の重金属元素が地下深部より浅所へと輸送され，膨大な流体循環による重金属濃集帯となる鉱床が形成される。

重金属の沈殿要因

マグマ-熱水系における流体の循環では，しばしば地下浅所あるいは地表環境で金属元素濃集作用が生じる。そのおもな原因としては，高温流体の減圧沸騰や天水起源の地下水との遭遇と混合による熱水の冷却，酸化に加え，希釈効果による錯体の分解などが原因で重金属の沈殿(固定)現象が生じると考えられている(Trusdell, 1984b)。

地下浅所で生じるこれらの現象のみならず，地下深所でも重金属を多量に溶解した熱水がほかの原因(スカルン鉱床における炭酸塩岩類との反応，酸化，中和など)で沈殿を生じることも考えられる。

鉱化作用の成因と多様性

マグマ-熱水系での金属鉱化作用において，固定される重金属種は一般に多様である。この原因として，関係火成岩の多様性(マグマの酸性度，固結深度，酸化度など)のみならず，重金属輸送流体(鉱液)の通路にある母岩の多様性も考えられる。さらには，重金属沈殿を生じるプロセスやメカニズム，速度など種々の要因が鉱化作用の多様性に大きく関与する。前述のように，日本島弧における酸性マグマ活動にともなう特徴的な金属鉱床区の形成は，マグマの酸化度に大きく依存していることが知られている(Ishihara, 1978 など)。この現象は，広域的な鉱床区の配置だけでなく，ごく限られた同一鉱化帯においても，活動時期が異なり，また異なる酸化度のマグマ活動が関与した鉱床では，重複鉱化作用として認められることがある(釜石鉱床，都茂鉱床など)。すなわち，鉱床タイプと成因の多様性は，鉱化作用におけるマグマの性状の差異に起因した活動鉱化溶液(鉱化流体)の多様性のみでなく，鉱床形成場の違い，生成深度，マグマからの距離，胚胎母岩の種類や特性，熱水の移動形態，重金属の固定メカニズムとプロセスなど，さまざまな要因が挙げられる(佐々木ほか，1995)。

温泉活動との関係

地下で活動した熱水流体は，地表あるいは海底面に比較的低温の温泉水として湧出する場合がある。温泉水の性状は，その起源の違いに加え，通過経

路および周囲の岩石との反応の程度，さらにはほかの起源の水との混合の程度によっても異なる。地下で重金属の沈殿をもたらした熱水の残渣として地表に流出した温泉水は，しばしば地下での鉱化作用の情報を伝えることがある。とくに，温泉水のpHや酸化度のみならず，溶存成分などの各種泉質情報は，地下での活動熱水の性状と重金属元素の輸送・固定に関する重要な情報を与える。その意味では，「温泉は地下からの手紙である」ともいえよう。

3. 熱水性多金属型鉱床——豊羽鉱床の例

　熱水性鉱床は，地殻浅所におけるマグマ‐熱水系で形成された代表的な鉱床タイプである。熱水性鉱床では，脈状veinあるいは網状net-workの産状を示して鉱石が産出することが多く，一般的には鉱脈型鉱床と称される。それらは応力場で岩石中に生じた張力裂罅やせん断裂罅などの割れ目を通じて鉱液が通過し，地下浅所においてさまざまな要因で重金属類がその割れ目を充填して生成したものである。世界的にも，このタイプの鉱床形成は普遍的に認められる。鉱脈の発達の程度は，構造運動，断層の種類，岩相の違いやそのほか多くの原因で異なり，鉱床の規模にも大きく影響する。

　本節では，最近(2006年3月)まで活発な採掘活動を展開し，詳細な研究が行われてきた，わが国の代表的な鉱脈型鉱床で，とくにインジウム(In)をはじめとした多金属型鉱化作用で特徴づけられる豊羽鉱床(北海道札幌市)の事例を取り上げ，その産状と特性，生成環境，生成過程・成因などについて述べる。

豊羽鉱床の概要と鉱化作用

　豊羽鉱床は，札幌市西南西約30 kmに位置する日本最大級の熱水性鉱脈型鉱床で，鉱化帯は東西約3 km，南北約2 kmの広がりを有し，図2Aに見られるように鉱脈系統は大別して東西系，北西‐南東系，南北系の3系統に区分される(Watanabe, 1990)。それぞれ産出する鉱石タイプも異なり，東西系は一般にPb-Znを主体とした鉱石で特徴づけられ，とくに北西部の鉱脈群ではAg含有量に富む傾向がある。一方，そのほかの系統の鉱脈では，

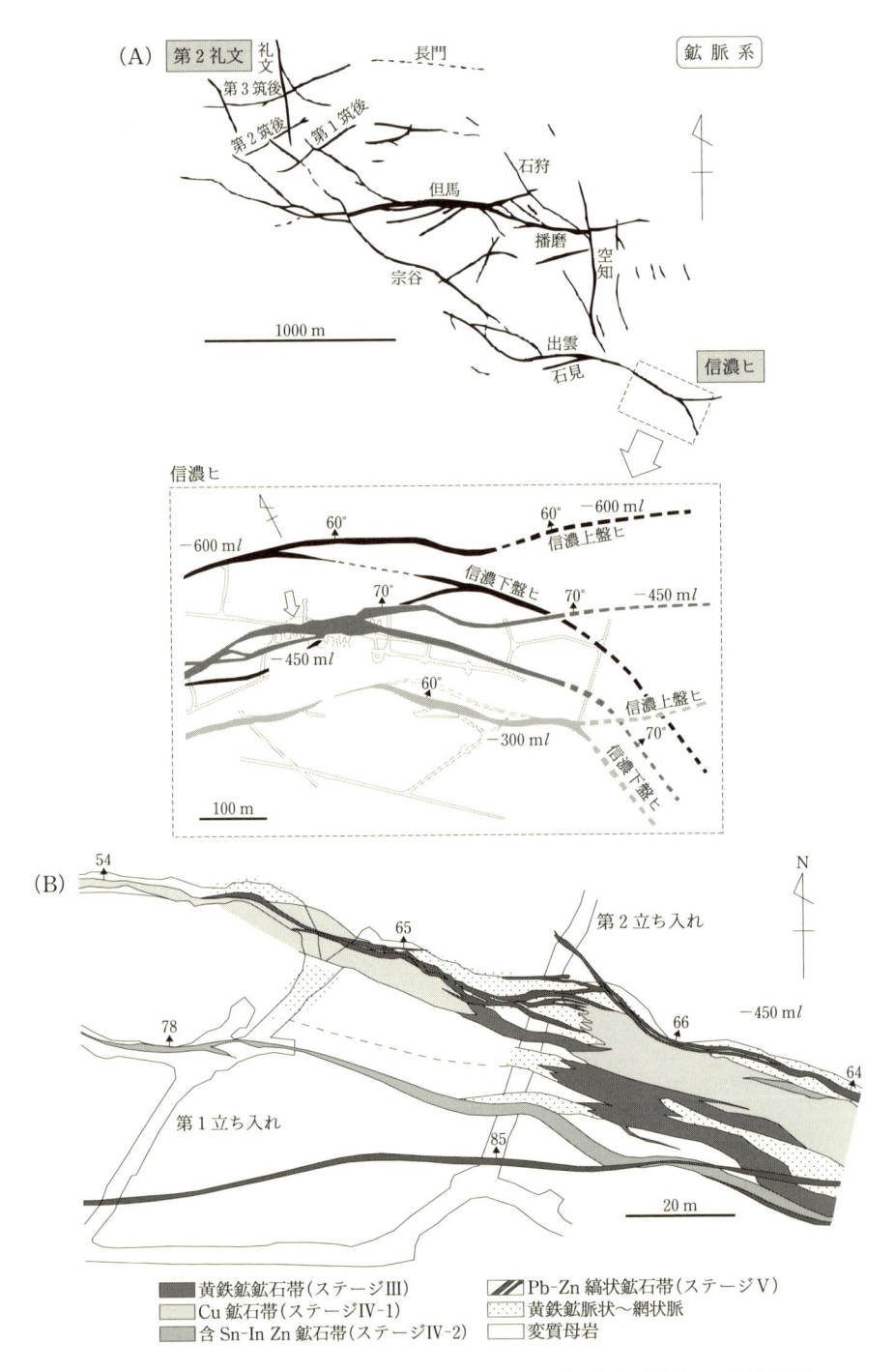

図2 豊羽鉱床の鉱脈分布(A)と信濃ヒの産状(B)。(B)は(A)下図中の⌦印拡大部。

とくに鉱化帯南東域の Cu, Sn に加え, In, Bi, W, そのほかのレアメタルをともなう多金属型の鉱化作用で特徴づけられる。なかでも, 本鉱床の最南東部の信濃ヒ("ヒ"は鉱山用語で鉱脈の名称)から産出した含 In 鉱石は, 世界でも最高含有量を示す高品位鉱で, 本鉱床は世界最大級の In 鉱山として注目されており, これまでその成因について興味深い議論がなされてきた(Ohta, 1991, 1995；對馬, 1998；Matsueda et al., 2001)。

K–Ar 年代測定に基づくと, 豊羽鉱床の形成は約 300 万年前に開始され, 50 万年前までのあいだのおよそ 250 万年にわたってほぼ継続的に行われたと考えられている(Sawai et al., 1989)が, とくに本節で詳細に述べる信濃ヒでは, 脈際のセリサイト sericite から 160 万〜140 万年前の形成年代が得られている(金属鉱業事業団, 1990)。鉱山東方の湯ノ沢で実施された野外試錐(ボーリング)では, 地下 1250 m で約 300°C の実測値を得ており, 一方, 鉱床深部坑道レベル(最深部で地下 600 m)の岩盤温度は 140°C にも達している(升田ほか, 1996)。坑内では現在も約 100°C に達する熱水の噴出が認められるが, 鉱山東方に位置する定山渓温泉においても活発な温泉活動が継続しており, 温泉水が地表に湧出していることから, 鉱化作用をともなう熱水活動は今も継続していると考えられている。

豊羽鉱床における鉱化段階は, 鉱脈や鉱石の切り合い関係の観察などから前期脈(東西系)と後期脈(北西–南東系および南北系)に大別され, さらに全体で 7 段階の鉱化ステージ(前期：ステージⅠ〜Ⅱ, 後期：ステージⅢ〜Ⅶ)が識別されている(三箇ほか, 1992)。本鉱床産鉱石は, 一般的に前期脈が Pb–Zn に富む石英質鉱石, 後期脈は Pb–Zn–Fe からなる塊状〜縞状鉱石で特徴づけられる。

以下, ここでは後期脈, とくに鉱化ステージⅣの多金属型鉱化作用に着目して話を進める。

鉱石鉱物の多様性

多金属型鉱化作用は後期脈の鉱化ステージⅣに生じ, 本鉱化帯最南東部に位置する信濃ヒやその北西延長の出雲ヒ, 北方延長の空知ヒなどで特徴的に認められる。したがって, 次に後期脈を代表する信濃ヒ(図 2B)に見られる各

ステージの鉱石の特徴(對馬，1998)について略述する。

　信濃ヒにおけるステージIIIの鉱石は黄鉄鉱 pyrite – 白鉄鉱 marcasite を主体とし，少量の硫砒鉄鉱 arsenopyrite，磁硫鉄鉱 pyrrhotite，黄錫鉱 stannite をともない，塊状の黄鉄鉱粒間に閃亜鉛鉱 sphalerite が産する。また，脈石鉱物として石英 quartz，緑泥石 chlorite をともなう。

　一般に，鉱化ステージIVの多金属鉱石はレンズ状～塊状の黄銅鉱 chalcopyrite を特徴的にともない，ほかのステージと比べて圧倒的に Cu 品位が高い。さらに，比較的多量の閃亜鉛鉱に加え，錫石 cassiterite や黄錫鉱などの Sn 鉱物，輝蒼鉛鉱 bismuthinite やグスタブ鉱 gustavite などの Bi 鉱物も認められ，特徴的に含 Co 硫砒鉄鉱も産する。上部レベルほど閃亜鉛鉱の量が増加する。またこのステージの孔隙中には，白色粘土鉱物(パイロフィライト pyrophyllite，カオリナイト kaolinite，セリサイト)も認められる。

　ステージVの鉱石は，方鉛鉱 galena – ウルツ鉱 wurtzite からなる特徴的な縞状構造を呈し，鏡下では多様な Ag 鉱物や含 In 黄錫鉱なども見られる。ステージVの鉱石は，ステージIIIやIVに対して明瞭な切り合い関係を呈する。

　ステージVIの鉱石は多孔質で，ウルツ鉱の産出で特徴づけられ，方鉛鉱，磁硫鉄鉱に加え，自然砒素 native arsenic，自然アンチモン native antimony などが産出する。

　また，ステージVIIの鉱物はおもにステージV・VIの鉱石の晶洞中に認められ，炭酸塩鉱物 carbonate や石英，磁硫鉄鉱，毛鉱 jamesonite などが産出する。

　信濃下盤ヒにおける鉱石・脈石鉱物の垂直分布には規則性が認められ，金属鉱化作用をもたらした熱水溶液の上昇経路に関して示唆的である。信濃ヒにおける多金属型鉱化作用をもたらした鉱液は，上部の粘土化変質帯の存在により，垂直方向の流動を規制された可能性が高い。信濃ヒでは，全体的にカオリナイトが発達するが，西方下部には高温酸性条件のパイロフィライトが卓越し，カオリナイト量が減少する。一方，カオリナイト帯東方ではセリサイト帯が発達するようになり，ステージIVの鉱石は少なく，このステージには下盤ヒでは割れ目が解放していなかった可能性が高い。ステージIVの鉱石は，信濃上盤ヒでは出雲ヒとの会合部でのみ見られる。

信濃下盤ヒでの鉱石鉱物の垂直分布を見てみると，下部では黄銅鉱，硫砒鉄鉱，錫石が普遍的であるが，上部ではそれらが減少して相対的に閃亜鉛鉱や方鉛鉱が増加する。黄錫鉱，錫石，硫砒鉄鉱などに固溶する成分も，垂直方向で規則的に変化する傾向が認められる。また，下部では輝蒼鉛鉱をはじめとする各種 Bi 鉱物が発達するなどの特徴を示す。

鉱床生成条件

鉱床における物理化学的生成条件の推定には，通常は流体包有物測定，鉱石鉱物の化学組成および平衡関係(地質温度計，地質圧力計)などの各種検討が行われる。以下に，信濃ヒにおけるそれらの適用結果を述べる。

(1) 流体包有物

均質化温度と塩濃度

各鉱化ステージ・レベル(深度)において，鉱石中の石英(qz)，閃亜鉛鉱(sp)，ウルツ鉱(wz)について測定された初生包有物の均質化温度と塩濃度(平均値)を表1に示す。

(2) 硫化物地質温度圧力計

鉱石鉱物の一変系平衡曲線 univariant assemblage と化学組成データから，鉱石の生成温度，硫黄フガシティー(実効分圧)や酸素フガシティーなどを求めることができる。一部，その精度や平衡定数についてはまだ議論があるが，ここではできるだけ信頼度の高いものに限定して計算を行った(たとえば，黄錫鉱－閃亜鉛鉱地質温度計では259〜285℃)。

(3) pH 条件

pH 条件の推定は，粘土鉱物など(カオリナイト，セリサイト，氷長石 adularia, パイロフィライト)の安定領域を基に行うが，200℃条件では氷長石/セリサイト境界は pH=6.1，セリサイト/カオリナイト境界が pH=4.2 である。下部ではパイロフィライトが産出することから，多金属型鉱化作用をもたらした熱水の pH 条件は低く，東部へ向かい pH の上昇が推定される。またカオリナイトの産出により，pH は最大でも 4.2 を超えることはないが，現実的にはセリサイト/カオリナイト境界から大きくずれているとは考えられず，pH≒4 とする見積もりは妥当であろう。

表1 各鉱化ステージ・レベルごとの初生包有物の均質化温度と塩濃度(平均値)

均質化温度
- ステージIII： −350 ml (信濃下盤ヒ)222°Csp, 237°Cqz
  − 600 ml (信濃上盤ヒ)257°Csp, 227°Cqz
- ステージIV： −300 ml (信濃下盤ヒ)206°Csp, 206°Cqz
  − 450 ml (信濃下盤ヒ)257°Csp, 216°Cqz
  − 550 ml (信濃上盤ヒ)231°Cqz, 287°Csp(含カンフィールド鉱 canfieldite)
  − 600 ml (信濃下盤ヒ)227°Cqz
- (平均値)　−300 ml ⋯201°C
  − 450 ml ⋯211°C
  − 600 ml ⋯251°C
- ステージV： −600 ml (信濃上盤ヒ, 含桜井鉱 sakuraiite)223°Csp
  − 600 ml (信濃上盤ヒ, 含自然砒素)190°Cqz
  − 600 ml (信濃下盤ヒ, 含パイロクスマンガン石 pyroxmangite-bearing)210°Cqz
  − 600 ml (信濃下盤ヒ, ケイ化岩)182°Cqz

塩濃度(NaCl相当塩濃度)
- ステージIV： −300 ml (信濃下盤ヒ)1.5 wt%qz, 1.9wt%sp
  − 450 ml (信濃下盤ヒ)2.2 wt%qz
  − 550 ml (信濃上盤ヒ)1.8 wt%qz
  − 600 ml (信濃下盤ヒ)2.7 wt%qz, 5.0wt%pyr
  − 600 ml (信濃上盤ヒ, 含カンフィールド鉱)7.1 wt%sp
- ステージIII： −600 ml (信濃上盤ヒ, 含エレクトラム elctrum)5.2wt%sp, 2.7wt%qz
- ステージV： −600 ml (信濃下盤ヒ) 2.0 wt%qz, 2.5wt%qz(火山礫凝灰岩中), 2.8 wt%qz & 2.9 wt%sp(含パイロクスマンガン石)

sp：閃亜鉛鉱, qz：石英, pyr：パイロフィライト

(4) 硫黄フガシティー fs_2

流体包有物の均質化温度データと鉱石鉱物の平衡曲線を基に, 温度‐硫黄フガシティー(T-log fs_2)図において硫黄フガシティーが求められる。信濃ヒ下部の温度を250°C, 上部の温度を200°Cと仮定すると, それぞれの閃亜鉛鉱中のFeS含有量(下部：10 mol%, 上部：1 mol%)から, 硫黄フガシティーはそれぞれ $fs_2 = 10^{-12.8}$ atm(下部), $10^{-13.7}$ atm(上部)が得られ, 相対的に上部では硫黄フガシティーが上昇していると推定される。

(5) 酸素フガシティー fo_2 と全硫黄化学種濃度 ΣS

同様に, 鉱床下部および上部をそれぞれ250°Cと200°Cと仮定し, log fo_2 ‐ log fs_2 図を作成すると, 上述の推定硫黄フガシティーを基に酸素フガシティーおよび全硫黄化学種[注1]濃度(ΣS)が求められる。

それによれば，鉱床下部・上部における生成温度，酸素フガシティー，pHおよび全硫黄化学種濃度はそれぞれ次のようになる。

$250°C：fo_2=10^{-39.4}$ atm, $pH=3$；$200°C：fo_2=10^{-43.7}$ atm, $pH=4$とすると，それぞれ $\Sigma S=10^{-2}(\fallingdotseq 0.01)$, $10^{-2.5}(\fallingdotseq 0.003)$ (mol/l)。

したがって，希釈にともなう硫黄濃度低下の効果とする説明も可能である。

鉱床の成因と起源
(1)鉱液と地熱水との混合

流体包有物の均質化温度および塩濃度測定結果を基に，鉱床生成場である地下浅所で，上昇熱水(鉱液，鉱化流体)に生じた変化について検討を行う。

図3Aにみられるように，塩濃度とエンタルピーの関係(Fournier, 1979)に基づけば，熱水のエンタルピー低下にともない塩濃度も低下するという，熱水混合mixingの関係が示唆される。坑内から噴出している熱水のCl濃度は4500～6000 mg/Kgであるが，これらは蒸気損失をともなうことによるCl濃度の凝縮が生じていることを示す。さらに，蒸気と坑内水を結ぶ直線上にその蒸気損失前の熱水が存在することがわかる。また，信濃ヒの岩盤温度が170～200°Cであることを考慮すると，170～200°Cの熱水のエンタルピーと蒸気-坑内水を結ぶ直線との交点の領域が，現存する地熱水の領域にあたる。流体包有物から得られた鉱液(鉱化流体)の組成は，地熱水の組成の方向に収斂しており，信濃ヒでは鉱液が170～200°Cの地熱水と混合した可能性が強く示唆される。

一方，多金属型鉱化作用が顕著なステージIVの石英および閃亜鉛鉱中の流体包有物において，均質化温度データ(表1)の垂直的変化が-600 mlでは平均250°Cであるのに対して，-450 mlでは平均210°C，-300 mlでは平均200°Cとなり，鉱液の上昇過程で約50°C程度の温度低下が生じている。また，石英の酸素同位体組成から推定される鉱液の酸素同位体組成は，-600 mlで$\delta^{18}O=+0.4～1.8‰$(平均$+1.3‰$)であるのに対し，-450 mlでは$-3.9～-3.2‰$(平均$-3.5‰$)，-300 mlでは$-6.5～-5.3‰$(平均$-5.8‰$)である。

48頁(注1) H_2S, HS^-, S^{2-}, S, HSO_4^-, SO_4^{2-}

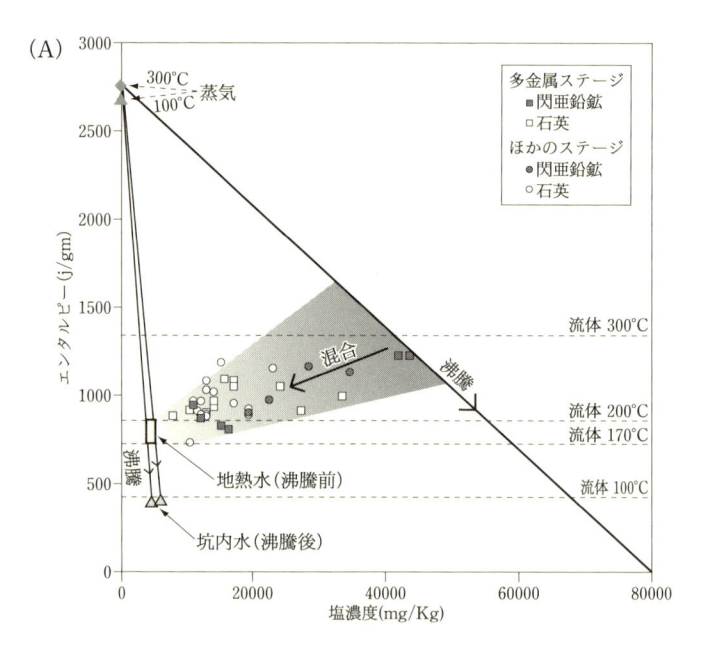

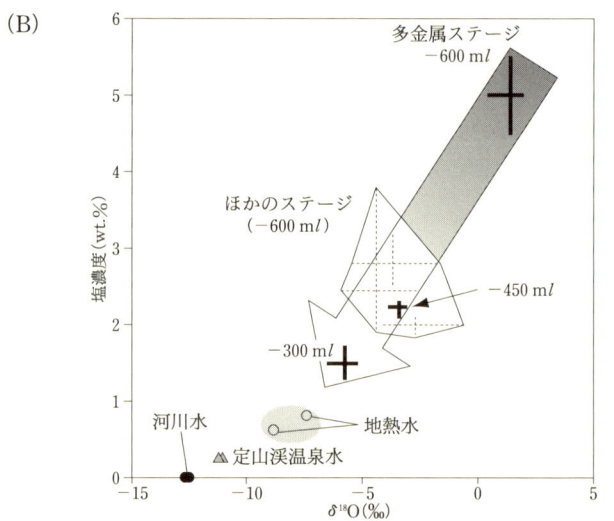

図3 エンタルピー-塩濃度図(A)および塩濃度-酸素同位体比図(B)
(Matsueda et al., 準備中)

上部(浅所)に向かうにつれて酸素同位体比が軽くなる傾向が認められ，坑内水から求めた沸騰前の地熱水の値(-9.0〜-7.6‰)に近くなる。

前述の流体包有物から求めた塩濃度と鉱液の酸素同位体比の関係(図3B)から，多金属型鉱化作用をもたらしたステージⅣの深部鉱液の塩濃度および酸素同位体比がもっとも重いことがわかる。また，同じ下部のステージⅢやステージⅣの鉱液と比べても塩濃度が高く，酸素同位体比も重い値を示す。さらに，本図では下部から上部へ向かう鉱液の上昇過程で，しだいに塩濃度の低下と酸素同位体比が軽くなる傾向が顕著である。一方，地熱水の塩濃度は0.6〜0.8 wt％で，多金属型鉱化作用がみられるステージⅣの鉱液が，その上昇過程で地熱水の組成領域に向かって変化する。

したがって，これらのことから多金属型鉱化作用をもたらした重い酸素同位体比と高塩濃度の鉱液は，その上昇過程で地熱水と混合した可能性が高い。酸素同位体比，塩濃度，温度の関係から，-600 mlの鉱液と地熱水が約$1:3$〜4の割合で混合し，-300 mlでみられる鉱液に変化したものと考えられる。-600〜-450 mlでみられる急激な温度，塩濃度，酸素同位体組成の変化は，上昇鉱化流体と貯留(滞留)地熱水の混合開始部分に相当すると推定されるが，胚胎母岩の違いを表している可能性もある。そこは，ケイ化作用を被った安山岩質火山礫凝灰岩から，変質玄武岩へ変化している部分に相当する。

(2) 重金属元素の溶解度変化

前節で求めた温度，塩濃度，pH，硫黄フガシティー，酸素フガシティー，溶存硫黄化学種濃度の各パラメータを決め，溶液化学的計算を行うことにより各種金属元素の溶解度を求めることができる(図4)。詳細については紙面の都合で割愛するが，計算法などについては文献(鹿園，1972；Trusdell，1984a；對馬，1998 など)を参照されたい。

求められた全溶存 Zn，Pb 濃度は，下部(深部)で著しく高い(ΣZn＝8600 ppm，Zn 優勢化学種 $ZnCl_3^-$；ΣPb＝590 ppm，Pb 優勢化学種 $PbCl_3^-$)のに対し，上部(浅部)ではそれぞれ極端に低くなる(ΣZn＝0.5 ppm，Zn 優勢化学種 $ZnCl_3^-$；ΣPb＝67 ppb，Pb 優勢化学種 $PbCl_2$)。したがって，下部で高濃度の Zn-Pb 溶液(鉱液)が，温度低下，pH 上昇，塩濃度の低下などの原因により，上部で大量に重金属の

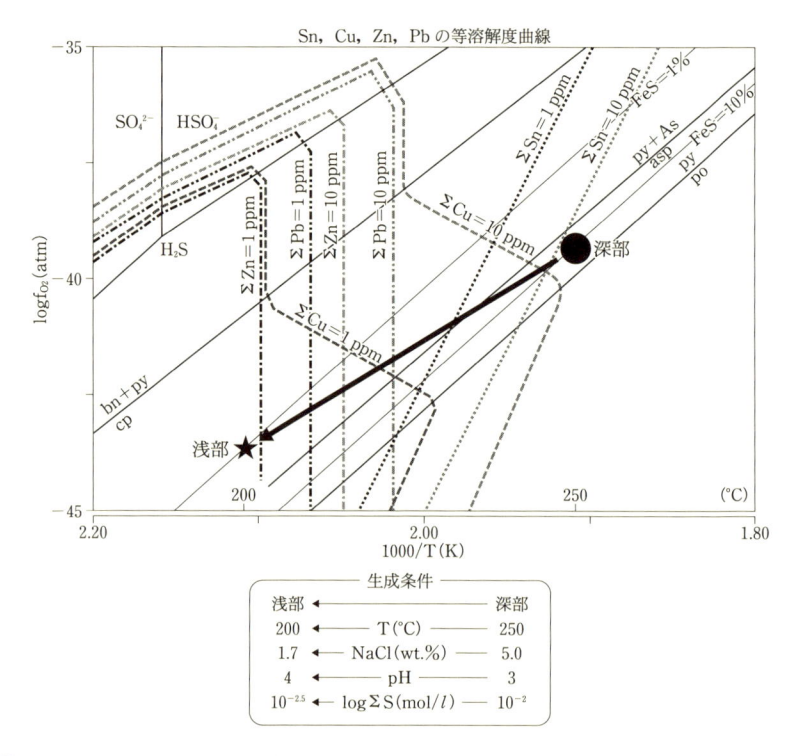

図4 T–fo₂ 図における鉱床生成条件と Sn, Cu, Zn, Pb の溶解度変化 (Matsueda et al., 準備中)。FeS は閃亜鉛鉱中の FeS mol% を表す。bn：斑銅鉱，py：黄鉄鉱，cp：黄銅鉱，po：磁硫鉄鉱，As：自然砒素，asp：硫砒鉄鉱

沈殿を生じた可能性が示唆される。同様に，Cu や Sn についてもそれぞれ計算で求められる(図4)。

なお，Cu の溶解度が Pb や Zn に比べてかなり低いことは，熱水上昇過程で黄銅鉱が先に晶出してしまうことを表し，実際に信濃ヒ下部では黄銅鉱が多く，上部で閃亜鉛鉱や方鉛鉱が多い鉱物累帯の事実は，溶解度の観点からもよく説明される。このことから，さらに深部での黄銅鉱の多量の産出が期待される。

(3) 鉱液の起源

豊羽鉱床における鉱化作用をもたらした鉱液の起源を，おもに安定同位体比を用いて推定する。

第3章 島弧-大陸縁のマグマ-熱水系における金属鉱化作用 53

水素-酸素同位体比

　水素(δD)・酸素($\delta^{18}O$)安定同位体比図(図5)において，それぞれの同位体比は，坑内および野外における採取水試料の同位体比のほかに，石英の酸素同位体比および随伴する粘土鉱物(スメクタイト smectite，セリサイト，パイロフィライト)の水素同位体比から，それらと平衡にある水の同位体比を推定したものを用いた。

　その結果，本鉱床北西部の第2礼文ヒの鉱液がもっとも軽い同位体組成をもち，信濃ヒ-600 mLのパイロフィライトと石英から推定された多金属型鉱化作用をもたらした鉱液は，相対的にかなり重い同位体組成をもつことがわかる。また信濃ヒの試錐孔から得られた地熱水のもつ同位体組成は，定山渓温泉の温泉水，豊羽鉱床周辺の湯ノ沢川・白井川の河川水のもつ同位体比よりも重い値を示す。

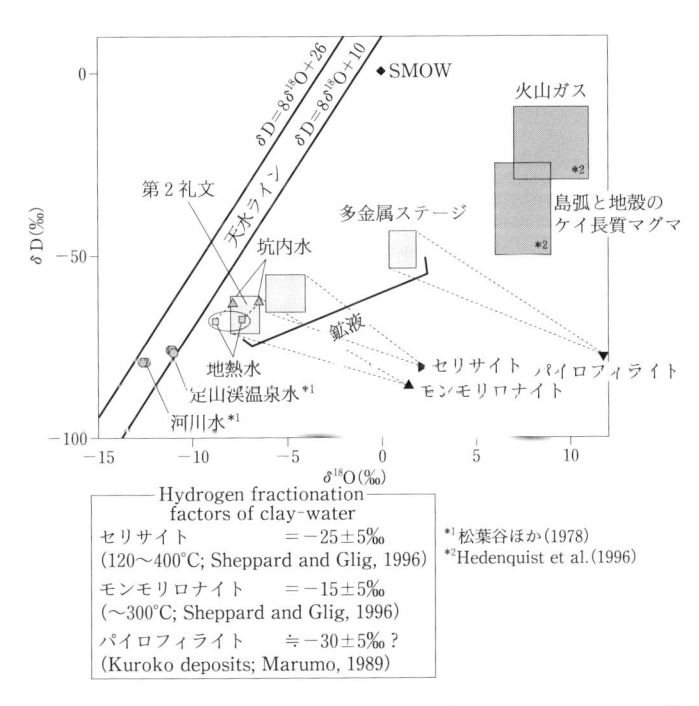

図5　水素(δD)・酸素($\delta^{18}O$)安定同位体比と熱水の起源(Matsueda et al., 準備中)

石英と粘土鉱物から推定される鉱液，地表水，温泉水，地熱水の酸素・水素同位体組成は，δD-$\delta^{18}O$図上でほぼ一直線上に乗る(図5)。そこでは，多金属型鉱化作用をもたらした信濃ヒの鉱液の両同位体組成は重く，もっともマグマ水magmatic waterの領域に近い値を示す。第2礼文ヒの鉱液が示す同位体組成は，地熱水のそれとは大きく変わらない。

したがって，この図からはマグマ起源の水(マグマ水)と天水のような同位体組成が軽い水とが混合した可能性が強く示唆される。しかし，図3Bを注意深く見ると，マグマ成分を多量に含む鉱液は，単なる天水との混合というよりも，地熱水との混合と考えたほうがよく，また，定山渓温泉の温泉水はこの地熱水と河川水(地表水)の混合によると考えるほうが，より合理的でかつ正確であろう。

硫黄同位体比と炭素同位体比

豊羽鉱床のような鉱脈型巨大硫化物鉱床の形成に寄与した硫黄の起源を推定するためには，硫黄同位体比($\delta^{34}S$)の検討が有効な手段となる。一般に，堆積岩中の有機物(生物)起源の硫黄同位体比は軽い(-50〜0‰)が，信濃ヒ産鉱石鉱物の硫黄同位体比(単一鉱物)は+3.3〜+6.3‰と重い値を有する。両者の差は，熱水-鉱物間での同位体分別を考慮しても説明がつかない大きな差で，堆積岩起源の硫黄では説明できそうにない。また，海水起源の硫黄同位体比は+20‰程度であることから，海水起源の硫黄とはいえない。すなわち，硫化鉱物の示す同位体組成はマグマ起源であることを強く示唆している。しかし，磁硫鉄鉱や自然アンチモンなどの還元的な環境を示す鉱物の産出や，ウルツ鉱-磁硫鉄鉱鉱石の硫黄同位体組成が-0.7‰であることから，一部は堆積岩中の硫黄を取り込んできた可能性もある(Ohmoto and Rye, 1979)。

一方，炭素は鉱液中の主成分元素の1つであり，鉱液の沸騰などによるpHの上昇が生じた場合，方解石calciteなどの炭酸塩鉱物が生じる。第2礼文ヒの炭酸塩鉱物中の炭素同位体比($\delta^{13}C$)は-5.7‰であるが，信濃ヒ産炭酸塩鉱物では-2.5〜-5.4‰で，多少重い炭素同位体組成を有する。しかし，信濃ヒ産の炭酸塩鉱物はドロマイトdolomiteや菱マンガン鉱rhodochrosite-菱鉄鉱siderite固溶体であることから，炭酸塩鉱物と平衡にある熱水中の炭酸ガスの炭素同位体組成は，第2礼文ヒと信濃ヒとでは大差ないと

考えられる。豊羽鉱床の炭酸塩鉱物の炭素同位体比はマグマ起源炭素の領域にはいるが，グリーンタフの炭酸塩起源の可能性も残る(Ohmoto and Rye, 1979; Shikazono, 1989)。

(4)重金属の起源

多量のCuをともなうパイロフィライトを含む鉱石では，石英およびパイロフィライトの同位体比から推定された酸素・水素同位体比はいずれも重く，鉱液がマグマ起源であることを強く示唆する。したがって，Cuもマグマ起源の可能性が高いといえる。このほか，Cuに密接にともなうBiは，天然では火山ガスに多く含まれるという報告例(Symonds et al., 1987, 1992)もあり，マグマ起源の可能性が大である。またSnも同様にチタン鉄鉱系花こう岩に密接にともなわれることから，マグマ起源の可能性も示唆される。Inもマグマ起源の可能性が高いといえるが，CoやNiは塩基性岩に多く含まれることから，母岩の玄武岩などとの岩/水反応によりもたらされた可能性も残る。そのほか，Au，Ag，Zn，Pbなどの重金属元素が熱水循環による母岩からの抽出によるものか，あるいはマグマ起源なのかは依然として不明である。

この議論の展開のためには，今後さらに地殻中の多様な水(流体包有物中の水，地熱水，河川水，火山ガス，粘土鉱物中の水など)の重金属含有量の定量化や，その存在状態(金属錯体種)を解明することが必要である。また，水に含まれる各種元素(S，C，Cl，Srなど)の同位体比や溶存元素の存在比(Cl/Br比，REEパターン)の測定，重金属の沈殿実験など，総合的かつ定量的な検討が必要であろう。

(5)鉱床形成モデル

鉱脈の産状，鉱石鉱物の化学組成と共生関係，鉱化作用の特性と時空分布，物理化学的生成条件，溶液化学的・安定同位体化学的検討結果に基づいて，豊羽鉱床における熱水流動と鉱床の成因に関する検討を以下に行う。

熱水流動モデル

坑内でも観察されるように，地熱水は地下岩盤内で地熱貯留槽を形成しており，その貯留層内では対流を生じていることから貯留槽内の温度変化は少ないと考えられる(NEDO, 1988)。現在も活動を続けている湯ノ沢地熱変質帯

や，豊羽鉱化帯の周辺延長部と考えられる奥胆振鉱化帯の地表で採取されたセリサイトのK-Ar年代がいずれも約300万年前(Sawai et al., 1989)を示すことから，これらの地熱活動は信濃ヒ形成以前にすでに存在し，地熱地帯の貯留槽内で鉱化作用が生じたと考えることに矛盾はない。

　前述のように，豊羽鉱山東方の活地熱帯の湯ノ沢で実施された試錐(ボーリング)によれば，地下深部には高温岩体の存在が示唆され，また信濃ヒ深部坑道レベルの岩盤温度もまだ高温である。さらに，坑内温度も概して南東域から北西方向に向けて暫時低下する傾向があり，信濃ヒ深部では現在も坑内からの高温熱水の噴出が継続している。これらの事実から，豊羽鉱床では現在も鉱化作用が継続していると考える研究者も少なくない。

　流体包有物と鉱石鉱物の検討によれば，豊羽鉱床全体では均質化温度および塩濃度も南東域から北西に向かい，しだいに低下する傾向が顕著に認められることから，本鉱床南東域に潜在する高温岩体(マグマ)を起源とした高温流体の供給と，それにともない鉱床形成をもたらした熱水流動モデルが提唱されている(Yajima and Ohta, 1979)。厳密には，信濃ヒを起点とした単純な一方向への熱水供給ではなく，鉱化帯南東域(出雲ヒ，石見ヒなど)にも数カ所の独立した熱水上昇口の存在が推定されている。

鉱床の成因

　豊羽鉱床の成因については，図6の模式的な成因モデル図(Ohta, 1995; Matsueda et al., 2001)に示されるように，これまでの総合的検討から以下のように考えられる。

　地下深部に潜在する酸化的酸性マグマ(I-タイプ磁鉄鉱系マグマ)を起源として，固結末期にマグマ上部の流体相に豊羽鉱床を形成した重金属類が濃集した。鉱化作用初期には，マグマから分離したベースメタル(卑金属元素)に富む鉱液が上昇し，地下浅所に存在する地熱貯留槽帯に発達した割れ目中に流入し，そこに存在した地熱水と混合して重金属を沈殿させた。

　その後，マグマの一部が有機物に富む堆積岩類中に貫入することにより，そのマグマは還元され，その結果各種レアメタルがマグマ上部の流体相中に濃集した。マグマから分離した鉱液は，同様に地表近くの地熱貯留槽中の割れ目に流入し，地熱水との混合により，レアメタルに富む多金属型鉱化作用

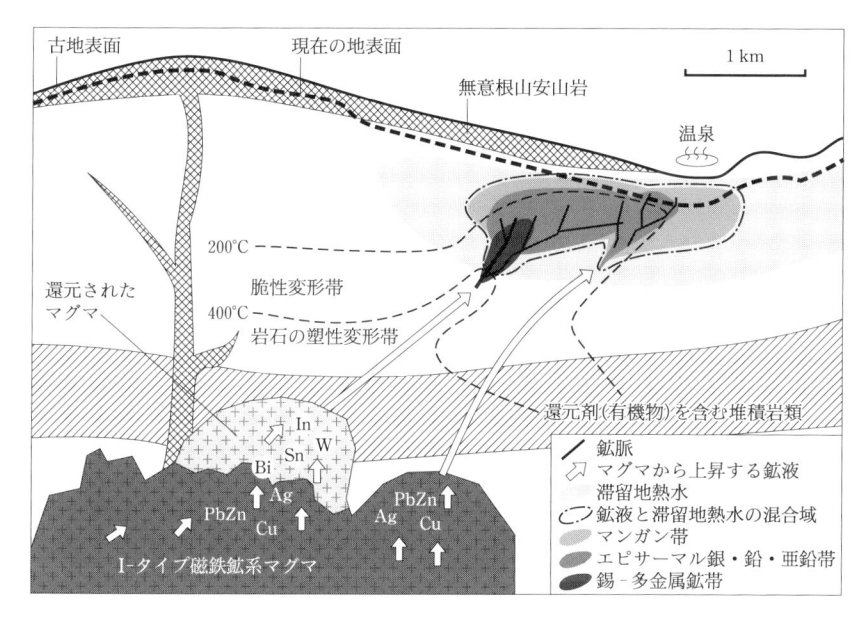

図6 豊羽鉱床におけるマグマ-熱水系と鉱床形成モデル(Ohta, 1995)。口絵参照

を生じた。

また，地熱水の一部は貯留槽から流出し，地表近くで天水(河川水など)と混合して定山渓温泉における温泉活動を生じた。この一連の熱水活動は現在も継続していると考えられる。

4. バイオ・ミネラリゼーション——足寄町湯の滝Mn酸化物の例

現世の生物による金属濃集作用(バイオ・ミネラリゼーション)

微生物が鉄(Fe)やマンガン(Mn)の沈殿に関与していることはよく知られている。FeやMn以外にもZnやPb，そしてAuまでも微生物活動により沈殿したのではないかと思われる点が指摘されている。しかしながら，微生物による金属鉱床生成のプロセスについてはいまだ解明されていない点が多く，内外の研究者の注目を集めている。それは地球上の物質循環や金属元素の濃集は無機的なプロセスと考えるのではなく，地球と生命との相互作用と

して存在すると理解しているためである。また，微生物起源の金属鉱床を知ることで鉱床探査に新たな指針を与えるだけでなく，一方で微生物の力を借りて濃度の低い溶液から有用資源を回収したり，排水処理したりという工業的な利用法が現実の問題として期待されている。本節では，微生物による沈殿が明らかにされ，かつ数千トンという大規模な鉱床を形成し，しかも身近に観察しやすい陸上に存在する北海道の湯の滝マンガン鉱床を例に，微生物による元素の濃集プロセスについて述べる。

現世のマンガン鉱床

　日本には数多くの現世マンガン鉱床が存在している。これらはおもに温泉水から沈殿生成したものであり，生成物はマンガン土あるいはマンガンワッドと呼ばれる黒色泥状の酸化マンガンである。代表的な鉱床に，三瓶鉱山(島根県)，旭岳温泉(北海道)，足寄町の湯の滝(北海道)，駒ノ湯温泉(北海道)などがある(Miura and Hariya, 1997)。三瓶鉱山以外では今でも沈殿が継続しており，そのようすを直接観察することができるため，地質時代の鉱床生成プロセスを考えるうえで貴重なデータを得ることができる。マンガン土鉱床の生成過程に微生物の活動が関与していることが世界で初めて確認されたのは，北海道駒ヶ岳山麓の駒ノ湯温泉(Hariya and Kikuchi, 1964)であるが，規模としてはその後に微生物活動が確認された湯の滝のほうがはるかに大きい。ここでは湯の滝における，マンガン鉱物の生成プロセスについて，より詳細に記述する。

　北海道足寄町の湯の滝では，活火山である雌阿寒岳の山麓から湧出した温泉水が2条の滝となって斜面を20 mほど流れ落ち，その斜面上には黒色の二酸化マンガンが沈殿している(図7A)。ここでは，1951～54年にかけて阿寒マンガン鉱山として総計3500トンの鉱石が採掘され，ほとんど掘り尽くした後に閉山した。その後，斜面には再度マンガン鉱石が継続して沈殿・生成している。

温泉水の性質

　湯の滝温泉水は，同位体組成が周囲の地表水と等しいことから，地表水が

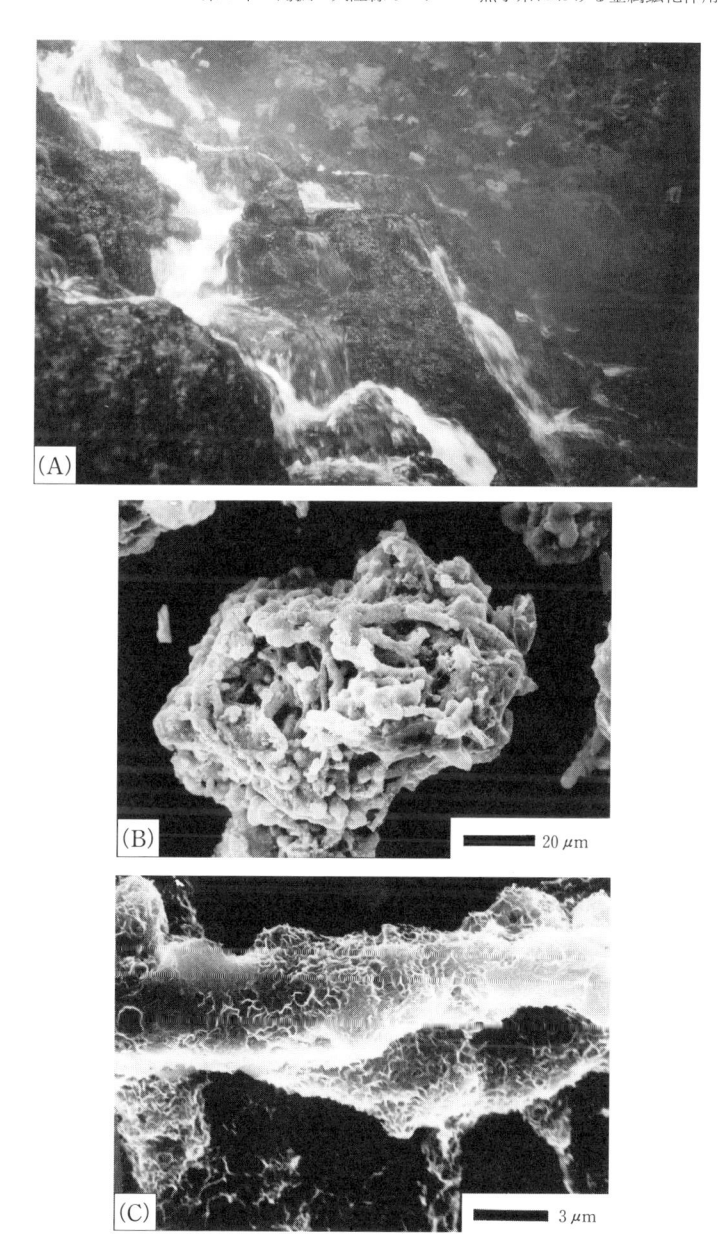

第3章　島弧‐大陸縁のマグマ‐熱水系における金属鉱化作用　59

図7　湯の滝のマンガン鉱床(A)，マンガン沈殿物の走査型電子顕微鏡写真(B・C)

地下に浸透し加熱され，周囲の安山岩質噴出物中を通過する過程で安山岩中の金属元素を抽出したものと推定されている。安山岩質母岩中の金属元素存在比と，温泉中の存在比とが一致することもこの推測を支持している。湧出量は毎分約 1400 l であり，斜面全体で毎年 1100 kg の二酸化マンガンが生成している。この鉱床は 4500 年前から酸化マンガン鉱物の沈殿が続いていることが確認されており，現在の生成量 1100 kg/年で一定であったとすると，これまでに総量 5000 トンの鉱石が生成したことになる。湧出した時点での温泉水の pH は 6，Eh は 400 mV であり，斜面にそって Eh-pH 図の A 点から F 点へと変化する(図 8)が，いずれの点でもマンガンは Mn^{2+} イオンとして溶解しており，無機化学的に酸化物が生成する条件ではない(Mita et al., 1994)。

マンガン鉱物

沈殿している黒色物質は泥状で，Mn を 33～41％含む含水マンガン酸化物である。粉末 X 線回折実験によると，湿潤状態ではおもに 9～10 Å の底面反射を示し，トドロカイト todorokite あるいは 10 Å マンガナイト man-

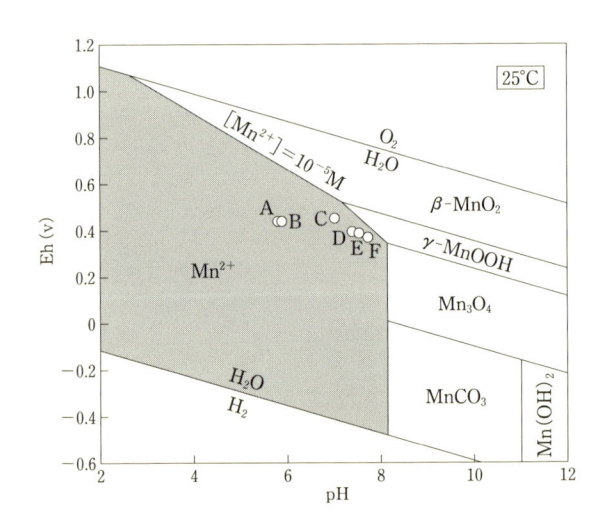

図 8　湯の滝温泉水の Eh および pH 条件

ganite と呼ばれるものに相当する。乾燥させると底面反射が 7Å 台に収縮するため，層間水が脱水し層間距離が縮まると考えられる。走査型電子顕微鏡で観察すると，マンガン鉱物で被覆された糸状の藻類が絡み合った構造が見られる(図 7B・C)。このような構造は湯の滝だけでなく，旭岳温泉や駒ノ湯温泉で沈殿しているマンガン酸化物に共通のものである。藻類の構造を拡大して見ると，薄いマンガン酸化物の結晶が表面に存在しているのが観察される(Miura and Hariya, 1997)。

微生物によるマンガン酸化物の生成

無機化学的には沈殿しないはずの Mn が沈殿する理由はなぜであろうか。温泉水をビーカーに採取して室内に放置すると，2日程度でビーカーの底に褐色の酸化マンガンの沈殿が形成される。しかし，濾過滅菌して室温で放置すると，4日経過しても何も沈殿が起きず，温泉水は透明なままである。これに少量のマンガン土を加えて放置すると褐色の沈殿が生じ，温泉水中の Mn 濃度が 6 ppm から 4 日後にはほぼ 0 ppm まで急激に低下するのが観察される。濾過滅菌した溶液で変化が観察されないのは，Mn の酸化沈殿に関与していた微生物を取り除いたため酸化が起こらず，温泉水中のマンガン濃度が一定に保たれたためである。少量のマンガン土を加えることで沈殿が生じたのは，添加された微生物の働きにより，溶解していた Mn^{2+} イオンが酸化され，沈殿物が形成されたと解釈される。湯の滝では，糸状藻類とマンガン酸化細菌の微生物共同体が斜面を覆っており，水中の Mn^{2+} イオンを酸化して二酸化マンガン鉱物を沈殿させている。マンガン酸化細菌は，セデセア属 *Cedecea*，アエロモナス属 *Aeromonas*，シュワネラ属 *Shewanella* の菌であることが確認されている。温泉水中には，好気性従属栄養細菌であるマンガン酸化細菌が必要とする有機物や酸素は含まれていないが，微少な糸状藻類が有機物と酸素を同細菌に供給し，滝の斜面では急速に酸素が飽和するとみられる。滝斜面中段の堆積物表層からは，1 cm^3 中に 10^6 個のマンガン酸化細菌の生菌細胞が計測されているが，源泉部では約 10^3 個であった(Mita et al., 1994)。

温泉水中に Fe と Mn の両方を数 ppm 以上含む温泉水からは鉄酸化水酸

化物の沈殿が生じ，マンガン土の沈殿は生じない。マンガン土を沈殿している温泉水はFeをほとんど含まず，Mnのみ数ppm含んでいる。鉄酸化物のほうがマンガン酸化物より広い安定領域をもつため先にFeが沈殿し，温泉水がMnのみを含むようになった後に，マンガン土の鉱床が形成される。コンドライトで規格化した希土類元素の濃度パターンをみると，全体的に希土類含有量は少なく，CeとEuの負異常がみられる。深海底の熱水起源のマンガン酸化物のCe負異常は，堆積速度が速いことがその一因と考えられており，湯の滝の鉱床生成速度も深海底の熱水性マンガン酸化物と同じように速かったことを示している(Miura and Hariya, 1997)。

地質時代のマンガン鉱床成因論へ

オーストラリア，グルートアイランドのマンガン鉱床は，白亜紀の浅海に堆積した大規模な堆積性マンガン鉱床であり，その生成プロセスについては生物化学的な関与が指摘されている(Ostwald, 1981)。現世の微生物活動による鉱床生成プロセスの研究は，これら地質時代の鉱床形成プロセスの解明にも手がかりを与え，今後さらなる有用な微生物の発見や工業的利用に道を開くものと期待される。

本章では，とくに地殻におけるマグマ活動に関与して生じた元素移動と固定現象に着目し，そこでの元素の起源や移動と固定のメカニズムにかかわり，具体的な事例を挙げて，鉱石鉱物学，同位体地球化学，溶液化学，物理化学的生成環境などについて検討を行い，その成因モデルを示した。

地殻表層付近での元素の移動・固定現象では，単に無機的過程のみならず生物関与も重要であるが，今後さらに速度論的観点からの検討も不可欠となるであろう。その場合，結晶成長組織の詳細な観察に基づいた，成長メカニズムとその制御要因の解明が重要な課題となる。

元素の異常濃集帯である鉱床の多様性は，天然における複雑な相互作用や形成環境に加え，さまざまな鉱床形成プロセスなどによりもたらされることから，さらに多角的な観点から今後詳細な検討を行っていく必要があるといえる。

資源地質科学では「鉱床を1つの地質体」としてとらえ，地殻における物質の移動と固定(鉱床の形成)の法則性を解明することを目的としている．そこではフィールド・ワークをはじめとし，おもに鉱石鉱物・流体包有物・熱水変質作用・同位体地球化学など，地質学・鉱物学・地球化学的側面から多角的な研究が必要である．これらの研究は，人類にとって現在急務となっている地球上の限りある地下鉱物資源の有効利用と，新たな鉱物資源の探査・開発に大きく貢献することが期待される．また，このような鉱床生成プロセス(元素の移動・濃集機構)の研究は，本章で述べてきたように，対象物質が多くの場合は高温の水溶液(熱水)として移動する特性を有することから，新クリーン・エネルギーとして注目されている地熱の探査・開発や，世界的に問題視され始めている逆の元素分散プロセスでの元素移動制御に基づく，重金属土壌汚染，核廃棄物処理や地下水汚染問題などの環境問題の解決にも重要な役割を果たすことが期待される．

[引用文献]

Fournier, R.O. 1979. Geochemical and hydrologic considerations and the use of enthalpy-chloride diagrams in the prediction of underground conditionin hot spring systems. Jour. Volcanol. Geoth. Res., 5: 1-16.

Hariya, Y. and Kikuchi, T. 1964. Precipitation of manganese by bacteria in mineral springs. Nature, 202: 416-417.

Hedenquist, J.W., Matsuhisa, Y., Izawa, E., White, N.C., Giggenbach, W.F. and Aoki, M. 1994. Geology, geochemistry and origin of high sulfidation gold mineralization in the Nansatsu district, Japan. Econ. Geol., 89: 1-30.

Hedenquist, J.W., Izawa, E., Arribas, A. and White, N.C. 1996. Epithermal gold deposits: styles, characteristics, and exploration. Resour. Geol. Pub., 1: 16 pp.

堀越叡. 1994. 鉱床学(第二版). 富山大学理学部鉱床学講義教科書. 97 pp.

飯山敏道. 1989. 鉱床学概論. 196 pp. 東京大学出版会.

Ishihara, S. 1978. Metallogenesis in the Japanese island arc system. Jour. Geol. Soc. London, 135: 389-406.

金属鉱業事業団. 1990. 平成2年度定山渓(豊羽)地区精密調査報告書. 49 pp.

金属鉱業事業団. 1996. 平成6年度希少金属資源賦存状況調査. ポテンシャル評価調査報告書. 114 pp.

鞠子正. 2002. 環境地質学入門――地球をシステムとして見た. 286 pp. 古今書院.

Marumo, K. 1989. Genesis of kaolin minerals and pyrophyllite in Kuroko deposits of Japan: implications for the origins of the hydrothermal fluids from mineralogical and stable isotope data. Geochim. Cosmochim. Acta, 53: 2915-2924.

升田健蔵・上木隆司・成井英一. 1996. 豊羽鉱床南域における多金属鉱化作用－定山渓豊羽

地域精密地質構造調査の成果. 資源地質, 46：45-61.
松葉谷治・酒井均・上田晃・堤 真・日下部実・佐々木昭. 1978. 北海道の温泉ならびに火山についての同位体化学的調査. 岡山大学温泉研究所報告, 47：55-67.
Matsueda, H., Tsushima, N. and Ohta, E. 2001. Characteristics and formation process of Tin-polymetallic mineralization at the Shinano vein of Toyoha mine, Hokkaido, Japan. Abst. 2001, Annual Meet. Korean Society of Environmental Resource Geology: 238-239.
Matsueda, H., Tsushima, N. and Ohta, E. Formation process and environment of Tin-polymetallic mineralization at the Shinano vein of Toyoha mine, Hokkaido, Japan. 準備中
Mita, N., Maruyama, A., Higashihara, T. and Hariya. 1994. A growing deposit of hydrorous manganese oxide produced by microbial mediation at hot-spring, Japan. Geochem. J., 28: 71-80.
Miura, H. and Hariya, Y. 1997. The recent manganese deposit in Hokkaido, Japan. In "Manganese Mineralization: Geochemistry and Mineralogy of Terrestrial and Marine Deposits" (eds. Nicholson, K., Hein, J.R., Buhn, B. and Dasgupta, S.), Geological Society Special Publication, 119: 281-299.
NEDO. 1988. 地熱開発促進調査報告書. No. 12. 豊羽地域. 1156 pp.
Ohmoto, H. and Rye, R.O. 1979. Isotope of sulfur and carbon. In "Geochemistry of Hydrothermal Ore Deposits" (2nd ed.) (ed. Barnes, H.L.), pp. 509-567. John Wiley & Sons, New York.
Ohta, E. 1991. Polymetallic mineralization at the Toyoha mine, Hokkaido, Japan. Mining Geol., 41: 279-295.
Ohta, E. 1995. Common features and genesis of Tin-polymetallic veins. Resource Geology, Specila Issue, 18: 187-195.
岡村聡・武藏野実・渡辺暉夫・石田聖・久保田喜裕・久家直行・棚瀬充史・水落幸広・吉野博厚. 1995. 岩石と地下資源（新地学教育講座 4）, 201 pp. 東海大学出版会.
Ostwald, J. 1981. Evidence for a biogeochemical origin of the Groote Eylandt manganese ores. Econ. Geol., 76: 556-567.
Reed, M.H. and Spycher, N.F. 1985. Boiling, cooling and oxidation in epithermal systems: a numerical approach. Reviews in Econ. Geol., 2: 249-272.
三筒智二・神原洋・庄司敏行・嶽山輝夫. 1992. 豊羽鉱床における後期鉱化作用の特性と裂罅系. 資源地質, 42：85-100.
佐々木昭・石原舜三・関陽太郎（編）. 1995. 地球の資源／地表の開発（岩波地球科学選書）. 310 pp. 岩波書店.
Sawai, O., Okada, T. and Itaya, T. 1989. K-Ar ages of sericite in hydrothermally altered rocks around the Toyoha Deposits, Hokkaido Japan. Mining Geol., 39: 191-204.
Sheppard, S.M.F. and Gilg, H.A. 1996. Stable isotope geochemistry of clay minerals "The story of sloppy, stickly, lumpy and tough" Cairns-Smith (1971). Clay Minerals, 31: 1-24.
鹿園直建. 1972. 鉱液中の全硫黄溶存種濃度. 鉱床学ノート, 12：1-10.
Shikazono, N. 1989. Oxygen and carbon isotopic compositions of carbonates from the Neogene epithermal vein-type deposits of Japan: implication for evolution of terrestrial geothermal sctivity. Chemical Geology, 76: 239-247.

Symonds, R.B., Rose, W.I., Reed, M.H., Lichie, F.E. and Finnegan, D.L. 1987. Volatilization, transport and sublimation of non-metallic elements in high temperatures gases at Merapi Volcano, Indonesia. Geochim. Cosmochim. Acta, 51: 2083-2101.

Symonds, R.B., Reed, M.H. and Rose, W.I. 1992. Origin, speciation, and fluxes of trace-element gases at Augustine Volcano, Alaska: insight into magma degassing and fumarolic processes. Geochim. Cosmochim. Acta, 56: 633-657.

立見辰雄(編). 1977. 現代鉱床学の基礎. 257 pp. 東京大学出版会.

Trusdell, A.H. 1984a. Introduction to chemical calculation. *In* "Reviews in Economic Geology" (eds. Henley, R.W., Trusdell, A.H. and Barton Jr., P.B.), pp. 1-8. Society of Economic Geologist, Michigan.

Trusdell, A.H. 1984b. Stable isotopes in hydrothermal systems. *In* "Reviews in Economic Geology" (eds. Henley, R.W., Trusdell, A.H. and Barton Jr., P.B.), pp. 129-142. Society of Economic Geologist, Michigan.

對馬教夫. 1998. 豊羽鉱山信濃ヒにおける錫―多金属鉱化作用の特性と形成プロセス. 平成9年度北海道大学理学研究科修士論文. 203 pp.

Watanabe, Y. 1990. Pull-apart vein system of the Toyoha deposit, the most productive Ag-Pb-Zn vein-type deposit in Japan. Mining Geol., 40: 269-278.

Yajima, J. and Ohta, E. 1979. Two-stage mineralization and formation process of the Toyoha deposits, Hokkaido, Japan. Mining Geol., 29: 291-306.

第4章 新生代の海洋環境と気候変動
海洋の長周期変動

西　弘嗣・高嶋礼詩

1. 長周期変動としての新生代の気候

　自然界には多くの周期(リズム)がみられる。たとえば，潮汐作用，夏や冬の季節変動，氷期・間氷期などがそれにあたる。これらのリズムは，貝殻やサンゴの成長線，木の年輪などとして，地層や化石に記録されるので，過去のものであっても読み取ることができる(たとえば，増田，1993；川上，1995)。
　地球のリズムのうち，気候変動はもっとも顕著なものである。この周期をどれくらいの時間スケールでみるかによって解読できる変動が異なる。たとえば，数十年周期の変動としては，北半球のテレコネクション(北大西洋振動 North Atlantic Oscillation：NAO，太平洋10年振動 Pacific Decadal Oscillation：PDO)，エル・ニーニョ，太陽の黒点周期などが挙げられる。数百〜数千年周期としてはダンスガード・オシュガー周期 Dansgaard-Oeschger cycle(D-O cycle)やボンド周期 Bond cycle がみられる。また，数万〜数十万年になると氷期・間氷期のサイクル，ミランコビッチ・サイクル Milankovitch cycle，モンスーン変動などである。さらに数百万年(My)のスケールになると，二酸化炭素の増減サイクル，海洋化学サイクル aragonite-calcite ocean cycle，温室/冷室サイクル greenhouse/icehouse cycle がある。大陸移動やマントルプルームのような地球内部の変動になると，数億年のスケールになり，ウィルソン・

サイクル Wilson cycle, フィッシャーのスーパーサイクル Fisher's supercycles となる。ここでは, 数万～数百万年の長期的な周期の変動を取り扱い, 地球の気候変動をみていくことにする。

2. 新生代とは

　顕生代の年代区分は, 基本的には生物の出現・絶滅によって定義されている。たとえば, 古生代－中生代の境界はコノドント Hindeodus parvus の絶滅によって特徴づけられ, 中生代－新生代の境界は有孔虫, 石灰質ナノ化石, 恐竜などの絶滅とイリジウム濃集の層準によって定義される。そのため, 古生代は魚類・両生・爬虫類の時代, 中生代は恐竜の時代, 新生代は哺乳類の時代といわれる。しかし, 正確には, 両生類はデボン紀後期 Famennian に出現し, 爬虫類(無弓類, 双弓類, 単弓類)は石炭紀後期に出現し, ペルム紀になると急激に放散した。恐竜は, 三畳紀とジュラ紀の境界付近から出現し, 白亜紀末に絶滅した(Benton, 2005；コルバートほか, 2004)。

　恐竜の絶滅後, 哺乳類が放散した時代が新生代 Cenozoic である。従来はこれに人類の時代である第四紀 Quaternary が続き, 魚類から人類までが出揃うことになる。しかし, この年代区分はそう簡単ではなくなってきた。従来, 白亜紀の後には第三紀 Tertiary が定義されていたが, この第三紀という用語は, 15 年前に正式区分から外され, 使用可能ではあるが非公式の用語となった。さらに, Gradstein et al.(2004)の地質年代区分では, 第三紀は完全になくなり, 新生代は古第三紀 Paleogene と新第三紀 Neogene の 2 つの紀 Period に区分された。そして, 第四紀も正式な年代区分から外され, 鮮新世の最後の階である Gelasian と更新世 Pleistocene, 完新世 Holocene を合わせた亜紀となり, 使用可能であるが非公式用語の扱いとなった。すなわち, 「第四紀」という区分が消滅することとなった。ところが, 2007 年の年代区分では再び復活し, 「第四紀」が再定義され, 鮮新世と更新世の境界は Gelasian の基底におかれた。この新しい提案を承認するかどうかは, 現在も継続して議論が続いている(斎藤, 2004a-e, 2005)。

　新生代のうち古第三紀－新第三紀の境界は, 浮遊性有孔虫の Paraglobor-

otalia kugleri の出現と古地磁気層序の C6Cn. 2n の下底(2303万年前)，鮮新世 – 更新世の境界は，ナノ化石の *Discoaster brouweri* (base Zone CN13)と古地磁気層序の C2n(オルドバイ・イベント Olduvai event)の直上(181万年前)におかれている。更新世 – 完新世の境界(晩氷期と後氷期の境界)は，本来は氷期の終了後の時代として考えられていたが，現在では新ドリアス(YD)期終末に定義され，通常の ^{14}C 法による年代測定で約1万年前(暦年補正なし，補正すると 11.5 ka calendar years BP)の年代値が提案されている(町田ほか，2003；Gradstein et al., 2004)。

3. 新生代の気候の変遷

生物からみた新生代は哺乳類の時代であるが，気候変動からみると，新生代は1億年前の白亜紀中期から継続した温室 greenhouse から，第四紀で代表される氷期・間氷期のサイクルが明瞭な冷室 icehouse へと移行する時期である。新生代の気候変動に対する理解を進展させたのは，海洋研究によるところが大きい。とくに，1968年から開始された深海掘削計画は，Deep Sea Drilling Project(DSDP)，International Phase of Ocean Drilling(IPOD)，Ocean Drilling Program(ODP)，Integrated Ocean Drilling Program(IODP)と継続され，古海洋・古気候の解明に大きな成果をあげた。深海の試料はきわめて保存が良いので，酸素同位体比(δ^{18}O)，炭素同位体比(δ^{13}C)，Mg/Ca 比など地球化学の分析を行うことができる。とくに，これらの掘削計画により得られた酸素同位体比の測定から，新生代を通じての水温や氷床量の変化がかなり明確となった。以下に新生代の気候変動の概要を述べる。

暁新世と PETM

一般に，温室期である白亜紀には極域に氷床がないと考えられているが，逆に氷床が一部の時期に存在したとする研究もある(Frakes et al., 1992; Miller et al., 2003, 1999)。これに対して反論もあり，議論が続いている(Moriya et al., 2007)。一般に，Campanian から白亜紀最後の Maastrichtian にかけての海水準は低下する傾向にあり，酸素同位体比をみても Maastrichtian には重

くなる傾向が認められる(Barrera and Savin, 1999; Frank et al., 2005; Miller et al., 2004)。しかし，白亜紀と第三紀の境界(K‐T境界あるいはK‐P境界)付近から暁新世にかけて，大局的には負(軽い)の方向にシフト(温暖化を示唆)するが，5800万年前ごろにやや正(重い)のシフト(寒冷化を示唆)が存在する(Zachos et al., 2001；図1)。

　新生代で気候変動に関する最大事変の1つは，暁新世 Paleocene‐始新世 Eocene 境界(P‐E境界)付近(約5500万年前)で生じている(図1)。この層準では，酸素・炭素同位体比が急激に負の方向にシフトすることが知られており，Paleocene-Eocene Thermal Maximum(PETM)と呼ばれている。とくに，炭素同位体比は2〜3‰の負のシフトがみられ，Carbon Isotope Excursion (CIE)として層序における境界の指標になっている(Aubry et al., 1998; Kennett and Stott, 1991; Knox et al., 1996)。また，水温は8℃以上(高緯度の表層)，4〜5℃(高緯度の底層)も上昇した(たとえば，Thomas et al., 2006; Tripati and Elderfield, 2005; Zachos et al., 2003, 2006)。この温暖化事変は，炭素同位体比の変動幅が大きいことから，ガスハイドレートの噴出が原因ではないかと考えられている(ガスハイドレート仮説，Dickens et al., 1995)。また，この時期には炭酸塩堆積物の溶解が生じている地域が多く，炭酸塩補償深度 Carbonate Compensation Depth(CCD)の浅海化も推定されている(Aubry, 1998)。このことも，海洋中のメタンの酸化により生じたと考えられている。しかし，このハイドレート噴出の原因に関しては，いまだ確定的な説はない。

　この事変により，石灰質ナノ化石，底生有孔虫，渦鞭毛藻などに関しては絶滅事件や群集の変化など，大きな影響が現れている。石灰質ナノ化石に関しては，PETM境界を境に群集が交替し，始新世でももっとも大きな絶滅事件の1つとなっている(Bralower, 2002; Crouch et al., 2001; Gibbs, 2006)。CIEとほぼ同時に底生有孔虫も群集が大きく変化するので，Benthic foraminifera Extinction Event(BEE)として境界の指標として使用されている(Aubry et al., 1998; Tjalsma and Lohmann, 1983)。しかし，浮遊性有孔虫の絶滅はほとんどない。一方，哺乳動物などの大型動物に関しては，絶滅は少なく，この境界以降，新たな種の出現，もしくは体サイズが小型化するなどの変化がみられる(図1)。とくに，北米では Artiodactyla(ウシ目，偶蹄目)，Primates(サル目，

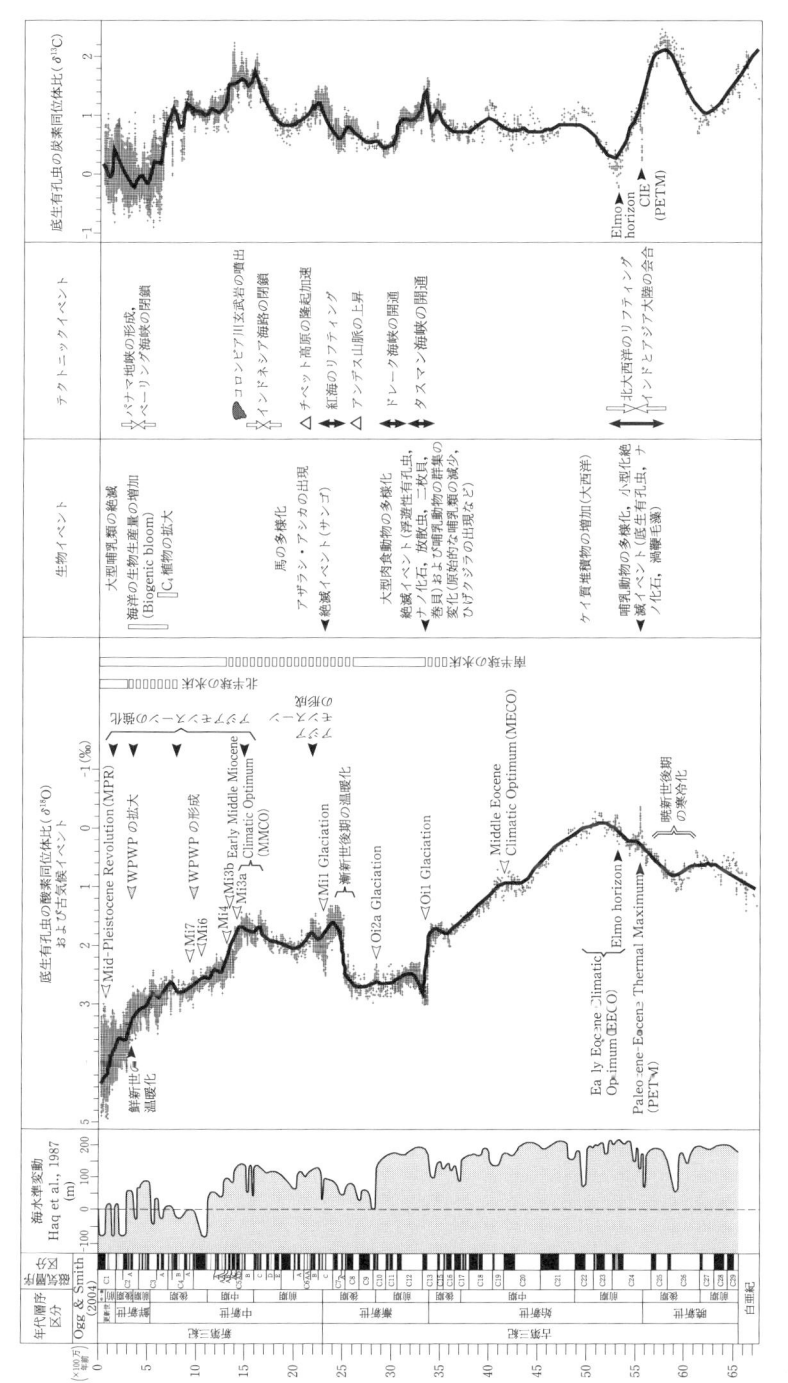

図1 新生代の年代、海水準、酸素・炭素同位体比、古気候、古生物、テクトニックイベントの総括図(Gradstein et al., 2004 の年代層序をもとに、Zachos et al., 2001 および Haq et al., 1987 を参考に作成)

霊長目)，Perissodactyla(ウマ目，奇蹄目)，Hyaenodontidae(ヒエノドン科)などが，CIE 後の 1 万年間に出現した(Bowen et al., 2002)。これらの群集はアジア大陸で出現し，その後，急速に北米やヨーロッパへと分散していったと考えられている(Bowen et al., 2002; Gingerich, 2003; Smith et al., 2006)。

前期始新世の温暖期

　初期始新世は，P‐E 境界に続き，新生代でももっとも温暖化が進行した時代で，初期始新世の気候極大期 Early Eocene Climatic Optimum(EECO)といわれる(Pearson et al., 2007; Tripati et al., 2003; Zachos et al., 2001；図1)。とくに，5500 万〜5000 万年前の期間の酸素同位体比の値は新生代でもっとも軽くなる。この温暖化は植生にも影響を与え，たとえばワイオミング州の植生は，中米やベトナムのような熱帯雨林に類似していたと考えられている(Prothero and Berggren, 1992)。北極や南極のような極地ですら，針葉樹や広葉樹などの森林が存在していた(Willis and MacElwain, 2002)。始新世の日本も同様で，温暖で湿潤な気候下にあり，植物の生産が豊富で，石炭層が形成され，戦前には採掘され重要な資源となっていた。この石炭層の植物化石は，亜熱帯林に似た常緑広葉樹林の組成を示し，ヤシ科のサバリテス，バショウ類，ハス属などが代表的な植物で，広葉樹に関しては西南日本では常緑のブナ科・クスノキ科を多産し，温暖系シダ植物をともなう。一方，北日本では常緑広葉樹の割合が少なく，落葉広葉樹が多く，より温帯的な広葉樹が多産する(国立科学博物館, 2006)。

　また，初期始新世にも PETM と同じように酸素・炭素同位体比において 1.0〜1.6‰ の負のスパイクが，Walvis Ridge を掘削した ODPLeg208 の各サイトで観察された(図1)。これは，'Elmo horizon'(約 5410 万〜5370 万年前)と名づけられている(Lourens et al., 2005; Westerhold et al., 2007)。しかし，このイベント付近で顕著な生物群集の変化は報告されていない。

寒冷気候の開始 "5000 万年前"

　5000 万年前ごろになると，酸素同位体比は，急激に正の方向へとシフトしていく。大局的には，この傾向は新生代を通じて続き，ときおり負の方向

にシフトすることはあるものの，全般的には変わらない(Zachos et al., 2001)。すなわち，これ以降，地球の気候は寒冷化していくのである(図1)。この転換点は，前期‐中期始新世境界(EE‐ME境界)の直下に位置している。この寒冷化の影響は，浮遊性有孔虫の群集にもっともよく現れる。低緯度地域の群集は，5000万年前以前には熱帯種である *Morozovella* 属を主体とするが，5000万年前ごろにその多くが絶滅し，その後はやや温帯種であった *Acarinina* 属の群集が主体となる。高緯度地域では，前期始新世に深層種であった *Subbotina* 属がEE‐ME境界以降増加する。また，放散虫を主体とするケイ質堆積物が大西洋で頻繁に見られるようになるのも，中期始新世(約5000万年前)以降である。これらの特徴は，いずれも寒冷化の進行を示唆するものである。

しかし，4150万年前ごろには約1‰以下の負のシフトがKerguelen Plateauや Maud Rise の掘削地点で観察され，Middle Eocene Climatic Optimum(MECO)と呼ばれている。このイベントでは，表層と中層(水深1000～2000 m)の水温が，約4℃程度上昇したと考えられている(Bohaty and Zachos, 2003)。ところが，前述のElmo horizonと同様にMECOにおいても，大きな生物群集の変化はみられないようである。

始新世末から前期漸新世の寒冷化

酸素同位体比の変動をみると，中期‐後期始新世の境界(ME‐LE境界)付近，始新世‐漸新世境界(E‐O境界)の直下で正のシフトがみられ，寒冷化が急速に進行したとみられている(図1)。ME‐LE境界のシフトの幅はそれほど大きくないが，低緯度地域では，それまで主体であった浮遊性有孔虫の *Morozovella* と *Acarinina* 属がほとんど絶滅し，大規模な群集の交替が急激に生じている。また，石灰質ナノ化石，放散虫，二枚貝・巻貝にも絶滅事件が生じている(Aubry, 1992; Funakawa et al., 2006; Hansen, 1992)。

E‐O境界付近の正のシフトは，もっと急激かつ明瞭で，約1‰の正のシフトがみられ 'Oi1' (3390万年前)と名づけられている(Coxall et al., 2005; Funakawa et al., 2006; Pekar and Miller, 1996；図1, 2)。この層準では，炭酸塩補償深度が1000 m以上も深海化したことも知られている(Kennett, 1982)。この寒冷

化は，Terminal Eocene Event(Wolfe, 1978)と呼ばれ，以前から陸上の生態系でも認識されており，新生代で最初に南極に氷床が形成された時期(Oi1 Glaciation)とされている．この例が示すように，漸新世から中新世の時期は寒冷化が進行しているため，酸素同位体比の変動に正のシフトが頻繁に観察される．この一連の正シフトに対して，漸新世ではOi，中新世にはMiのコードに番号をつけて層序学的な指標としている(図2)．前期漸新世は，Oi1の寒冷イベントに引き続き，Oi1a, Oi1b, Oi2, Oi2a, Oi2bの5層準で正のシフトが報告されている(Miller, 2002; Pekar and Miller, 1996)．そのなかでも比較的大きなシフトがOi2a(2840万年前)で，放散虫や底生有孔虫の群集にもその影響が現れている(Funakawa et al., 2006; Kamikuri et al., 2005；高田ほか，2007)．

一方，植物化石の全縁葉率から復元された始新世から前期漸新世の期間の

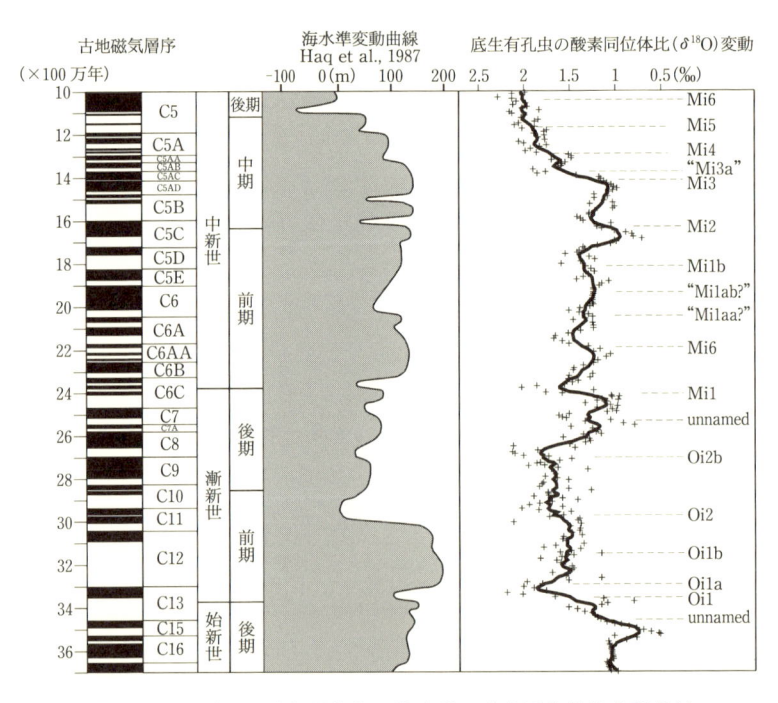

図2 始新世後期～中新世後期の海水準・酸素同位体比変動曲線
　　(Miller et al., 2002を改変)

北太平洋(北米, アラスカなど)の気温は, 振幅が大きく, 15～30℃程度の範囲にあるが, 後期漸新世以降は5～15℃と急激に減少する(Wolfe, 1978)。日本から産出する植物化石の全縁葉率を用いても, その結果はほぼ同じとなる(棚井, 1991)。わが国の始新世から漸新世にかけての植生をみても, 漸新世とそれ以前では明瞭に異なる。たとえば, 漸新世の群集は, 属や種の構成が現在の温帯林の組成に近く, 現在の群集と類似してくる。この時期の植物群の代表が北海道の北見と兵庫県神戸の植物群で, 前者が冷温帯林, 後者を暖温帯林の原形とみなすことができる(国立科学博物館, 2006)。

　海洋生物に関しては, 石灰質ナノ化石, ケイ藻, 底生有孔虫, 二枚貝・巻貝, ウニなどの絶滅など, 多くの分類群に大きな影響が現れている(Prothero and Berggren, 1992)。しかし, 浮遊性有孔虫の絶滅は, それほど大きくなく, *Hantkenina*, *Globigerinatheka*, *Turobotalia* 属の種が絶滅するくらいである。哺乳動物化石に関しては, ME‐LE境界ではあまり変化は生じていない(Prothero, 1999)が, ヨーロッパやモンゴルでは, E‐O境界では始新世の欧州種がアジアの移住種に交替され, 群集の大きな変化が起こっており, 'Gande Coupure (big cut)' と呼ばれている。この変化は, 気候の寒冷化に起因する植生の変化が原因と考えられている(Hooker, 2004; Meng and McKenna, 1998)。これに対して, 北米では大規模な交替はE‐O境界で起こっていないようである(Prothero, 1999; Prothero and Heaton, 1996)。

後期漸新世から中新世の温暖期

　前述したように, 大局的には新生代の気候は5000万年前を境に寒冷となっていくが, 後期漸新世から初期中新世にかけては, 寒冷化の進行はむしろ停滞したようにみえる。酸素同位体比の変動をみると, 後期漸新世には正方向への大きなシフトはみられず, むしろ前期漸新世より軽い値を示す(図1)。しかし, 漸新世‐中新世境界(O‐M境界)にのみ, 急激な正のシフト(Mi1 Glaciation)がみられ, 氷床が拡大したと考えられている。初期中新世の同位体変動は増減を繰り返し, Mi1のほかにMi1a, Mi1bの2層準, 中期中新世にはMi2, Mi3, Mi3a, Mi5の4層準に正のイベントが認識される(Miller et al., 1991)。中期中新世のMi1b～Mi3にかけてやや大きな負のシフ

ト(1700万〜1450万年前)がみられ，early Middle Miocene Climatic Optimum (MMCO)と呼ばれる(Flower and Kennett, 1993; Woodruff and Savin, 1989；図1, 2)。

　このMMCOごろの温暖化は，日本でも認識されている。日本では1500万年前ごろに熱帯性の貝化石群集が産出し，八尾-門ノ沢動物群と呼ばれる。この動物群は，マングローブ沼に特有な貝類(センニンガイ，シレナシジミ，ビカリアなど)からなり，またマングローブの花粉も見つかることから，前期中新世末から中期中新世初期にかけて日本列島は熱帯化したとみなされている。これを「熱帯海中事件」と呼ぶ。しかし，この事件は，地球規模の温暖化に起因しないとする主張もある。むしろ，約1700万年前ごろに生じたインドネシア海路の閉鎖により，熱帯性の生物群が日本列島に伝搬してきたとする仮説もある(国立科学博物館，2006；図3)。

中期中新世以降の寒冷化

　MMCO以降，底生有孔虫の酸素同位体比は，1400万〜1300万年前になると逆に1‰ほど増加し，気候は再び寒冷化へと向かったことを示す。この中期中新世の寒冷化は最初の小さなステップ(Mi3a, 1420万年前)と2回目のステップ(Mi3b, 1380万年前)からなる(Abels et al., 2005; Ennyu and Arthur, 2004; Shevenell et al., 2004)。後者のステップには，CM6と呼ばれる炭素の同位体比の正のシフトがともなう(Woodruff and Savin, 1991)。また，浮遊性有孔虫のCa/Mg比も，南太平洋の高緯度地域(55°S)の表層水温が6〜7℃低下したことを示す(Shevenell et al., 2004)。このMi3以降，酸素同位体比は徐々に正の方向へシフトし，気候が寒冷化していった。中期中新世の寒冷化は汎世界的に生じていることから，東南極氷床の拡大(1650万〜1380万年前)が原因と考えられている(Flower and Kennett, 1995)。

　この時期には，植生にも変化が現れるようになった。植物にはC_3植物とC_4植物が存在する。900万年前以前はC_3植物が主体であったが，800万〜600万年前の時期になると世界各地(アジア，アフリカ，北米，南米)でC_4植物が繁栄するようになった(Freeman and Colarusso, 2001; Morgan et al., 1994; Quade et al., 1989; Ségalen et al., 2007)。しかも，この変化は低緯度地域から開始

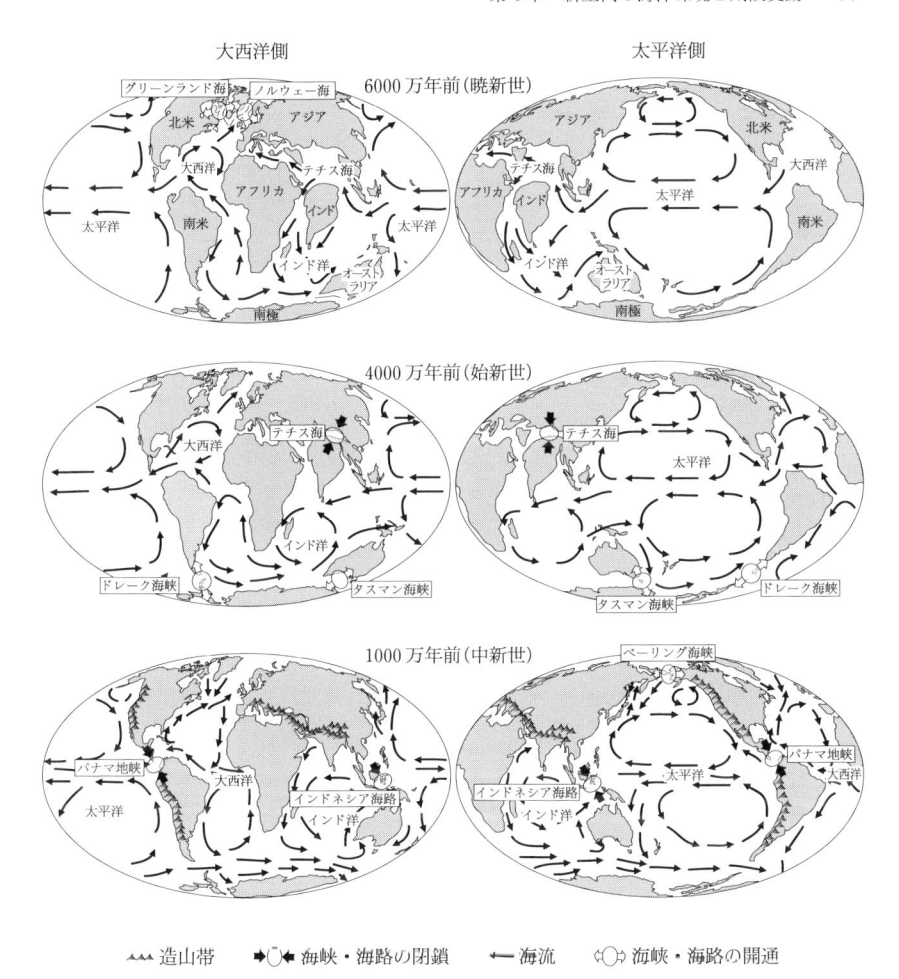

図3 暁新世，始新世，中新世の古地理図と海流系，gatewayの分布(古地理図は Lawver et al., 2003，海流系は Andel, 1985 を参考に作成)

されたため，大気中の二酸化炭素濃度が減少したことに起因したとする仮説がだされた(Cerling et al., 1997; Ding and Yang, 2000)。これに対し，900万年前以降，二酸化炭素の量はそれほど変化していない，むしろ季節的な降水量や乾燥の度合いが影響しているとの指摘もある(Pagani et al., 1999)。どちらにしても，中期から後期中新世の寒冷化は，中期中新世の Mi3 から Mi4 の時期

(C5AB～C5r)の大きな正のシフト(～1.5‰)に代表され,その後のMi5,後期中新世のMi6, Mi7のシフトの時期(C5n～C4A)には正のスパイクはあるものの,その変動幅は小さい.しかし,同位体比の全般的な傾向は徐々に正の方向にシフトし,確実に寒冷化が進行していることを示す.

しかし,陸生の哺乳動物と植生の変化とは,各大陸でそのタイミングが合わない.一般にC₄植物の出現は700万年前であるが,動物化石の絶滅は,北米では約900万年前と450万年前に記録されている.アジアではその変化は900万～850万年前,ヨーロッパでは1000万～900万年前と650万年前に生じており,東アフリカでも700万年前には変化が起こっていないようである(Prothero, 1999).したがって,大規模な植生の変化が動物相の大きな変化をもたらしたという仮説は,大局的には受けいれられるが,厳密には成り立たないのかもしれない(Prothero, 2004).

一方,この後期中新世には'biogenic bloom'と呼ばれる生物生産量が増加する時期(900万～300万年前)が南太平洋や大西洋で観察される(Dickens and Owen, 1999; Grant and Dickens, 2002).北太平洋でもケイ質堆積物が増加する時期は,700万～300万年前で一致する(Kamikuri et al., 2007).また,現在の北太平洋では西から東に,西部亜寒帯循環,ベーリング循環,アラスカ循環が形成されている.現在のように西部亜寒帯循環とアラスカ循環が分離・形成されたのは,放散虫の群集解析から300万年前以降と考えられる(Kamikuri et al., 2007).

鮮新世から更新世の寒冷化

酸素同位体比は,主として水温と氷床量により変動し,両極の氷床が拡大してくるとその増減の周期性が明瞭となる.このことを利用して,過去に遡って同位体の各ピークに対して番号がつけられ,層序学的なマーカー(Marine Isotope Stage：MIS)としてコア間の対比や年代決定に使用されている.現在,MIS1～MIS126まで一連の番号がつけられ,その後もGi, Co, Nなどの文字と番号が組み合わされたコード番号により,鮮新世の基底まで定義されている(Gradstein et al., 2004).このとき,奇数番号は間氷期,偶数番号は氷期の番号をつけるのが恒例となっている.

酸素同位体比の値は，鮮新世の基底からすでに変動を繰り返しているが，鮮新世中期(300万年前)になると全体的に重い方向にシフトし，振幅もしだいに大きくなる(Raymo, 1994)。この変換点(約300万年前)には，パナマ地峡の閉鎖，北極氷床の拡大などのイベントが存在する(Zachos et al., 2001；図1, 3)。しかし，北極の氷床形成時期については議論が続いている。従来，北極氷床の形成は氷漂流岩屑 Ice-Rafted Debris(IRD)の堆積速度から約260万年前とみなされていたが(Maslin et al., 1995)，近年行われた北極点付近のロモノソフ海嶺を掘削したIODP第302次航海の結果によると，海氷の存在が始新世(約4500万年前)まで遡るかもしれない(Moran et al., 2006)。一方，鮮新世の中期(330万～300万年前)には温暖化イベントが記録されている(Haywood and Valdes, 2004; Ruddiman, 2001)。最後の長周期イベントは更新世中期(約90万年前，MIS25付近)に生じた。ここでは，酸素同位体比の変動周期が4万年から10万年に変化し，'Mid-Pleistocene Revolution(MPR)'と呼ばれる(Berger et al., 1993)。MPR以降は同位体の振幅が大きくなっていることから，この時期以降にはさらに氷床量が拡大したと考えられている。

4. テクトニクスの影響による気候変動

海洋海路 gateway の開閉事件と北半球の氷床拡大

中生代になるとゴンドワナ大陸は分裂を開始した。東西方向の分裂により大西洋，南北方向の分裂によりインド洋や南大洋が形成され，(古)太平洋は逆に縮小することになった。この分裂にともない，①北半球ではグリーンランド海・ノルウェー海の形成(始新世)，②中緯度地域では南米大陸の北上によるパナマ地峡の閉鎖(鮮新世)，アジア・オーストラリア大陸の衝突による環赤道流の消滅とインドネシア海路の閉鎖(中新世)，③インド亜大陸・アラビア半島・アフリカ大陸とアジア・ユーラシア大陸への衝突によるテチス海の閉鎖と地中海の形成(漸新世～中新世)が生じた(図3)。逆に南極大陸周辺ではドレーク海峡，タスマン海峡が誕生し，南極大陸を一周する南極周極流 Antarctic Circumpolar Current が形成された(後期始新世～中新世)。この周極流の形成により南極が熱的に孤立し，氷床の拡大が促進され，漸新世以降の急速

な寒冷化の原因となった(Kennett, 1982)。

また，北半球の氷床拡大もパナマ地峡の成立と関連していると考えられている。その1つは，パナマ地峡が形成されることにより，暖かいメキシコ湾流が北上し，積雪量が増加したため氷床が成長したとする考え方であった(Stanley, 1989)。もう1つは，深層水の循環にその原因を求める仮説である。約300万年前ごろにパナマ地峡が成立したことにより，太平洋と大西洋の塩分濃度の差が広がり，より高い塩分濃度をもつ水塊が大西洋の高緯度地域まで運ばれるようになった。この水塊が極域で冷却されるようになり，現在の深層水の循環システム oceanic conveyor belt が形成された。そのため，温暖な水塊が北極海まで侵入しなくなり，寒冷化が進行し氷床の成長をうながした(Stanley, 2005)。また，暖流が運んだ水蒸気が北極やシベリアの河川に影響を与え，淡水の流入を増加させ深層水の循環システムを弱くしたとする考え方もある(Driscoll and Haug, 1998)。これらの例が示すように，'gateway' の問題は，海洋表層の海流系や深層水の循環だけでなく，氷床形成などを引き起こし，気候変動にも大きな影響を与えていることがわかる。

西太平洋暖水塊の形成

現在の西太平洋からインド洋の低緯度地域には，西太平洋暖水塊 Western Pacific Warm Pool(WPWP)と呼ばれる太平洋でもっとも水温の高い水塊が存在し，熱エネルギーが貯蔵されている。この水塊はエル・ニーニョ時には東に移動し，大気などを通じて他地域にも大きな影響を与えている。南シナ海で行われた深海掘削の結果から，この水塊は現在より小規模であったが，1000万年前以降にすでに存在していたらしい(図1)。現在のような大規模な暖水塊が出現したのは400万年前ごろの時期とされている(Jian et al., 2006; Li et al., 2006)。この水塊の形成にも，インドネシア海路やパナマ地峡の閉鎖など，gateway が関連している可能性が高い。

ベーリング海峡とテチス海

ベーリング海峡は，太平洋と北極海をつなぐ海路として，またアジアと北米をつなぐ陸橋として重要である(図3)。第四紀にはこの陸橋を渡って，マ

ンモスやモンゴロイドがアジアからアメリカ大陸に移住したことはよく知られている。中新世のころまで，太平洋は赤道地域にあるテチス海を通じてのみ大西洋と連絡しており，北極海とは直接つながっていなかったと考えられている。すなわち，北太平洋と北大西洋は長いあいだ分断された状態にあった。実際，日本を含む西太平洋地域の海洋生物の多くは，北大西洋の群集と直接の関係を見いだすことができなかった(池谷・山口，1993)。一般に，この海路が最初に開通したのは鮮新世中期(約300万年前)とみなされてきたが，約500万年前ごろにはすでにつながっており，その後断続的に開閉を繰り返したとする説も提案された(Marincovich and Gladenkov, 1999)。

また，テチス海も，中新世初期から中期にかけてアフリカ大陸とユーラシア大陸の衝突によって分断され，逆に，両大陸間の陸上動物の移動を可能にした(図3)。テチス海域のなかでドイツ南部(ババリア地方)からカスピ海・アラル海に及ぶ中東地域にはパラテチスと呼ばれる盆地群が形成され，ヨーロッパ地域のテチス海は，地中海テチス海とパラテチスに分断された。後期中新世になると，パラテチスは地中海域から完全に分断され，鮮新世には内陸盆地となる。一方，地中海テチス海は〝メッシニアン危機 Messinian crisis〟の時期に，いったん完全に干上がった。このテチス海の閉鎖によって，中生代以来から存在した地球を一周する環赤道海流はなくなり，現在の形に分断された(図3)。

アジアモンスーンの形成

新生代におけるもう1つの大きな気候変動がモンスーン気候の成立である。モンスーンとは，季節によって風向が反対に代わる風のことを指しており，アラビア海では夏に南西の風，冬には北東の風が吹く。東アジアでも夏には南東の湿った風，冬には北西の冷たい風が吹く。また，サハラ砂漠から西アフリカにかけても北アフリカモンスーンが存在する。このうち，インド・アジアモンスーンの原動力は，ヒマラヤ・チベット山塊とインド洋上の熱エネルギーのコントラストが生みだす気圧差にある。一方，北アフリカモンスーンではサハラ砂漠がその原動力となっている。

インド・アジアモンスーンの場合，ヒマラヤ・チベット山塊の形成がモン

スーン発生の必要条件となる(たとえば，Hahn and Manabe, 1975；安成，1980；鬼頭，2005 など)。中東のオマーン沖では，夏の南西モンスーンにより沿岸湧昇が生じている。そこで，オマーン沖のアラビア海で深海掘削(ODPLeg117)により湧昇流の開始時期を調べた結果，800 万年前ごろから生じたことが明らかとなった(Prell et al., 1992)。その後の研究でも，インドモンスーンの開始・強化はやはり 800 万年前と考えられている(多田，2005；酒井，2005 など)。しかし，ヒマラヤ・チベット山塊の上昇は 1400 万年前，もしくは，それ以前に現在の高さに到達していたとする考えもあり，山塊の上昇のみではモンスーンの発生(あるいは湧昇流の発生)は説明できず，高緯度の寒冷化や南極氷床の拡大にその原因があるかもしれない(酒井，2005；Gupta et al., 2004; Rowley and Currie, 2006)。その後，100 万年前ごろにヒマラヤ前縁山脈が急激に上昇したことも推定されているが，チベット高原の中央部が上昇したかどうかはまだ十分に明らかになっていない。

　モンスーンに関してもミランコビッチ・サイクルや DO サイクルなどの変動に影響を受けている。アジアモンスーンは 2200 万年前，800 万年前，360 万年前，150 万年前の 4 段階で進化した(図1)。このうち，モンスーンの強化は，1500 万年前，800 万年前，360 万〜260 万年前に生じたことが指摘されている(多田，2005)。また，南シナ海の掘削結果(ODP Site 1143)からは，夏のモンスーンは 850 万〜620 万年前，350 万〜250 万年前，100 万年前以降の 3 つの時期に強くなり，これ以外の時期には一定もしくは弱体化する傾向があることも明らかになった(Wan et al., 2007)。

5. 新生代の気候を制御する要因

　古気候・古海洋学の研究史をみると，最初は氷期に対する研究が先行した。たとえば，アガシーによって氷河が欧州や北米を覆ったと指摘されて以来，欧米の地球科学研究の多くは氷河期がどのように生じるかに焦点をあてていたように思われる。たとえば，1970 年代に行われた CLIMAP 計画がよい例である。この計画は，約 1 万 8000 年前の最終氷期の古海洋を明らかにするため米国を中心に行われ，当時の水温分布や氷床拡大の程度，植生などを

復元した世界地図を出版した(Climap, 1976)。ところが，現在は人類の排出する二酸化炭素により地球温暖化問題がクローズアップされているため，逆に温暖化の時代の研究が盛んに行われている。このような地球表層の気候変動が何によって制御されるかはいまだに解決していない問題である。そこで，最後に地球の気候を変動させる要因について考察する。

太陽放射の量とアルベド

惑星の表面温度を制御する要因として，太陽放射の量と惑星のアルベドが挙げられる。このうち，太陽放射の量は，氷期・間氷期の周期を制御する重要な要因である。ミランコビッチ・サイクルによって提唱された理論によると，太陽放射の量は主として約10万年，4万年，2万年の周期で変化する。これらは，それぞれ公転軌道の離心率 eccentricity，自転軸の傾きの周期的変化 tilt，自転軸の歳差運動 precession の3つの要因にそれぞれ関連している。たとえば，90万年前以降の氷河の拡大・縮小は10万年の周期に呼応している。また，モンスーン変動にも基本的には2万年周期がみられる。これらの周期は少なくとも数千万年間は変化していないと考えられるので，中生代のような古い時代にも確認される。しかし，温室と冷室では氷床の存在などの条件が異なるので，どの周期がなぜ卓越するかの理論的な裏づけは確立されていない。地球の場合，惑星のアルベドに関しては，氷床が形成されることに関連して生じるので，太陽放射の量に大きく関係しているといえる。しかし，太陽放射の量は，気候変動を左右する中〜短周期(10万年以下)の変動に寄与することが多く，100万年前を超えるような地史学的な長周期の変動にはあまり影響しないように思われる。

温室効果ガスの量

地球表層の温度を決定するもう1つの大きな要因は，温室効果ガスの量である。温室効果ガス，とくに二酸化炭素は地殻やマントルのなかに貯蔵されており，火山活動などによって地表に放出される。放出された二酸化炭素は風化作用や生物作用によって再び地殻やマントルへと戻される。この炭素循環のモデルを BLAG 仮説 BLAG hypothesis という(Ruddiman, 2001)。これは，

このモデルを提唱した Robert Berner，Antonio Lasaga，Robert Garrels の名前をとって名づけられた．また，R. Berner とその共同研究者は，モデル計算により過去6億年間の大気中の二酸化炭素の量を推定している．このモデルは何回か更新され，Royer et al.(2007)に最新の結果が公表されている．このモデル計算によると，地球の大気中の二酸化炭素濃度の変化は大きく2つのピークから形成される．最初のピークは約5億年前(カンブリア紀)にあり，3億年前(石炭紀)にかけて現在と同じ程度まで減少する(図4)．その後，再び増加し，1.5億年前(ジュラ紀から白亜紀)に2回目のピークがあり，現在まで減少傾向が続く．このサイクルは，火山活動や海水準の変化と大局的には一

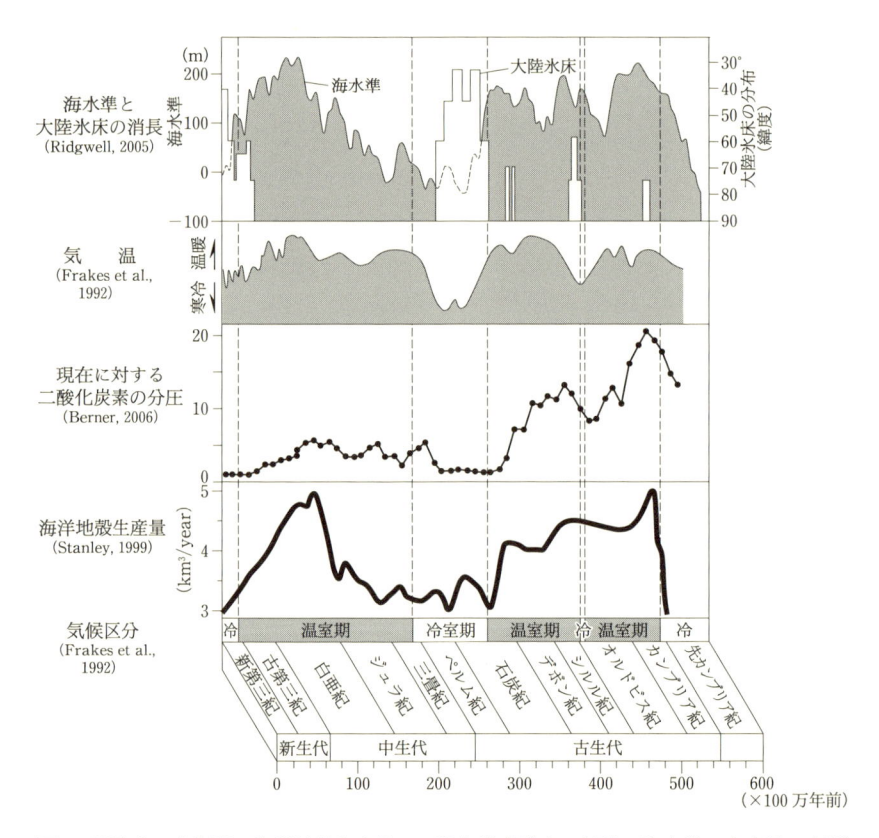

図4 顕生代の古気候，海洋地殻生産量，二酸化炭素濃度，気温，海水準，氷床量の変遷（Takashima et al., 2006 を改変）

致しており，フィッシャーのスーパーサイクルと呼ばれている(Erwin, 1993)。このモデルからも温室・冷室の数億年のサイクルは，温室効果ガスの量によって強い影響を受けていることが推定される。

一方，氷床コアの研究からも，氷期・間氷期の数千～数万年のサイクルは，大気中の二酸化炭素量と関係していることが指摘され，二酸化炭素量が多いときは温暖，少ないときは寒冷であったことが示唆されている(Ruddiman, 2001)。このように，温室効果ガスの量は，数千年から数億年の規模でみても，地球の表層温度に大きな影響を及ぼしていることがわかる。

テクトニクスとの関連

BLAG モデルによると，地表に存在する温室効果ガスの量は，地球内部から噴出される量と風化作用を通して地球内部に吸収される量のバランスによって成り立つことになる。すなわち，温暖化の時期にはプレートやプルーム活動のような地球の内部エネルギー活動が増加し，海嶺の拡大速度の増加，大陸でのリフティングの拡大，海水準の増加などをともなう(図4)。寒冷期には，逆に地球内部エネルギーが減少し，火山活動の減少，衝突・造山帯の増加，海水準の低下などが考えられる(図4)。すなわち，前者は大陸が分裂する時期，後者は大陸が集合する時期に相当する。

また，太陽によって供給された熱量は，大気と海流によって低緯度から高緯度へと輸送される。その輸送量の多寡も気候変動に大きな影響を及ぼす。その代表的なものが，黒潮やメキシコ湾流のような西岸海流系である。これらは，低緯度の高い熱量を効果的に冷たい高緯度へと輸送し，地球の熱量分布を再配分するのに大きな役割を果たしている。しかし，実際にはこの海流系の変化と気候に対する影響との関係は複雑である。たとえば，メキシコ湾流の北上は，北米の氷床形成を引き起こし最終的に新生代後期の氷期・間氷期サイクルを形成した。これに対して，南大洋では，低緯度から温暖な水塊を極域に輸送していた海流系(proto-Ross Gyre と呼ばれる)が存在していた時期のほうが，地球全体の気候は温暖と考えられている(Huber et al., 2004; Huber and Caballero, 2003; Huber and Nof, 2006)。加えて，海路の開閉事件は，海流系の形成を左右している。すなわち，大陸の移動のようなテクトニクスの変動

が数百万〜数億年の周期の気候変動の原因となっていることは間違いないと思われる。

地球の気候変動を支配するのは？

これまで述べたように，地球の表層温度は太陽の放射熱によって励起され，大気や海水の運動によって再配分される．一方，供給された熱量を保存する機能をもつ温室効果ガスの供給は，プレートやプルーム運動のような地球の内部活動によって制御されている．また，同時に熱輸送に影響を及ぼす海峡の形成や閉鎖もやはりプレート運動のような地球内部の活動に制限されているといえる．さらに，温室効果ガスを吸収する風化作用は，造山運動や巨大山脈の形成とそれにともなう侵食作用と関連があるので，これもテクトニクスの問題である．このように考えると，温室効果ガスの量を制御しているのは，地球内部のエネルギー活動が重要であるといえる．この活動が激化すると火山活動が活発となり，大陸の分裂，沈み込み帯の増加，海水準の上昇などが生じ，温室となる．逆に，この活動が終息に向かうと火山活動の減少，大陸の衝突・集合，巨大山脈の形成による侵食・風化の激化などが生じ，寒冷化へと転化し，最終的にはもっとも温度の低い極域に氷床の形成がうながされる．このように考えると，前述のフィッシャーのスーパーサイクルは，地球の気候変動の全体像を的確に示しているモデルと考えることができる．

白亜紀海洋無酸素事変

西 弘嗣・高嶋礼詩

白亜紀中期(1.2億〜9000万年前)は，地球がもっとも温暖化した時代で"hothouse"とも呼ばれる．この時代には海洋の水温は，赤道域で30℃以上あり(最高42℃とする論文(Bice et al., 2006)もある)，また，大気中の二酸化炭素濃度は，現在の2〜10倍で3000〜4000 ppmを超えていたかもしれない(Royer et al., 2004; Bice and Norris, 2002; Bice et al., 2006)．とくに，高緯度の温暖化が顕著で，両極に氷床はなく，南半球の表層水温は9350万年前のCenomanin - Turonian境界(C - T境界)で30℃近くまで上昇した(Bice et al., 2006, 2003; Huber et al., 2002; Takashima et al., 2006)．

この時期のもっとも大きな特徴は，世界各地で大量の黒色頁岩が堆積していることである．この大量の有機炭素の沈殿は，炭素同位体比を2〜3‰も正の方向(重くなる)にシフトさせ，石油の根源岩となった．実際，中東の石油の40％程度が白亜紀に形成されている(Larson, 1991)．この黒色頁岩を堆積させたイベントを海洋無酸素事変 Oceanic Anoxic Event(OAE)と呼んでいる。OAE に関しては，下位より Toarcian OAE，Weissert，Faraoni, OAE1a, OAE1b, OAE1c, OAE1d, OAE2, OAE3 の名前がつけられている（Takashima et al., 2006；図5・口絵）。ヨーロッパではもっと地域的な名称で呼ばれる。たとえば，南フランスでは Goguel(OAE1a)，Fallot，Jacob(OAE1b)，Kilian(OAE1b)，Paquire(OAE1b)，Leenhardt(OAE1b)，Breistroffer(OAE1d)，Thomel(OAE2) と各々の黒色頁岩に名前がつけられている。このうち OAE1a と OAE2 がもっとも分布が広く，大西洋，テチス海，太平洋で確認されているが，OAE1b と OAE3 は太平洋ではまだ確認されていない。

　ヨーロッパの白亜系は主として白色の石灰岩からなる。そのなかにときおり黒色の層が挟まれることから黒色頁岩の認定は容易であった。新生代にも白亜紀よりも小規模だが同様の現象が見られ，こちらは腐泥（サプロペル Sapropel）と呼ばれている。これは，ときおり地中海が無酸素化して堆積したと考えられている。1970年代に深海掘削計画が始まると，大西洋，インド洋，太平洋で相次いで深海から白亜系の黒色頁岩が見つかり，無酸素水塊の発達は少なくとも2回(OAE1a と OAE2)，汎世界的に生じたと考えられるようになった。日本や北米西岸などの太平洋の大陸縁辺地域では，陸上から供給される陸源性の砕屑物粒子の堆積が多いため，黒色頁岩は形成されていない。しかし，OAE が生じた層準には汎世界的な炭素同位体比の正のスパイクが認められ，OAE の存在が示唆される（図5）。しかし，これらの地域では OAE の時期であっても膠着質殻をもつ底生有孔虫が見つかることから，貧酸素 dysoxic ではあるが無酸素 anoxic にはなっていない。

　OAE の時期には，海洋中に無酸素水塊が拡大するので絶滅事件が記録されている（Hallam and Wingnall, 1997; Takashima et al., 2006）。しかし，その規模は中程度で，もっとも絶滅の規模が大きいとされる Cenomanin‒Turonian 境界でも科のレベルで7％（属では26％）程度の絶滅率である(Harries, 1993)。ここでは，アンモナイトやイノセラムスなどに数多くの絶滅が記録されている(Kauffman and Harries, 1996；栗原・川辺，2003)。OAE は，微化石にも影響を与え，とくに浮遊性有孔虫と放散虫の絶滅率が大きく，20〜70％の絶滅率を示す（図5）。その傾向をみると，分類群によってやや違いが大きいように思われる(Leckie et al., 2002)。

　しかし，底生有孔虫に関しては，その影響は大きく，ほとんどの地域で貧酸素環境を示す石灰質殻の群集か，膠着質殻の群集へと変わる。また，南フランスやイタリアの黒色頁岩では底生有孔虫がまったく含まれず，無酸素anoxicになったと推定される場合も多い（Coccioni et al., 1995; Grosheny et al., 2006)。すなわち，OAE の生物に対する影響には地域差が顕著であることも特徴の1つである。近年，黒色頁岩にシアノバクテリアや古細菌のバイオマーカーが見つかるようになり（Kuypers et al., 2001, 2004），生物生態系が現在とはまったく異なっていたとする研究もあるが，詳細は不明である。

　OAE の成因に関しては，伝統的に①海洋循環の停滞(stagnant model)と②生物生産の過剰供給(productivity model)の2つが主要な原因とみなされ，議論が続けられている（Takashima et al., 2006)。前者は，閉鎖海域にみられるように海洋全体の循環が停滞し，無酸素水塊が生じたとするモデルである。後者は，湧昇流海域のように生物生産の増加により酸素極小層が拡大し，水塊中に無酸素水塊が広がったと考えるモデルである。前者の場合，無酸素水塊は底層より拡大するので，その影響は底生から表層へと広がる。これに対して，後者は中層の酸素極小層から表層および底層へと拡大するので，中層以外に影響が表れない場合もあるかもしれない。

　温暖化と黒色頁岩の堆積を結びつけやすいのは前者である。現在の中層から深層の循環は，熱塩循環と呼ばれ，海水の温度と密度によってその駆動力が与えられている。温暖化が進行するとこの熱塩循環が弱くなると推定されているので，中・深層水が停滞しやすく

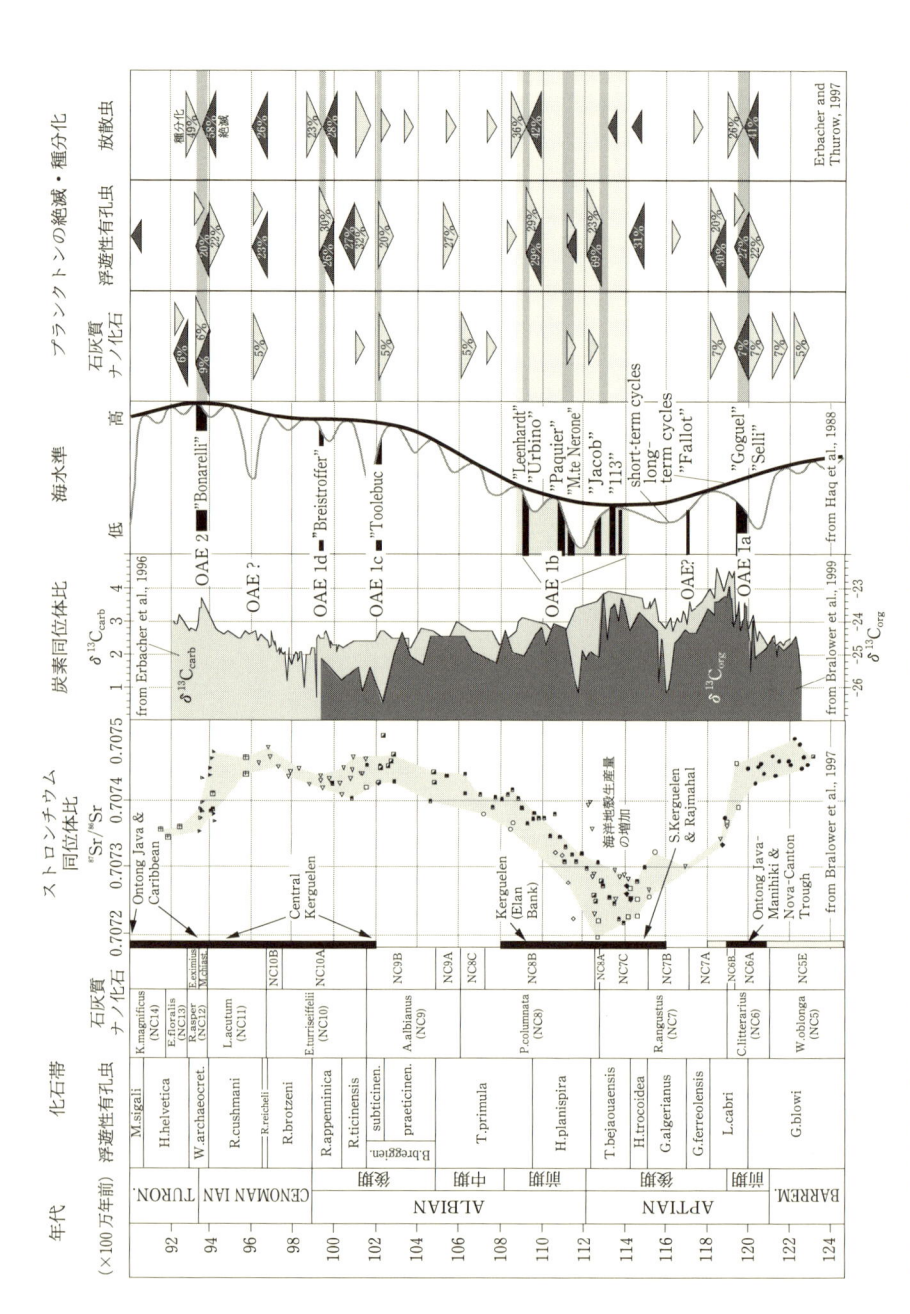

図5 白亜紀中期の年代，ストロンチウムおよび炭素同位体比，海水準，海洋無酸素事変層準，プランクトンの絶滅・種分化イベントの総括図(Leckie et al., 2002 に加筆)

なり，無酸素化が起こると考えられる．一方，湧昇流は中〜深層にある栄養塩が上昇し，海洋表層の生産性が増加する現象なので，冷室の条件下のほうが緯度間の温度差が大きく，海洋循環は活発になるので，起こりやすくなると推定される．しかし，実際に中層のみ貧〜無酸素化し，深層が無酸素化していない地域がみられることから，後者のモデルを適用せざるをえない場合もある(Thurow et al., 1992)．このように，その成因に関しては，統一的に説明できるモデルはいまだ確立されていない．

地球が温暖化したとき，その究極の姿がこの白亜紀中期の世界であるといえる．現在の温暖化の進行速度からいくと，2200年には二酸化炭素濃度が1000 ppmに近づくとの指摘もある(Ward, 2006)．したがって，研究の対象を二酸化炭素濃度が現在とはあまり変わらない温暖期(間氷期)におくだけでは，温暖化地球の未来を予測するにはきわめて不十分である．「過去は現在の鍵である」の諺どおり，われわれは白亜紀のような古い時代まで研究の対象を広げる時期にきているのである．

[引用文献]

Abels, H.A., Hilgen, F.J., Krijgsman, W., Kruk, R.W., Raffi, I., Turco, E. and Zachariasse, W.J. 2005. Long-termed orbital control on middle Miocene global cooling: integrated straatigraphy and astronomicaal tuning of the Blue Clay Formation on Malta. Paleoceanography, 20(PA4012) doi:10.1029/2004PA001129, 1–17.

Andel, T.H.V. 1985. New Views on an Old Planet: Continental Drift and the History of Earth. 318 pp. Cambridge University Press, Cambridge.

Aubry, M.-P. 1992. Late Paleogene calcareous nannoplankton evolution: a tale of climatic deterioration. In "Eocene-Oligocene Climatic and Biotic Evolution" (eds. Prothero, D.R. and Berggren, W.A.), pp. 272–309. Princeton University Press, Princeton, New Jersey.

Aubry, M.-P. 1998. Stratigraphic (Dis) continuity and temporal resolution of geological events in the Upper Paleocene-Lower Eocene deep sea record. In "Late Paleocene-Early Eocene Climatic and Biotic Events in the Marine and Terrestrial Records" (eds. Aubry, M.-P., Lucas, S.G. and Berggren, W.A.), pp. 37–66. Columbia University Press, New York.

Aubry, M.-P., Lucas, S.G. and Berggren, W.A. (eds.) 1998. Late Paleocene-Early Eocene Climatic and Biotic Events in the Marine and Terrestrial Records. 513 pp. Columbia University Press, New York.

Barrera, E. and Savin, S.M. 1999. Evolution of late Campanian-Maastrichtian marine climates and oceans. In "Evolution of the Cretaceous Ocean-Climate System" (eds. Barrera, E. and Johnson, C.C.), pp. 245–282. The Geological Society of America, Boulder, Colorado.

Benton, M.J. 2005. Vertebrate Paleontology (3rd ed.). 455 pp. Blackwell.

Berger, W.H., Bickert, T., Schmidt, H. and Wefer, G. 1993. Quaternary oxygen isotope record of pelagic foraminifers: Site 806, Ontong Java Plateau. In "Proceedings of the Ocean Drilling Program, Scientific Results, 130, College Station, TX (Ocean Drilling Program)" (eds. Berger, W.H. et al.), pp. 381–394.

Berner, R.A. 2006. Geocarbsulf: a combined model for Phanerozoic atmospheric O_2 and

CO_2. Geochim. Cosmochim. Acta, 70: 5653-5664.

Bice, K.L. and Norris, R.D. 2002. Possible atmospheric CO_2 extremes of the Middle Cretaceous (late Albian-Turonian). Paleoceanography, 17: Art. No. 1070.

Bice, K.L., Huber, B.T. and Norris, R.D. 2003. Extreme polar warmth during the Cretaceous greenhouse? Paradox of the late Turonian delta O-18 record at Deep Sea Drilling Project Site 511. Paleoceanography, 18(2): Art. No. 1031.

Bice, K.L., Birgel, D., Mayers, P.A., Dahl, K.A., Hinrichs, K.-U. and Norris, R.D. 2006. A multiple proxy and model study of Cretaceous upper ocean temperatures and atmospheric CO_2 concentrations. Paleoceanography, 21(PA2002) doi:1029/ 2005PA001203, 1-17.

Bohaty, S.M. and Zachos, J.C. 2003. Significant southern ocean warming event in the late middle Eocene. Geology, 31(11): 1017-1020.

Bowen, G.J., Clyde, W.C., Koch, P.L., Ting, S., Alroy, J., Tsubamoto, T., Wang, Y. and Wang, Y. 2002. Mammalian dispersal at Paleocene/Eocene boundary. Science, 295: 2062-2065.

Bralower, T.J. 2002. Evidence of surface water oligotrophy during the Paleocene-Eocene thermal maximum: nannofossil assemblage data from Ocean Drilling Program Site 690, Maud Rise, Weddell Sea. Paleoceanography, 17(2): 10.1029/ 2001PA000662, 13-1-13-12.

Cerling, T.E., Harris, J.M., MacFadden, B.J., Leakey, M.G., Quade, J., Eisenmann, V. and Ehleringer, J.R. 1997. Global vegetation change through the Miocene/Pliocene boundary. Nature, 389: 153-157.

Climap, P.M. 1976. The Surface of the Ice-age earth. Science, 191: 1131-1137.

コルバート, E.H.・モラレス, M.・ミンコフ, E. 2004. 脊椎動物の進化(田隅本生訳). 567 pp. 築地書館.

Coccioni, R., Galeotti, S. and Gravili, M. 1995. Latest Albian-Earliest Turonian deep-water agglutinated foraminifera in the Bottaccione section (Gubbio, Italy): biostratigraphic and palaeoecologic implications. Revista Española de Paleontologia, N. Homenaje al Dr. Guillermo colom: 132-152.

Coxall, H.K., Wilson, P.A., Pälike, H., Lear, C.H. and Backman, J. 2005. Rapid stepwise onset of Antarctic glaciation and deeper calcite compensation in the Pacific Ocean. Nature, 433: 53-57.

Crouch, E.M., Heimann-Clausen, C., Brinkhuis, H., Morgans, H.E.G., Rogers, K.M., Egger, H. and Schmitz, B. 2001. Global dinoflagellate event associated with the late Paleocene thermal maximum. Geology, 29(4): 315-318.

Dickens, G.R. and Owen, R.M. 1999. The Latest Miocene-Early Pliocene biogenic bloom: a revised Indian Ocean perspective. Marine Geology, 161: 75-91.

Dickens, G.R., O'Neil, J.R., Rea, D.K. and Owen, R.M. 1995. Dissociation of oceanic methane hydrate as a cause of the carbon isotope excursion at the end of the Paleocene. Paleoceanography, 10(6): 965-971.

Ding, Z.L. and Yang, S.L. 2000. C3/C4 vegetation evolution over the last 7.0 Myr in the Chinese Loess Plateau: evidence from pedogenetic carbonate $\delta^{13}C$. Palaeogeogr. Palaeoclimatol. Palaeoecol., 160: 291-299.

Driscoll, N.W. and Haug, G.H. 1998. A short circuit in thermohaline circulation: a cause for northern hemisphere glaciation? Science, 282: 436-438.

Ennyu, A. and Arthur, M.A. 2004. Early to Middle Miocene paleoxenography in the southern high latitude off Tasmania. *In* "The Cenozoic Southern Ocean" (eds. Exon, N., Kennett, J.P. and Malone, M.), pp. 215-233. American Geophysical Union, Washington, D.C.

Erwin, D.H. 1993. The Great Paleozoic Crisis. 327 pp. Columbia Univerity Press, New York.

Flower, B.P. and Kennett, J.P. 1993. Middle Miocene ocean-climate transition: high-resolution oxygen and carbon isotopic records from Deep Sea Drilling Project Site 588A, Southwest Pacific. Paleoceanography, 8(6): 811-843.

Flower, B.P. and Kennett, J.P. 1995. Middle Miocene deepwater paleoceanography in the southwest Pacific: relations with East Antarctic Ice Sheet development. Paleoceanography, 10(6): 1095-1112.

Frakes, L.A., Francis, J.E. and Syktus, J.I. 1992. Climate Mode of the Phanerozoic. 274 pp. Cambridge University Press, Cambridge.

Frank, T.D., Thomas, D.J., Leckie, R.M., Arthur, M.A., Bown, P.R., Jones, K. and Lees, J.A. 2005. The Maastrichtian record from Shatsky Rise (northwest Pacific): a tropical perspective on global ecological and oceanography changes. Paleoceanography, 20(PA1008) doi:10.1029/2004PA001052, 1-14.

Freeman, K.H. and Colarusso, L.A. 2001. Molecular and isotopic records of C4 grassland expansion in the late Miocene. Geochim. Cosmochim. Acta, 65(9): 1439-1454.

Funakawa, S., Nishi, H., Moore, T.C. and Nigrini, C.A. 2006. Radiolarian faunal turnover and paleoceanographic change around Eocene/Oligocene boundary in the central equatorial Pacific, ODP Leg 199, Holes 1218A, 1219A, and 1220A. Palaeogeogr. Palaeoclimatol. Palaeoecol., 230: 183-203.

Gibbs, S.J. 2006. Nannoplankton extinction and origination across the Paleocene-Eocene Thermal Maximum. Science, 314: 1770-1773.

Gingerich, P.D. 2003. Mammalian responses to climate change at the Paleocene-Eocene boundary: Polecat Bench record in the northern Bighorn Basin, Wyoming. *In* "Causes and Consequences of Globally Warm Climates in the Early Paleogene" (eds. Wing, S.L., Gingerich, P.D., Schmitz, B. and Thomas, E.), pp. 463-478. Geological Society of America.

Gradstein, F., Ogg, J. and Smith, A. (eds.) 2004. A Geologic Time Scale 2004. xix+589 pp. Cambridge University Press, Cambridge.

Grant, K.M. and Dickens, G.R. 2002. Coupled productivity and carbon Isotope records in the southwest Pacific Ocean during the late Miocene-early Pliocene biogenic bloom. Palaeogeogr. Palaeoclimatol. Palaeoecol., 187: 61-82.

Grosheny, D., Beaudoin, B., Morel, L. and Desmares, D. 2006. High-resolution biostratigraphy and chemostratigraphy of the Cenomanian/Turonian boundary event in the Vocontian Basin, southeast France. Cretaceous Research, 27: 629-640.

Gupta, A.K., Singh, R.K., Joseph, S. and Thomas, E. 2004. Indian Ocean high-productivity event (10-8 Ma): linked to global cooling or to the initiation of the Indian monsoons? Geology, 32(9): 753-756.

Hahn, D.G. and Manabe, S. 1975. The role of mountains in the South Asian monsoon circulation. Journal of the Atmospheric Sciences, 32(8): 1515-1541.

Hallam, A. and Wingnall, P.B. 1997. Mass Extinctions and Their Aftermath. 319 pp.

Oxford University Press, Oxford.
Hansen, T.A. 1992. The patterns and causes of molluscan extinction across the Eocene/Oligocene boundary. *In* "Eocene-Oligocene Climatic and Biotic Evolution" (eds. Prothero, D.R. and Berggren, W.A.), pp. 341-348. Princeton University Press, Princeton, New Jersey.
Haq, B.U., Hardenbol, J. and Vail, P.R. 1987. Chronology of fluctuating sea levels since the Triassic. Science, 235: 1156-1167.
Harries, P.J. 1993. Dynamics of survival following the Cenomanian-Turonian (Upper Cretaceous) mass extinction event. Cretaceous Research, 14(4-5): 563-583.
Haywod, A.M. and Valdes, P.J. 2004. Modeling Pliocene warmth: contribution of atmosphere, oceans and cryosphere. Earth Planet. Sci. Lett., 218: 363-377.
Hooker, J.J. 2004. Eocene-Oligocene mammalian faunal turnover in the Hampshire Basin, UK: calibration to the global time scale and the major cooling event. Journal of Geological Society, 161(2): 161-172.
Huber, B.T., Norris, R.D. and MacLeod, K.G. 2002. Deep-sea paleotemperature record of extreme warmth during the Cretaceous. Geology, 30(2): 123-126.
Huber, M. and Caballero, R. 2003. Eocene El Nino: evidence for robust tropical dynamics in the "Hothouse". Science, 299: 877-881.
Huber, M. and Nof, D. 2006. The ocean circulation in the southern hemisphere and its climatic impacts in the Eocene. Palaeogeogr. Palaeoclimatol. Palaeoecol., 231: 9-28.
Huber, M., Brinkhuis, H., Stickley, C.E., Döös, K., Sluijs, A., Warnaar, J., Schellenberg, S.A. and Williams, G.L. 2004. Eocene circulation of the Southern Ocean: Was Antarctica kept warm by subtropical waters? Paleoceanography, 19(PA4026) doi:10.1029/2004PA001014, 1-12.
池谷仙之・山口寿之. 1993. 進化古生物学―甲殻類の進化を追う. 148 pp. 東京大学出版会.
Jian, Z., Yu, Y., Li, B., Wang, J., Zhang, X. and Zhou, Z. 2006. Phased evolution of the south-north hydrographic gradient in the South China Sea since the middle Miocene. Palaeogeogr. Palaeoclimatol. Palaeoecol., 230: 251-263.
Kamikuri, S.-i., Nishi, H., Moore, T.C., Nigrini, C.A. and Motoyama, I. 2005. Radiolarian faunal turnover across the Oligocene/Miocene boundary in the equatorial Pacific Ocean. Marine Micropaleontology, 57: 74-96.
Kamikuri, S.-i., Nishi, H. and Motoyama, I. 2007. Effects of late Neogene climatic cooling on North Pacific radiolarian assemblages and oceanographic conditions. Palaeogeogr. Palaeoclimatol. Palaeoecol., 249: 370-392.
Kauffman, E.G. and Harries, P.J. 1996. The importance of crisis progenitors in recovery from mass extinction. *In* "Biotic Recovery from Mass Extintion Events" (ed. Hart, M.B.), pp. 15-39. The Geological Society, London.
川上伸一. 1995. 縞々学. 256 pp. 東京大学出版会.
Kennett, J.P. 1982. Marine Geology. 813 pp. Prentice-Hall, New Jersey.
Kennett, J.P. and Stott, L.D. 1991. Abrupt deep-sea warming, palaeoceanographic changes and benthic extinctions at the end of the Paleocene. Nature, 353: 225-229.
鬼頭昭雄. 2005. チベット高原の隆起がアジアモンスーンに及ぼす影響に関する気候モデルシミュレーション. 地質学雑誌, 111(11): 654-667.
Knox, R.W.O.B., Corfield, R.M. and Dunay, R.E. 1996. Correlation of the Early Paleogene in Northwest Europe. Geological Society Special Publication. 480 pp. Geologi-

cal Society, London.
国立科学博物館編. 2006. 日本列島の自然. 339 pp. 東海大学出版会.
栗原憲一・川辺文久. 2003. セノマニアン／チューロニアン期境界前後の軟体動物相：北海道大夕張地域と米国西部内陸地域の比較. 化石, 74：36-47.
Kuypers, M.M.M., Blokker, P., Erbacher, J., Kinkel, H., Pancost, R.D., Schouten, S. and Dameste, J.S.S. 2001. Massive expansion of marine archaea during a Mid-Cretaceous oceanic anoxic event. Science, 293: 92-94.
Kuypers, M.M.M., Schouten, S., Erba, E. and Damesté, J.S.S. 2004. N_2-fixing cyanobacteria supplied nutrient N for Cretaceous oceanic anoxic events. Geology, 32: 853-856.
Larson, R.L. 1991. Geological consequences of superplumes. Geology, 19(10): 963-966.
Lawver, L.A., Dalziel, I.W.D., Gahagan, L.M., Martin, K.M. and Campbell, D.A. 2003. The PLATES 2003 Atlas of Plate Reconstructions (750 Ma to Present Day), PLATES Progress Report No. 280-0703, UTIG Technical Report No. 190. 97 pp.
Leckie, R.M., Bralower, T.J. and Cashman, R. 2002. Oceanic anoxic events and plankton evolution: Biotic response to tectonic forcing during the mid-Cretaceous. Paleoceanography, 17: 1-29.
Li, Q., Li, B., Zhong, G., McGowran, V., Zhou, Z., Wang, J. and Wang, P. 2006. Late Miocene development of the western Pacific warm pool: planktonic foraminifer and oxygen isotopic evidence. Palaeogeogr. Palaeoclimatol. Palaeoecol., 237: 465-482.
Lourens, L.J., Sluijs, A., Kroon, D., Zachos, J.C., Thomas, E., Röhl, U., Bowles, J. and Raffi, I. 2005. Astronomical pacing of late Paleogene to early Eocene global warming events. Nature, 435: 1083-1087.
町田洋・大場忠通・小野昭・山崎晴雄・河村善和・百原新. 2003. 第四紀学. 323pp. 朝倉書店.
Marincovich, J.L. and Gladenkov, A.Y. 1999. Evidence for an early opening of the Bering Strait. Nature, 397: 149-151.
Maslin, M.A., Haug, G.H., Sarnthein, M., Tiedemann, R. and Stax, R. 1995. Northwest Pacific Site 882: the initiation of northern hemisphere glaciation. *In* "Proceedings of the Ocean Drilling Program, Scientific Results, College Station TX (Ocean Drilling Program)" (eds. Rea, D.K., Basov, I.A., Scholl, D.W. and Allan, J.F.), pp. 315-329.
増田富士雄. 1993. リズミカルな地球の変動. 137 pp. 岩波書店.
Meng, J. and McKenna, M.C. 1998. Faunal turnovers of Palaeogene mammals from the Mongolian Plateau. Nature, 394: 364-367.
Miller, K.G. 2002. The role of ODP in understanding the causes and effects of global sea level change. A special issue of the JOIDES Journal, 28(1): 23-28.
Miller, K.G., Wright, J.D. and Fairbanks, R.G. 1991. Unlocking the ice house: Oligocene-Miocene oxygen isotopes, eustasy, and margin erosion. Journal of Geophysical Research, 96(B4): 6829-6848.
Miller, K.G., Barrera, E., Olsson, R.K., Sugarman, P.J. and Savin, S.M. 1999. Does ice drive early Maastrichtian eustasy? Geology, 27(9): 783-786.
Miller, K.G., Sugarman, P.J., Browning, J.V., Kominz, M.A., Ndez, J.C.H., Olsson, R.K., Wright, J.D. and Feigenson, M.D. 2003. Late Cretaceous chronology of large, rapid sea-level changes: glacioeustasy during the greenhouse world. Geology, 31(7): 585-588.
Miller, K.G., Sugarman, P.J., Browning, J.V., Kominz, M.A., Olsson, R.K., Feigenson,

M.D. and Hernández, J.C. 2004. Upper Cretaceous sequences and sea-level history, New Jersey Coastal Plain. Geological Society of America Bulletin, 116 (3/4): 368-393.

Moran, K. et al. 2006. The Cenozoic palaeoenvironment of the Arctic Ocean. Nature, 441: 601-605.

Morgan, M.E., Kingston, J.D. and Marino, B.D. 1994. Carbon isotope evidence for the emergence of C4 plants in the Neogene from Pakistan and Kenya. Nature, 367: 162-165.

Moriya, K., Wilson, P.A., Friedrich, O., Erbacher, J. and Kawahata, H. 2007. Testing for ice sheets during the mid-Cretcaceous greenhouse using glassy foraminiferal calcite from the mid-Cenomanian tropics on Demerara Rise. Geology, 35(7): 615-618.

Pagani, M., Freeman, K.H. and Arthur, M.A. 1999. Late Miocene atmospheric CO2 concentrations and the expansion of C4 grasses. Science, 285: 876-879.

Pearson, P.N., Bart E, v.D., Nicholas, C.J., Pancost, R.D., Schouten, S., Singano, J.M. and Wade, B.S. 2007. Stable warm tropical climate through the Eocene Epoch. Geology, 35(3): 211-214.

Pekar, S. and Miller, K.G. 1996. New Jersey Oligocene "Icehouse" sequences (ODP Leg 150X) correlated with global $\delta^{18}O$ and Exxon eustatic records. Geology, 24(6): 567-570.

Prell, W.L., Murray, D.W., Clemens, S.C. and Anderson, D.M. 1992. Evolution and variability of the Indian Ocean summer monsoon: evidence from the western Arabian Sea Drilling. *In* "Synthesis of Results from Scientific Drilling in the Indian Ocean" (eds. Duncan, R.A., Rea, D.K., Kidd, R.B., Rad, U.v. and Weissel, J.K.), Geo physical Monograph 70, pp. 447-469. American Geophysical Union, Washington, D.C.

Prothero, D.R. 1999. Does climatic change drive mammalian evolution? GSA Today, 9 (9): 1-7.

Prothero, D.R. 2004. Did impacts, volcanic eruptions, or climate change affect mammalian evolution? Palaeogeogr. Palaeoclimatol. Palaeoecol., 214: 283-294.

Prothero, D.R. and Berggren, W.A. 1992. Eocene-Oligocene Climate and Biotic Evolution. 568 pp. Princeton University Press, Princeton, New Jersey.

Prothero, D.R. and Heaton, T.H. 1996. Faunal stability during the Early Oligocene. Climatic Crash. Palaeogeogr. Palaeoclimatol. Palaeoecol., 127: 257-283.

Quade, J., Cerling, T.E. and Bowman, J.R. 1989. Development of Asian monsoon revealed by marked ecological shift during the latest Miocene in northern Pakistan. Nature, 342: 163-166.

Raymo, M.E. 1994. The initiation of Northern hemisphere glaciation. Ann. Rev. Earth Planet. Sci., 22: 353-383.

Ridgwell, A. 2005. A mid-Mesozoic revolution in the regulation of ocean chemistry. Marine Geology, 217: 339-357.

Rowley, D.B. and Currie, B.S. 2006. Palaeo-altimetry of the late Eocene to Miocene Lunpola basin, central Tibet. Nature, 439: 677-681.

Royer, D.L., Berner, R.A. and Park, J. 2007. Climate sensitivity constrained by CO_2 concentrations over the past 420 million years. Nature, 446(29): 530-532.

Ruddiman, W.F. 2001. Earth's Climate: Past and Future. 465 pp. Freeman and Company, New York.

斎藤文紀. 2004a.「第三紀」の消滅に続き,「第四紀」も！ 日本地質学会News, 7(10)：18.

斎藤文紀. 2004b. 第四紀に関わる地質層序の新提案. 第四紀通信, 11(3)：14.
斎藤文紀. 2004c. 第四紀に関わる地質層序の新提案(続報). 第四紀通信, 11(4)：16.
斎藤文紀. 2004d. 第四紀年代層序新提案に関する解説. 第四紀通信, 11(5)：4.
斎藤文紀. 2004e. ICS-INQUA joint task force on the Quaternary. 第四紀通信 News, 12(6)：8.
斎藤文紀. 2005. 鮮新世は第四紀？ 第四紀通信, 12(5)：10-11.
酒井治孝. 2005. ヒマラヤ山脈とチベット高原の上昇プロセス―モンスーンシステムの誕生と変動という視点から. 地質学雑誌, 111(11): 701-716.
Ségalen, L., Lee-Thorp, J.A. and Cerling, T. 2007. Timing of C4 grass expansion across sub-Saharan Africa. Journal of Human Evolution, 53: 549-559.
Shevenell, A.E., Kennett, J.P. and Lee, D.W. 2004. Middle Miocene Southern ocean cooling and Antarctic cryosphere expansion. Science, 305: 1766-1770.
Smith, T., Rose, K.D. and Gingerich, P.D. 2006, Rapid Asia-Europe-North America geographic dispersal of earliest Eocene primate Teilhardina during the Paleocene-Eocene Thermal Maximum. PNAS, 103(30): 11223-11227.
Stanley, S.M. 1989. Earth and Life through Time (2nd ed.). 689 pp. W.H. Freeman and Company, New York.
Stanley, S.M. 1999. Earth System History. 615 pp. W.H. Freeman and Company, New York.
Stanley, S.M. 2005. Earth System History (2nd ed.). 567 pp. W.H. Freeman and Company, New York.
多田隆二. 2005. アジア・モンスーンの進化と変動―そのヒマラヤ・チベット隆起とのリンケージ. 地質学雑誌, 111(11)：668-678.
高田裕行・野村律夫・瀬戸浩二. 2007. 東赤道太平洋深海帯における漸新世の環境変遷. 化石, 81：5-14.
Takashima, R., Nishi, H., Huber, B.T. and Leckie, R.M. 2006. Greenhouose world and the Mesozoic ocean. Oceanography, 19(4): 82-92.
棚井雅雄. 1991. 北半球における第三紀の気候変動と植生の変化. 地学雑誌, 100(6)：951-966.
Thomas, E., Brinkhuis, H., Huber, M. and Röhl, U. 2006. An ocean view of the early Cenozoic greenhouse world. Oceanography, 19(4): 94-103.
Thurow, J., Brumsack, H.-J., Rullkotter, J., Littke, R. and Meyers, P. 1992. The Cenomanian/Turonian Boundary event in the Indian Ocean: a key to understand the global picture. In "Synthesis of Results from Scientific Drilling in the Indian Ocean" (eds. Duncan, R.A., Rea, D.K., Kidd, R.B., Rad, U.v. and Weissel, J.K.), pp. 253-273. American Geophysical Union, Washington, DC.
Tjalsma, R.C. and Lohmann, G.P. 1983. Paleocene-Eocene bathyal and abyssal benthic foraminifera from the Atlantic Ocean. Micropaleontology, Special Publication, 4: 1-90.
Tripati, A. and Elderfield, H. 2005. Deep-sea temperature and circulation changes at the Paleocene-Eocene Thermal Maximum. Science, 308: 1894-1898.
Tripati, A.K., Dalaney, M.L., Zachos, J.C., Anderson, L.D., Kelly, D.C. and Elderfield, H. 2003. Tropical sea-surface temperature reconstruction for the early Paleogene using Mg/Ca ratios of planktonic foraminifera. Paleoceanography, 18(4) doi: 1029/2003PA000937, 25-1-25-13.

Wan, S., Li, A., Clift, P.S. and Stuut, J.-B.W. 2007. Development of the East Asian monsoon: mineralogical and sedimentologic records in the northern South China Sea since 20 Ma. Palaeogeogr. Palaeoclimatol. Palaeoecol., 254: 561-582.

Ward, P.D. 2006. Impact from the deep. Scientific American, October: 42-49.

Westerhold, T., Röhl, U., Laskar, J., Raffi, I., Bowles, J., Lourens, L.J. and Zachos, J.C. 2007. On the duration of magnetochrons C24r and C25n and timing of early Eocene global warming events: implications from the Ocean Drilling Program Leg 208 Walvis Ridge depth transect. Paleoceanography, 22(PA2201)doi:10.1029/2006PA001322, 1-19.

Willis, K.J. and MacElwain, J.C. 2002. The Evolution of Plants. 378 pp. Oxford University Press, Oxford.

Wolfe, J.A. 1978. A paleobotanical interpretation of Tertiary climates in the northern hemispere. American Scientist, 66: 694-703.

Woodruff, F. and Savin, S. 1989. Mid-Miocene deepwater oceanography. Paleoceanography, 4: 87-140.

Woodruff, F. and Savin, S. 1991. Mid-Miocene isotope stratigraphy in the deep sea: High-resolution correlations, paleoclimatic cycles, and sediment preservation. Paleoceanography, 6: 755-806.

安成哲三. 1980. ヒマラヤの上昇とモンスーン気候の成立―第三紀から第四紀にいたる気候体制の変化について. 生物科学, 32：36-44.

Zachos, J., Pagani, M., Sloan, L., Thomas, E. and Billups, K. 2001. Trends, rhythms, and aberrations in global climate 65 Ma to present. Science, 292: 686-693.

Zachos, J.C., Wara, M.W., Bohaty, S., Delaney, M.L., Petrizzo, M.R., Brill, A., Bralower, T.J. and Premoli-Silva, I. 2003. A transient rise in tropical sea surface temperature during the Paleocene-Eocene Thermal Maximum. Science, 302: 1551-1554.

Zachos, J.C., Schouten, S., Bohaty, S., Quattlebaum, T., Sluijs, A., Brinkhuis, H., Gibbs, S.J. and Bralower, T.J. 2006. Extreme warming of mid-latitude coastal ocean during the Paleocene-Eocene Thernmal Maximum: influences from TEX_{86} and isotope data. Geology, 34(9): 737-740.

数年から100年スケールの海洋と大気の変動
海洋の短周期変動

第5章

見延庄士郎

1. 過去100年間の気候変動

　地球の気候変動は，さまざまな時間スケールで生じてきた。そのなかでも，最近の数年から100年程度の時間スケールの変動は，社会生活にも直接大きな影響を及ぼすために，その理解と予測には多くの努力がなされている。

　気候変動を理解するうえで重要なアプローチは，そこにパターンを見つけることである。温度・気圧・風速・海流速度などのさまざまな気候パラメータは，一定の組み合わせと空間構造をもって変動することが知られていて，気候変動はパターン化できるのである。これまでさまざまな気候変動パターンが発見されてきた。たとえば気候変動に関する政府間パネル(IPCC)の第4次報告書では，エル・ニーニョと南方振動，太平洋10年振動，北大西洋振動と北半球環状モード，南半球環状モード，大西洋数十年振動，を重要な気候変動パターンとして取り上げている(Trenberth et al., 2007)。これらの気候変動パターンは，気候変動と生態系変動の関係を理解するうえでも重要である。気候変動パターンに注目することで，気候変動が生態系に広範な影響を与えていることが明らかになった。そこで，本章では主要な気候変動パターンを概観し，いくつかの現象については生態系変動との関係を紹介しよう。

2. エル・ニーニョ

エル・ニーニョEl Niño と呼ばれる気候変動パターンは太平洋の熱帯域を舞台として，大気が海洋に影響し，また海洋が大気に影響するという大気海洋相互作用によって生ずる．エル・ニーニョとは，2〜7年に一度，熱帯太平洋の大気と海洋が通常とは異なる一連の状態をとる現象で，とくに日付変更線からペルーとエクアドルまでの海洋表面水温の異常な上昇で特徴づけられる．エル・ニーニョの影響は赤道太平洋にとどまらず，インドモンスーンや，さらに北米などの中高緯度の気候にも大きな影響を与える．

エル・ニーニョは英語の the child に相当するスペイン語である．男性名詞につく定冠詞 El がついているのは，ほかの誰でもないただ一人の男の子，すなわちキリストを意味している．この語はもともと，ペルー沿岸の赤道東太平洋で，通常の冷たい北向きの流れに変わって暖かい南向きの流れが，毎年クリスマスのころに生じることを表していた．そこから転じて毎年生じる変化ではなく，例年とは異なる水温上昇をエル・ニーニョと呼ぶようになった．また，エル・ニーニョの逆の現象はラ・ニーニャLa Niña と呼ばれ，これはスペイン語で the girl を意味している．

エル・ニーニョの原因を理解する準備として，赤道太平洋における通常の大気と海洋の状態が，どのようにお互いに影響を与えあって維持されているのかを説明しよう．まず平均的な海洋表面水温の分布は，西太平洋で暖かく，東太平洋では冷たい(図1C)．西太平洋のとくに暖かい領域を暖水プールwarm water pool，東太平洋の赤道にそって延びている冷たい領域を，冷舌 cold tongue と呼ぶ．暖かい海水は盛んに蒸発し雨を降らせるので，降水量は西太平洋で多く東太平洋で少ない(図1D)．降水に際して生ずる水蒸気の凝結は，周りの大気に熱を与え[注1]，上昇気流を生じさせる．このため，西太平洋では上昇気流が生じ，そこに吹き込むように太平洋上では東から西へ吹

[注1] 凝結は蒸発の逆の過程である．たとえばやかんの水を蒸発させるには，ガスを燃やして加熱するように，蒸発には周りから熱を与えることが必要である．その逆の凝結では，周りに熱を与えることになる．

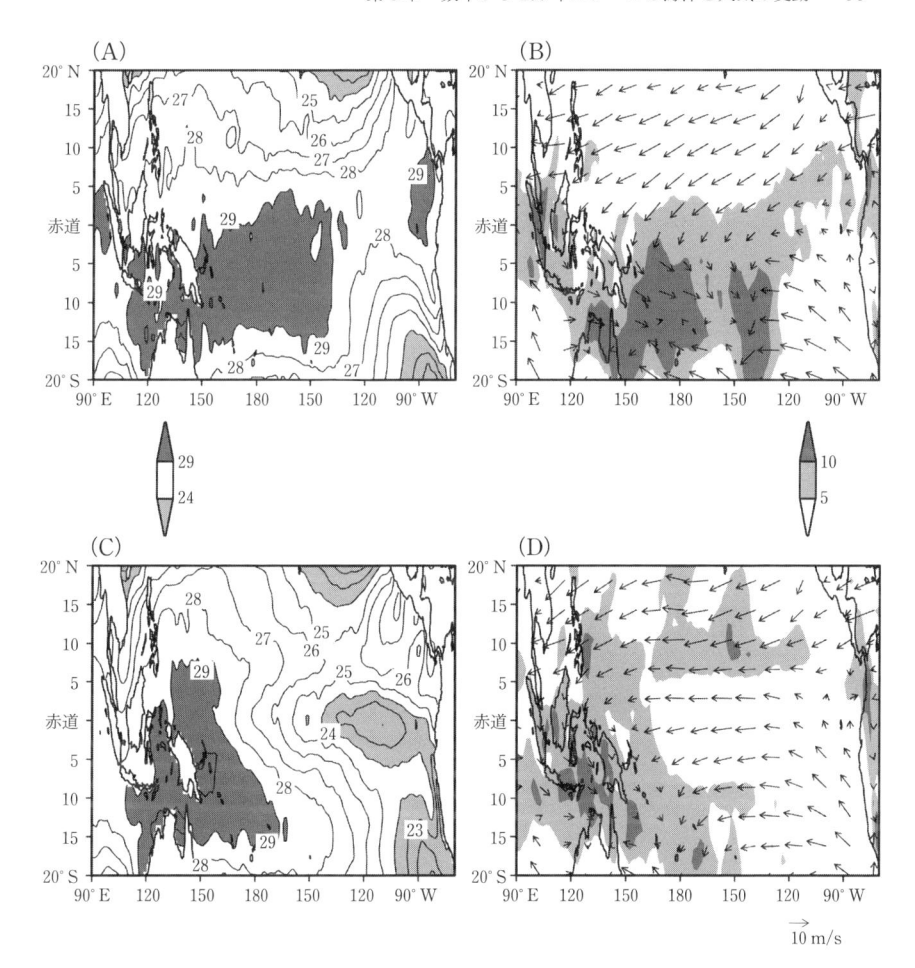

第 5 章 数年から 100 年スケールの海洋と大気の変動　99

図 1 （上段）エル・ニーニョが生じていた 1998 年 1 月および（下段）ラ・ニーニャが生じていた 2000 年 1 月の，（左列）海洋表面水温と（右列）日降水量（陰影）および高度 10 m での風速（矢印）。海洋表面水温の等高線は 1℃ ごとで，29℃ 以上に濃い影を，24℃ 以下に薄い影を施している。降水量は，日降水量が 5〜10 mm に薄い影を，10 mm 以上に濃い影をつけている。なお，これらのエル・ニーニョとラ・ニーニャのクロロフィル a の濃度は，口絵 4 に示されている。

風である貿易風 trade wind が卓越し，東太平洋では下降気流が生ずる。一方海洋に目を転ずると，西向きの貿易風は暖かい水を西太平洋に押しつけ，そのため暖かい上層の水の厚さは西太平洋で厚く，東太平洋では薄くなる。また，西向きの風は，赤道湧昇 equatorial upwelling という数十 m の深度から表面に湧き上がってくる流れを赤道にそって生じさせる。この赤道湧昇は，上層が薄い東太平洋で効果的に海洋の表面を冷やすので，赤道直下の東太平洋では西太平洋に比べてはるかに水温が低くなる。これが，この節の最初で述べた海面水温分布が形成されるおもな原因となっている。結局，海洋表面水温の分布が降水と風の分布を規定し，風の分布が海洋の水温構造と海洋表面水温を決定する，というように大気と海洋が相互に影響を及ぼしあって，西では高水温で多くの降水，東では低水温で少ない降水という，太平洋における東西の違いが維持されている。

　エル・ニーニョでは，大気と海洋の一連の相互作用の結果，この東西の違いが弱まる。エル・ニーニョの特徴である，東赤道太平洋で水温上昇が発生すると，西太平洋にあった降水の中心が20〜30°東にずれ，降水量も減少する(図1A，B)。この降水分布の変化は東風を弱めるので，暖かい海水を西に押しつける効果が弱まり，そのため東太平洋の上層が厚くなって，東赤道太平洋で表面水温が上昇する傾向をさらに強める。この一連の変化がエル・ニーニョ現象である。反対に，大気と海洋にみられる東西の違いがより強くなるのがラ・ニーニャである。

　エル・ニーニョの時間変動のようすを知るために，Niño 3.4 指数を図2Aに示す。Niño 3.4 指数とは170°〜120°W，5°S〜5°N で平均した海洋表面水温であり，エル・ニーニョの程度を表す指数のなかでも代表的なものの1つである。エル・ニーニョおよびその逆のラ・ニーニャは2〜7年に一度生じており，とくに1982〜83年と1997〜98年に大きなエル・ニーニョが発生した。Niño 3.4 指数と海面水温の相関係数を図2Bに示す。この相関係数の分布は，エル・ニーニョでは中央〜東熱帯太平洋で水温が上昇し，それを囲む領域では逆に水温が低下することを意味している。

　エル・ニーニョと密接に関係する大気の変動が南方振動 southern oscillation である(Walker and Bliss, 1932)。南方振動とは海面気圧[注2]の東西のシーソー

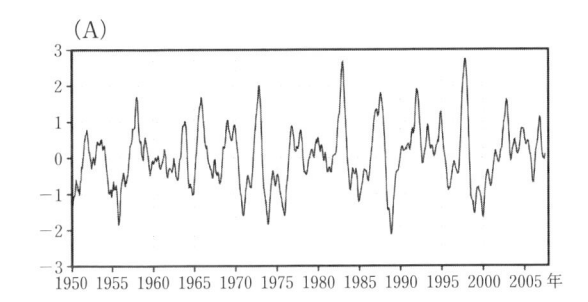

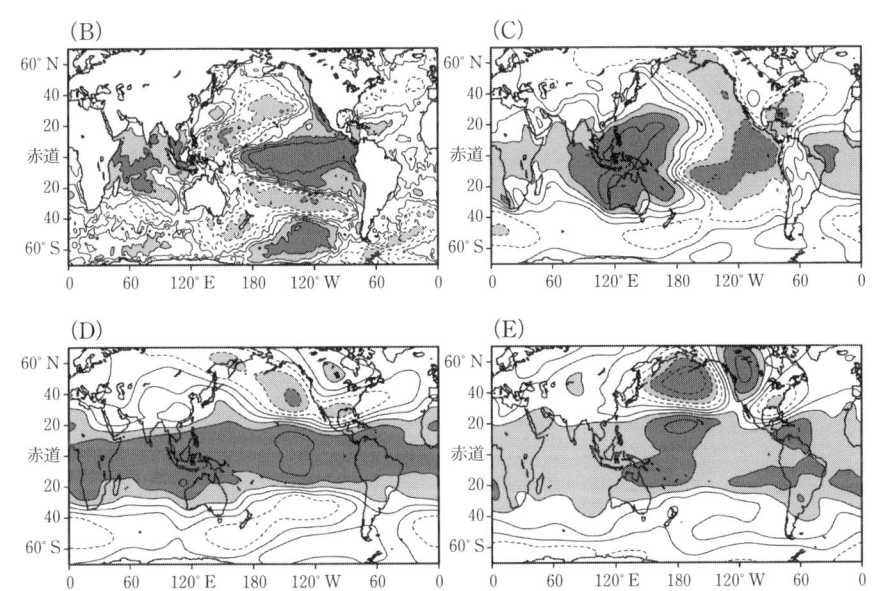

図2 (A)3ヶ月の移動平均で平滑化した Niño 3.4 と呼ばれる 170°〜120°W, 5°S–5°N の領域[注3]で平均した海表面水温偏差。北半球冬季(12〜2月)で平均した Niño 3.4 と,(B)表面水温,(C)海面気圧,および(D)500 hPa 等圧面高度との相関係数。(E)北半球冬季で平均した太平洋/北米パターンの強さを表す指数と 500 hPa 等圧面高度との相関係数。相関係数の等高線間隔は 0.2 で,濃い(薄い)陰影は,相関係数の絶対値が 0.6(0.4)より高い領域を示す。

100頁[注2] 海面気圧とは,ある高度で観測された気圧を,高度 0 m での値として補正した気圧である。

[注3] この領域を Niño 3.4 と呼び,ほかに Niño 1, Niño 2, Niño 3, Niño 4 という領域が定められ,それぞれの領域の表面水温とその偏差が米国 Climate Prediction Center で公開されている(http://www.cpc.ncep.noaa.gov/data/indices/)。

変動で，図2Cに示されるようにエル・ニーニョにともなって熱帯太平洋の西側が高気圧偏差[注4]，東側が低気圧偏差となる。なお，南方振動を代表する指数として，長期の観測がなされているタヒチとオーストラリアのダーウィンとの気圧差で表される南方振動指数が定義されている。表裏一体の現象であるエル・ニーニョと南方振動を合わせて，その頭文字をとったENSOという呼び名もしばしば用いられる。この呼び名には，大気と海洋の両方に及ぶ現象であることを強調するニュアンスがある。

エル・ニーニョの影響は全世界に及び，1997〜98年のエル・ニーニョでは数百名の人命が失われ，経済的な損失は320億〜960億ドルに及んだと推定されている[注5]。このように，エル・ニーニョは全球規模の気候に影響を与える重要な気候変動現象である。1980年代にはエル・ニーニョは中高緯度に影響を与えることが明らかになった。遠く離れた領域の気候が関係して変化することを，遠隔伝播teleconnectionという。熱帯の現象であるエル・ニーニョは，大気中の惑星規模の波動であるロスビー波Rossby waveによって中高緯度に影響を与える。

図2Dは対流圏のなかほどの500 hPaの等圧面高度の高さの偏差と，図2Aに示したエル・ニーニョの指標時系列との相関係数の分布を示している。熱帯に正の相関係数が広く分布するだけでなく，北太平洋に負，北米大陸北部に正，そして北米大陸南東部に負という，正負が交互に繰り返す定在的な波列パターンを示している。このパターンは，太平洋/北米パターンPacific/North American pattern(図2E)という，大気の固有モードのパターンとほぼ一致している。大気の固有モードとは，たとえばギターやピアノの弦の振動が固有の変動パターンをもつように，発生しやすい特定の空間分布をもつ大気変動のことである。

[注4] 偏差とは，ある年の値が平年値からどれだけずれているかの値である。たとえば，ある場所の8月の気温の平年値が20℃であるとして，観測された年の8月の気温が21℃であれば，偏差はその差の1℃となる。このように正の偏差は平年値より値が大きいことを，負の偏差は平年値よりも値が小さいことを意味する。

[注5] 国際連合大学2000年年次報告書 http://www.unu.edu/HQ/japanese/ar00-jp/arj00-5.html

エル・ニーニョがどのように中高緯度へ影響するかは，大気のロスビー波の性質に大きくかかわっている．定在するロスビー波は，西風中にのみ存在できる．西風は冬半球で強いので，エル・ニーニョの中高緯度への影響は冬半球で強くなる．したがって，北半球では北半球の冬季に，南半球では北半球の夏季にそれぞれエル・ニーニョの影響が大きい．また，大気のロスビー波は，東にエネルギーを伝える特性をもつ．たとえば図2D・Eの，北太平洋，北米北部，北米南東部の相関係数の極大極小は，東西方向では西から東に並んでいる．そのため，エル・ニーニョは北米大陸には直接的に強く影響するものの，日本への影響は間接的であり比較的弱い．

　エル・ニーニョは，陸上および海洋生態系にも大きな影響を与える．とくに海洋生態系に対する強い影響が知られている．赤道東太平洋は，生物生産が非常に高い領域である．この高い生物生産を支えているのは，比較的深い層から豊富な栄養塩を上層に運び込む前述の赤道湧昇である．赤道湧昇は，赤道上を東風が卓越することと，地球回転の効果によって生じる．地球上を運動する物体には，北半球では運動方向から右にそれるような力が働き，南半球では左にそれる力が働く．この力をコリオリ力と呼ぶ．赤道上で東風によって押される海水は，西に移動する．その際，コリオリ力によって，両半球で赤道からそれる運動が生じる（これをエクマン流という）ために，それを補うように海洋の数十mの深さから表面に向かって海水が湧き上がってくるのである（図3A）．この赤道湧昇で効果的に栄養塩が表面に運ばれるのは，東太平洋では比較的冷たく栄養塩に富んだ比較的深層の海水が水深50m程度と浅いところにまで達しているためである．しかし，エル・ニーニョが生ずると東風が弱まることによって湧昇が弱まり，また東赤道太平洋では栄養塩に乏しい上層が厚くなって，栄養塩が表面に運び込まれなくなる．この結果，一次生産量は大幅に減少する．ラ・ニーニャ時に比べてエル・ニーニョ時に一次生産量が大幅に減少することは，衛星によるクロロフィルaの観測から一目瞭然である（口絵4）．

　海洋生態系へのエル・ニーニョの影響は，水温変化が顕著な赤道東太平洋にとどまらない．西部熱帯太平洋ではエル・ニーニョにともなって暖水プールが東西方向に伸縮し，そのためカツオの漁場もまた東西に移動することが

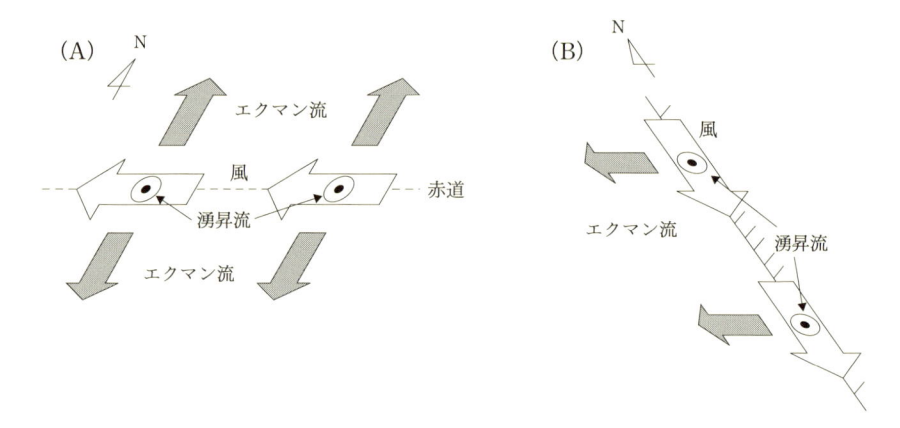

図3 赤道湧昇(A)と沿岸湧昇の模式図(B)。エクマン流と呼ばれる地球回転の効果によって生ずる流れが，風の方向から北半球では右向き直角に，南半球では左向き直角に発生する。したがって，赤道上の東風(西向きの風)によるエクマン流は，両半球でどちらも赤道から離れる向きに流れる。この水平発散を補うための，上向きの鉛直方向の流れが(A)に示す赤道湧昇である。同様に，北半球の大洋の東岸(大陸からみると西岸)を北風(南向きの風)が吹くと，エクマン流が岸から離れる向きに流れるので，その補償流として鉛直上向きの流れが生じる。これが(B)に示す沿岸湧昇である。

知られている(Lehodey et al., 1997)。また，エル・ニーニョは中高緯度の海洋生態系にも影響を及ぼす。北太平洋の東部では，通常は北米大陸にそって北風が沿岸湧昇を引き起こし，高い生物生産に寄与している(図3B)。しかし，エル・ニーニョが起こると，北太平洋の低気圧偏差と北米大陸上の高気圧偏差(図2C)が北太平洋東岸に南風偏差を生じさせるために，湧昇流が弱まる。湧昇流が弱まることは，図2Bの海面水温の相関係数が北米沿岸にそって細い正の値を示していることからも確認される。したがって北米沿岸の湧昇域でも，エル・ニーニョによる湧昇の弱化により海洋の生物生産は著しく減少し，海洋生態系に広範な影響を与える。たとえば，エル・ニーニョが生じると，カリフォルニア沖の島にすむ，ウミガラスやウミスズメの繁殖成績が著しく悪化することが知られている(Sydeman et al., 2001)。

エル・ニーニョは基本的に熱帯太平洋で生じる現象であるが，似通った現象がインド洋でも生じることが知られている。この現象はインド洋ダイポール現象 Indian Ocean dipole (Saji et al., 1999)と呼ばれ，1994年の日本の猛暑に影

響したと考えられている。インド洋ダイポール現象はエル・ニーニョとは独立した現象であるが，エル・ニーニョの影響を受けてエル・ニーニョと同時に発生することも多いと考えられている。

3. 北極振動（北半球環状モード）と北大西洋振動

　北半球規模のさまざまな大気の変動パターン中でも，もっとも主要なパターンとして位置づけられているのが，北極振動 Arctic oscillation または北半球環状モード Northern annular mode，そしてそれと密接な関係がある北大西洋振動 North Atlantic oscillation である。なお，これに次ぐのは，上で述べた太平洋/北米パターンである。北大西洋振動は，アゾレス高気圧とグリーンランド低気圧における気圧偏差が，シーソーのように互いに逆符号で変動する現象で（図4A），その存在は古くから知られていた（Walker and Bliss, 1932）。これに対して北極振動は，比較的最近になって提案されたものであり（Thompson and Wallace, 1998），20°N以北の海面気圧の主成分分析[注6]の第1モードとして定義される。北極振動は北大西洋振動の南北シーソーを含み，北大西洋から北極では東西により広く分布し，さらに北太平洋北部に北極とは逆符号の偏差をもつ（図4B）。この北極振動の南半球版が南極振動 Antarctic oscillation（Gong and Wang, 1999），または南半球環状モード Southern annular mode（Thompson and Wallace, 2000）である。南半球では，南極点の周囲は南極大陸という陸であり，その周囲を南大洋が取り巻くというように，北半球と比べて海陸の分布がより環状になっている。このことを反映して，南極振動の構造も北極振動に比べて極を取り巻くように環状になっている（図4C）。北極振動と北大西洋振動のどちらが，大気の固有モードとしてより適切であるのか，激しい議論が繰り広げられた。もし，北極振動が本質的であるなら，北大西洋振動はその一部分でしかないし，北大西洋振動が本質的であるなら北極振動の空間構造は，とくに北大西洋振動にはまったくみられない北太平

[注6] 主成分分析とは統計分析の一種で，気候変動研究では主として多数の地点に共通する変動を抽出するために利用される。

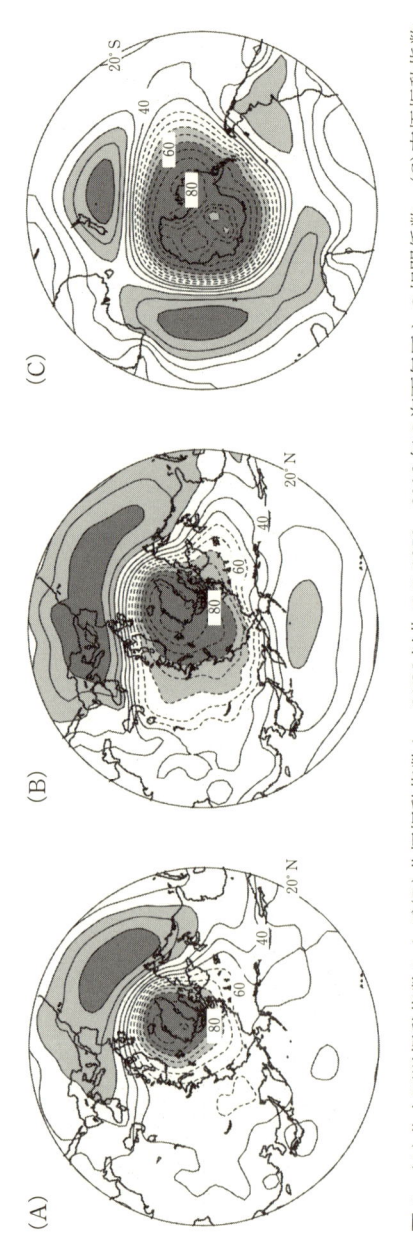

図4 (A)北大西洋振動指数および(B)北極振動指数と、20°N以北での1950～2006年の海面気圧との相関係数。(C)南極振動指数と20°S以南での1979～2006年の海面気圧との相関係数。等高線間隔は0.1ごとで、濃い(薄い)陰影は相関係数の絶対値が0.5(0.3)以上の領域を表している。

洋の偏差は，統計処理上現れただけとみなされるのである．ただし，北極振動の提案者は，最近は北極振動よりも北半球環状モードという呼び名をおもに使っており，これは北極振動と北大西洋振動との共存を図っているようにも思われる．

　北大西洋振動および北極振動には，おおむね10年程度の時間スケールで変動する成分が含まれており，これが日本北部の気温(Xie et al., 1999)およびその周辺の海洋(オホーツク海，日本海など)の状態に強い影響を及ぼすことが知られている．たとえば，北極振動と札幌の気温は非常によい相関を示している(見延，2001)．

4. 太平洋10年変動

　エル・ニーニョに代表される経年変動の研究に引き続いて1990年代から盛んになった研究分野が，10年から数十年の気候変動 decadal-centennial climate variability である．これは，簡略化して10年スケール decadal scale の気候変動と呼ぶことが多い．

　太平洋の10年スケール変動で非常に特徴的なことは，冬から春にかけて北太平洋の海上に大洋規模な低気圧が発達することと，アリューシャン低気圧 Aleutian low が顕著な変動を示すことである．図5Aに，アリューシャン低気圧の勢力を表す北太平洋指数 North Pacific index (Trenberth and Hurrell, 1994)の，冬と春の平均値を示す．アリューシャン低気圧は，1920年代と1970年代に急に強まり，1940年代には急に弱まっている．このように，「ある気候状態からほかの気候状態へ，それぞれの持続時間よりも十分に短い時間で遷移すること」を，気候のレジーム・シフト climatic regime shifts と呼ぶ(Minobe, 1997)．なお，気圧の変化の空間パターン(図5C)は，図2Eの太平洋/北米パターンとよく一致しており，同パターンが北太平洋の10年スケール変動に重要な役割を担っていることが強く示唆される．

　アリューシャン低気圧の変化と強く関係する海洋表面水温の変動が，太平洋(数)10年振動 Pacific (inter-)decadal oscillation (Mantua et al., 1997)である．太平洋10年振動は，北太平洋の海表面水温の主成分分析で得られる第1主

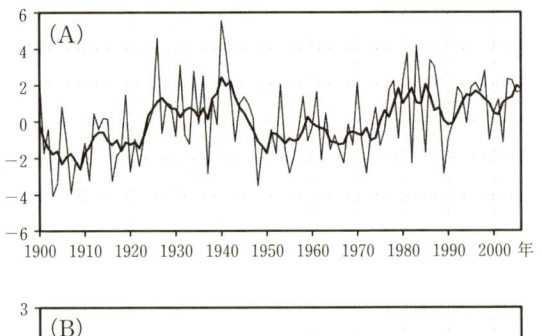

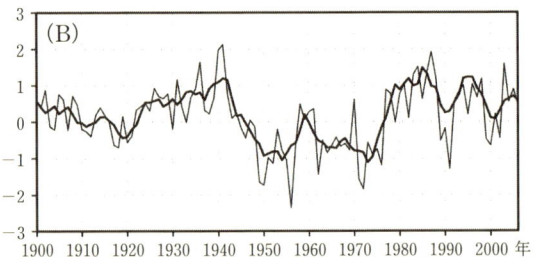

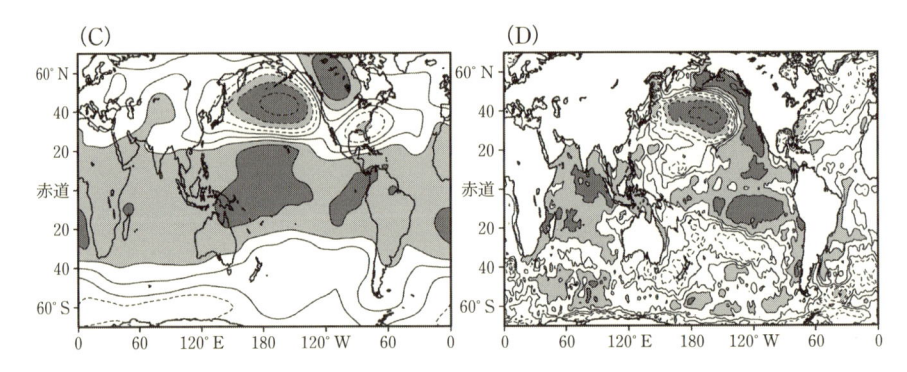

図5 北半球の冬と春(12〜5月)で平均した，(A)アリューシャン低気圧の勢力と(B)太平洋10年振動指数(B)。アリューシャン低気圧の勢力は，160°E〜140°W，30°〜65°Nの海面気圧を領域平均した北太平洋指数と呼ばれる時系列を，符号反転して(正の値はアリューシャン低気圧が強い)示している。(C)アリューシャン低気圧の勢力と500 hPaとの相関係数。(D)太平洋10年振動指数と海洋表面水温との相関係数。相関係数は1950〜2006年の冬と春の平均データで計算した。相関係数の等高線間隔は0.2で，濃い(薄い)陰影は，相関係数の絶対値が0.6(0.4)より高い領域を示す。

成分として定義される．ただし，自然な気候変動に注目しようという立場から，地球温暖化の影響を軽減するために，地球の平均表面水温を各地点の海表面水温から引いたうえで，主成分分析を行っている．太平洋10年振動指数は，アリューシャン低気圧の指数と非常に似通った変動を示す．前者に1920年代のレジーム・シフトは不明瞭だが，ほかの2つのレジーム・シフトは明確に現れている(図5B)．太平洋10年振動の空間パターンは，北太平洋では中央部から西部にかけての負偏差と，それを取り囲む馬蹄状の正偏差で特徴づけられる(図5D)．熱帯の東から中央太平洋では，西に尖った楔上に正の相関係数が分布し，またニューカレドニアからインド洋にかけても正の相関係数がみられる．

　太平洋10年振動を提案した論文(Mantua et al., 1997)は，この10年あまりに発表されたなかでもっとも多く引用された気候変動論文の1つであるが，太平洋10年振動は大気海洋結合システムの固有モードかどうかという点では，現在では懐疑的に受け止められている．そこで，太平洋10年振動という表現がもつ，1つの固有モードを示唆しているというニュアンスを避けるために，太平洋10年変動 Pacific decadal variability と対象を絞らない表現が使われることも多い．

　太平洋の10年スケール変動のメカニズムは，さまざまな提案があるものの，なお未解明である．図5A・Bに示されたレジーム・シフトについては，西太平洋からインド洋の海面水温も同時に変化しており，熱帯からの寄与が示唆されている(Minobe, 1997; Deser et al., 2004)．

　また図5A・Bの時系列には，より短期の20年程度の変動が認められる(Minobe, 1999)．この20年変動については，レジーム・シフトの成因以上に多くのメカニズムが提案されている．この変動が確かに周期的な変動であるとするなら，気候システムの外から与えられる何らかの外力の変動によるか，気候システムのなかの振動現象であるかのどちらかである．外力変動としては，日周期の潮汐の振幅が18.6年の周期で変調されることによって，海洋中の鉛直混合の強さが変化して，海洋の循環が変動し，さらにその変化が大気にフィードバックすることによって，大気と海洋に18.6年の変動が生じるという仮説が最近提案された(Yasuda et al., 2006)．潮汐混合が強く変動す

る場所としては，オホーツク海と太平洋のあいだの千島列島付近が重要視されているので，この仮説はわが国の研究者にとっても刺激的な仮説となっている。一方，外力によらず気候システムのなかに振動現象が生じるには，たとえばアリューシャン低気圧の強弱が海洋のロスビー波や海の流れによって海洋中の情報として伝播し，ある時間の後にどこかで大気にフィードバックしてアリューシャン低気圧の強弱を反転させる，という一連のメカニズムが必要である。この一連の過程を，遅延振動 delayed oscillation または遅延反転フィードバック delay negative feedback と呼ぶ。とくに海洋から大気にフィードバックする領域は，黒潮・親潮続流域(Latif and Barnett, 1994)または熱帯(Gu and Philander, 1997)が考えられている。なお海洋では，ロスビー波は大気のように定在するのではなく，ゆっくりと西進し，太平洋を横断するのに中緯度では10年程度かかる。また海流の循環による情報の伝播にも同程度の時間を要する。これらの過程によって，10年から数十年という大気の変動だけでは説明しがたい長期の時間スケールが生じる可能性があると考えられている。より詳しい10年スケール変動のメカニズムの解説は，見延(2007)を参照して欲しい。

　10年スケール変動の研究には，古気候データを有効に活用することが不可欠である。測器観測データは，多くの領域で利用可能な期間がせいぜい100年程度であり，たとえば50年スケール変動であれば，データの存在期間に2周期しかないということになる。信頼性の高い議論をするには，現象の時間スケールの5倍から10倍程度のデータが必要であり，それを得るには，古気候データ，なかでも数年程度と高い時間分解能をもつ高解像度古気候データが重要である。このようなデータには，樹木年輪，湖沼堆積物，一部の海底堆積物，花粉，氷河，サンゴ，シャコガイなどがある。このうち樹木年輪記録からは，20年程度の周期成分が広く発見されている(Cook et al., 1997)。50〜70年変動の存在は，北米西部の樹木年輪データの解析でも認められる(Minobe, 1997)。また，マイワシおよびカタクチイワシの鱗が含まれる堆積物を分析すると，60年程度の変動の周期性がみられるという報告もある(Baumgartner et al., 1992)。熱帯のサンゴには，北太平洋の変動とよく対応する50年変動がみられている(Deser et al., 2004)。ただし，熱帯のサンゴの

データと北米の樹木年輪データの比較では，19世紀より以前では熱帯と中高緯度の関連性は弱かったという結果が得られているので(D'Arrigo et al., 2005)，何が熱帯と中高緯度との結びつきを変えるのかが重要な問題である．今後，古気候データを活用して，数多く提案されている10年スケール変動のメカニズムを絞り込むことが期待される．

10年スケール変動は，生態系に大きな影響を与える．とくに海洋生態系では，非常に大きな変動がみられる．たとえば，日本のマイワシの漁獲量は，アリューシャン低気圧が強いレジームである1920年代半ばから1940年代半ばと，1970年代半ばから1990年ごろまでが多かった(図6)．アリューシャン低気圧が強いと，海洋の上下混合が盛んになり，より深い深度から表層に栄養塩が供給されるために，多くの海洋生物に利益があると考えられている．しかし，1970年代半ば以降はアリューシャン低気圧の勢力は全体として強く，それだけではイワシの変動を説明できない．Noto and Yasuda(1999)は，黒潮続流域(145°E〜180°，30〜35°N)の冬と春の平均水温が高いと，イワシの1歳までの死亡率が高いために，イワシの資源量に長期変動が生ずると提案した．黒潮続流の水温はアリューシャン低気圧の強さや太平洋10年振動と関係する変動も示すが，1980年代後半からの水温上昇はそれらだけでは説明

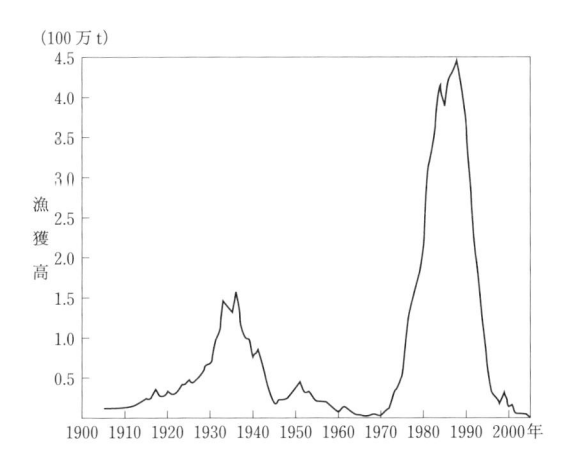

図6 日本におけるマイワシの漁獲高

できない。この水温上昇には1989年に著しく強まった北極振動が寄与しているのであろうし、また20世紀末に急速に進行した地球温暖化も影響しているかもしれない(見延, 2001)。なお、北太平洋東部の海洋生態系に関する多くの生物指標が、レジーム・シフトで特徴づけられる北太平洋10年振動やアリューシャン低気圧の強さと関係する変動を示していることが、Hare and Mantua(2000)によってまとめられている。

5. 大西洋数十年振動

測器観測データが有効な約百数十年間を見ると、北大西洋の海表面水温は70年程度の時間スケールをもつ長期変動を示している(Schlesinger and Ramankutty, 1994)。もちろん2周期に満たない測器観測データでは、この長期変動が偶然生じたのか、物理的な固有モードとして生じたのかは結論できない。しかし、同様の変動が過去にも生じていたことが古気候データで示されており、またこの時間スケールの大西洋の変動は大気海洋結合モデルにも現れることから(Delworth and Mann, 2000)、今日ではこの大西洋の長期変動は固有モードである可能性が高いと考えられている。10年スケール変動のなかでも北大西洋10年振動は、大気海洋の固有モードであることが相当広く受けいれられている唯一の例であろう。この変動が生じるのは、北大西洋北部で深層水が形成され、それが沈み込んで大西洋およびほかの大洋の深層を満たすという、北大西洋の熱塩循環 North Atlantic thermohaline circulation が重要な役割を果たしている(Delworth and Mann, 2000)。この変動は、Science誌のニュース記事で大西洋数十年振動 Atlantic multidecadal oscillation と名づけられ(Kerr, 2000)、その後さらに多くの関心を集めている。

6. 将来の気候変動パターンの変化

これまで述べたように、地球上にはさまざまな気候変動パターンが存在している。それらは大気の固有モード、あるいは大気海洋結合システムの固有モードとして、地球の気候システムに埋め込まれている。ただし、その成因

の正確な理解には，なお研究が必要である。

　こういった大気あるいは大気海洋の固有モードは，システムの外からの外力にも鋭敏に応答することが期待される。今日注目を集めている地球温暖化にも，これらの固有モードが影響されると考えられている。たとえばIPCC第4次報告書によると，大西洋数十年振動に重要な役割を果たす北大西洋の熱塩循環が，今世紀に弱まることは「ほぼ確実である」とされている。この熱塩循環の弱化が，仮に大西洋数十年振動をも弱めるのであれば，過去にみられた大西洋周辺域での数十年スケールの気候変動は将来には生じなくなるかもしれない。

　太平洋の気候変動パターンも，地球温暖化と関係をもつことが予想されている。Yamaguchi and Noda(2006)は数多くの大気海洋結合モデルの結果を解析し，多くのモデルで温暖化が，高緯度で北極振動的な応答を引き起こし，また低緯度ではエル・ニーニョ的な応答を引き起こすことを示した。一方，北太平洋の中緯度域では，中緯度に低気圧偏差をつくろうとするエル・ニーニョと，高気圧偏差をつくろうとする北極振動とが打ち消しあうので，大多数のモデルに共通した応答は得られないという結果となった。この結果は，地球温暖化にともなう北太平洋上の大気循環の変化を予測することは容易ではないことを意味している。大気循環の変化は，海洋循環の変化にも直結する。したがって，温暖化の直接の帰結である気温上昇は比較的予測しやすいが，大気・海洋の循環の変化とそれによって生ずる風・降水・海流・水位上昇などの予測ははるかに困難である。しかし，風の変化が湧昇を変化させて生態系に重要な影響を与えるように，これらの変化を予測することは，将来の地球の気候変化の影響を評価するうえでも重要である。これらの変化を予測するには，気候変動パターンに関するいっそうの理解が不可欠なのである。

気候変化が海鳥の生産性に影響する

綿貫　豊

　10年スケールで起こる気候のレジーム・シフトは海洋生態系変動に大きくかかわっていることが知られている。プランクトンや魚類などでは，その資源量の変化を決める重要な生活史パラメータである，孵化率，幼生の発育速度や死亡率は，海水温のわずかな変化

に敏感に反応する。太平洋の生産性の高い海域で起こっている，マイワシとカタクチイワシ資源の急激な交代には，温暖期と寒冷期が繰り返されるレジーム・シフトがかかわっていると考えられるようになってきた(たとえば Chavez et al., 2003)。恒温動物である海鳥や海獣の生活史は温度変化には影響されにくいが，彼らの餌である魚資源の大規模な増減は，結果的に彼らの生活に強く影響するだろう。その証拠が，太平洋各地で行われている繁殖地における海鳥の長期モニタリングから得られている。北海道の日本海側は，対馬暖流の変動の影響を強く受ける海域である。その海域に位置する天売島は世界最大のウトウ(太平洋中緯度地帯に分布する潜水性の海鳥)の繁殖地として有名である。ウトウは，マイワシ資源が豊富だった寒冷期にはそれを主要な餌の1つとしていたが，1980年代後半にマイワシ資源が崩壊して以降は，カタクチイワシがこれにとって代わった(Deguchi et al., 2004)。この温暖期においても，対馬暖流の流量の年変化がウトウの繁殖成績を大きく左右することがわかった。流量の強い年には餌中に占めるカタクチイワシの重量比が大きい。ウトウの採食範囲はせいぜい 200 km なので，天売島からその範囲にカタクチイワシがはいってこないとこれを利用できない。対馬暖流の影響範囲の北上時期が早いと，海表面水温 12〜15°Cを北限とするカタクチイワシを早く利用できるようになるため餌中のカタクチイワシ重量比が大きくなるのである。ウトウの繁殖成功は，カタクチイワシの餌中の比率が高い年には大きい傾向がある。その理由は，1回にくわえてくる餌重量が大きくなることと，単位重量あたりのカロリー量が大きいことの両方による。このように，地域的な海洋環境変動が，栄養段階を通じて，その場所での高次捕食者の生活に強く影響する。この地域的な環境変動をより広域的な気候変化と関連づけることで，地球規模での気候変動が高次捕食者の分布と数に影響するメカニズムを理解できるだろう。

[引用文献]

Baumgartner, T.R., Soutar, A. and Ferreira-Bartrina, V. 1992. Reconstruction of the history of Pacific sardine and northern anchovy populations over the past two millennia from sediments of the Santa Barbara basin, California. CalCOFI Reports, 33: 24–40.

Chavez, F.P., Ryan, J., Lluch-Cota, S.E. and Niquen, M.C. 2003. From anchovies to sardines and back: multidecadal change in the Pacific Ocean. Science, 299: 217–221.

Cook, E.R., Meko, D.M. and Stockton, C.W. 1997. A new assessment of possible solar and lunar forcing of the bidecadal drought rhythm in the western United States. J. Climate, 10: 1343–1356.

D'Arrigo, R., Wilson, R., Deser, C., Wiles, G., Cook, E., Villalba, R., Tudhope, A., Cole, A. and Linsley, B. 2005. Tropical-North Pacific climate linkages over the past four centuries. J. Climate, 18: 5253–5265.

Deguchi, T., Watanuki, Y., Niizuma, Y. and Nakata, A. 2004. Interannual variations of the occurrence of epipelagic fish in the diets of the seabirds breeding on Teuri Island, northern Hokkaido, Japan. Prog. Oceanogr., 61: 267–275.

Delworth, T.L. and Mann, M.E. 2000. Observed and simulated multidecadal variability in the Northern Hemisphere. Clim. Dyn., 16: 661–676.

Deser, C., Phillips, A.S. and Hurrell, J.W. 2004. Pacific interdecadal climate variability: linkages between the tropics and North Pacific during boreal winter since 1900. J.

Climate, 17: 3109-3124.
Gong, D. and Wang, S. 1999. Definition of Antarctic Oscillation index. Geophys. Res. Lett., 26: 459-462.
Gu, D.F. and Philander, S.G.H. 1997. Interdecadal climate fluctuations that depend on exchanges between the tropics and extratropics. Science, 275: 805-807.
Hare, S.R. and Mantua, N.J. 2000. Empirical evidence for North Pacific regime shifts in 1977 and 1989. Prog. Oceanogr., 47: 103-145.
Kerr, A.R., 2000. A North Atlantic climate pacemaker for the centuries. Science, 288: 1984-1986.
Latif, M. and Barnett, T.P. 1994. Causes of decadal climate variability over the North Pacific and North America. Science, 266: 634-637.
Lehodey, P., Bertignac, M., Hampton, J., Lewis, A. and Picaut, J. 1997. El Niño Southern Oscillation and tuna in the western Pacific. Nature, 389: 715-718.
Mantua, N.J., Hare, S.R., Zhang, Y., Wallace, J.M. and Francis, R.C. 1997. A Pacific interdecadal climate oscillation with impacts on salmon production. Bull. Am. Met. Soc., 76: 1069-1079.
Minobe, S. 1997. A 50-70 year climatic oscillation over the North Pacific and North America. Geophys. Res. Lett., 24: 683-686.
Minobe, S. 1999. Resonance in bidecadal and pentadecadal climate oscillations over the North Pacific: role in climatic regime shifts. Geophys. Res. Lett., 26: 855-858.
見延庄士郎. 2001. 日本の気候変動と中高緯度の大気・海洋変動. 海と環境―海が変わると地球が変わる(日本海洋学会編), pp. 88-98. 講談社.
見延庄士郎. 2007. 物理的環境におけるレジーム・シフトと十年スケール変動のメカニズム. レジーム・シフト―気候変動と生物資源管理(川崎健・花輪公雄・谷口旭・二平章編), pp. 45-61. 成山堂.
Noto, M. and Yasuda, I. 1999. Population decline of the Japanese sardine, Sardinops melanostictus, in relation to sea surface temperature in the Kuroshio Extension. Can. J. Fish Aqua. Sci., 56: 973-983.
Saji, N.H., Goswami, B.N., Vinayachandran, P.N. and Yamagata, T. 1999. A dipole mode in the tropical Indian Ocean. Nature, 401: 360-363.
Schlesinger, M.E. and Ramankutty, N. 1994. An oscillation in the global climate system of period 65-70 years. Nature, 367: 723-726.
Sydeman, W.J., Hester, M.M., Thayer, J.A., Gress, F., Martin, P. and Buffa, J. 2001. Climate change, reproductive performance and diet composition of marine birds in the southern California Current system, 1969-1997. Prog. Oceanogr., 49: 309-329.
Thompson, D.W.J. and Wallace, J.M. 1998. The Arctic Oscillation signature in the wintertime geopotential height and temperature fields. Geophys. Res. Lett., 25: 1297-1300.
Thompson, D.W.J. and Wallace, J.M. 2000. Annular modes in the extratropical circulation. Part I: Month-to-month variability. J. Climate, 13: 1000-1016.
Trenberth, K.E. and Hurrell, J.W. 1994. Decadal atmosphere-ocean variations in the Pacific. Clim. Dyn., 9: 303-319.
Trenberth, K.E., Jones, P.D., Ambenje, P., Bojariu, R., Easterling, D., Klein Tank, A., Parker, D., Rahimzadeh, F., Renwick, J.A., Rusticucci, M., Soden, B. and Zhai, P. 2007. Observations: surface and atmospheric climate change. *In* "Climate Change

2007: The Physical Science Basis. Contribution of Working Group I to the Fourth Assessment Report of the Intergovernmental Panel on Climate Change" (eds. Solomon, S., Qin, D., Manning, M., Chen, Z., Marquis, M., Averyt, K.B., Tignor, M. and Miller, H.L.). Cambridge University Press, Cambridge, United Kingdom and New York, New York, USA.

Walker, G.T. and Bliss, E.W. 1932. World weather V. Memoirs of the Royal Meteorological Society, 4: 53–84.

Xie, S.-P., Noguchi, H. and Matsumura, S. 1999. A hemispheric-scale quasi-decadal oscillation and its signature in northern Japan. J. Meteor. Soc. Japan, 77: 573–582.

Yamaguchi, K. and Noda, A. 2006. Global warming patterns over the North Pacific: ENSO versus AO. J. Metor. Soc. Japan, 84: 221–241.

Yasuda, I., Osafune, S. and Tatebe, H. 2006. Possible explanation linking 18.6-year period nodal tidal cycle with bi-decadal variations of ocean and climate in the North Pacific. Geophys. Res. Lett., 33: L08606, doi: 10.1029/2005GL025237.

日本列島の形成と淡水魚類相の成立過程

陸域の長周期変動

第6章

渡辺勝敏・前川光司

　地質年代の時間スケールでは，大地は生物相を乗せてダイナミックに動き，離合集散する。生物自身も，それぞれの生態特性に応じて，その変動する大地をまたいで分布域を広げ，あるいは縮小する。そのなかで，移動能力の乏しい生物は，大地の動きの痕跡を記録する重要な指標となる。淡水魚はそのような生物の1つであり，生息・移動の場が淡水(陸水)系に限られるので，大地の動き，海域の進入，淡水系の連結・分断，あるいは気候変動の歴史を，その分布や系統発生のなかに何らかの情報として含んでいるはずである。本章では第三紀から現代までの日本の淡水魚類相や環境の変遷を，化石記録，現生種の分布パターン，そして最近の分子遺伝学的なアプローチによってひもときながら，日本列島の地史[注1]とともに考えていきたい。

1. 化石からみた新生代の淡水魚類相

　地質時代の生物相を知る唯一の直接的な情報は化石である。日本列島にお

[注1] 地史に関しては，平(1990)や米倉ほか(2001)などの総説のほか，渡辺ほか(2006)でとくに淡水魚の分布に関連するイベントを中心にとりまとめられている。また新生代の淡水魚類化石に関する論文情報は，ウェブサイト「日本の新生代淡水魚類化石情報データベース」(http://gedimap.zool.kyoto-u.ac.jp/JFFFossil/)にまとめられている。

ける新生代の淡水魚類の化石は比較的よく研究されている。とくにコイ科 Cyprinidae 魚類の咽頭歯[注2] に関する詳細な研究により，魚類相の変遷に関する定性・定量的な解析が試みられてきた。ここではまず，中島 (1987, 1998, 2002) を中心に，友田ほか (1977)，友田 (1982)，安野 (2003)，そのほかの情報を加えながら，湖成層における化石記録から垣間みられる日本列島の淡水魚類の歴史を概説する (図 1)。

古第三紀

約 6550 万年前に始まる新生代の前半は古第三紀 Paleogene と呼ばれ，暁新世 Paleocene，始新世 Eocene，漸新世 Oligocene に分けられる。この時代にはまだ日本列島は存在しないが，約 1.7 億年前にゴンドワナ大陸から分かれたインド亜大陸が，始新世にはユーラシア大陸に達している。淡水魚の分布パターンに基づくと，「東アジア」と呼ばれる地域には，シベリア東部，中国，朝鮮半島，日本，台湾，そしてベトナム北部が含まれる。この地域は，インド亜大陸の衝突で生じたヒマラヤ山脈，それに引き続いて隆起した中国南部の横断山脈やベトナムのアンナン山脈といった長大な褶曲山脈がその境界を形づくり，現世淡水魚類相の基本的な枠組みもこの時代につくられたと考えられる。

日本列島では，この時代の確実な淡水魚化石は発見されていない。一方，中国大陸部の広東省や山東省からは，コイ科のバルブス亜科 Barbinae，コイ亜科 Cyprininae，カマツカ亜科 Gobioninae，ウグイ亜科 Leuciscinae が見いだされており (中島，1987 など)，現生の種につながるコイ科の亜科レベルの分化が古第三紀あるいはそれ以前に遡ることがわかる。

新第三紀・中新世

約 2300 万年前に始まる新第三紀 Neogene は，日本列島が誕生し，ダイナミックな地形・環境変化を繰り広げた時代である。そのなかで淡水魚類相も

[注2] 咽頭 (のど) にある骨 (咽頭骨) に並ぶ歯。コイ科の魚は顎に歯をもたず，この咽頭歯のみをもつ。

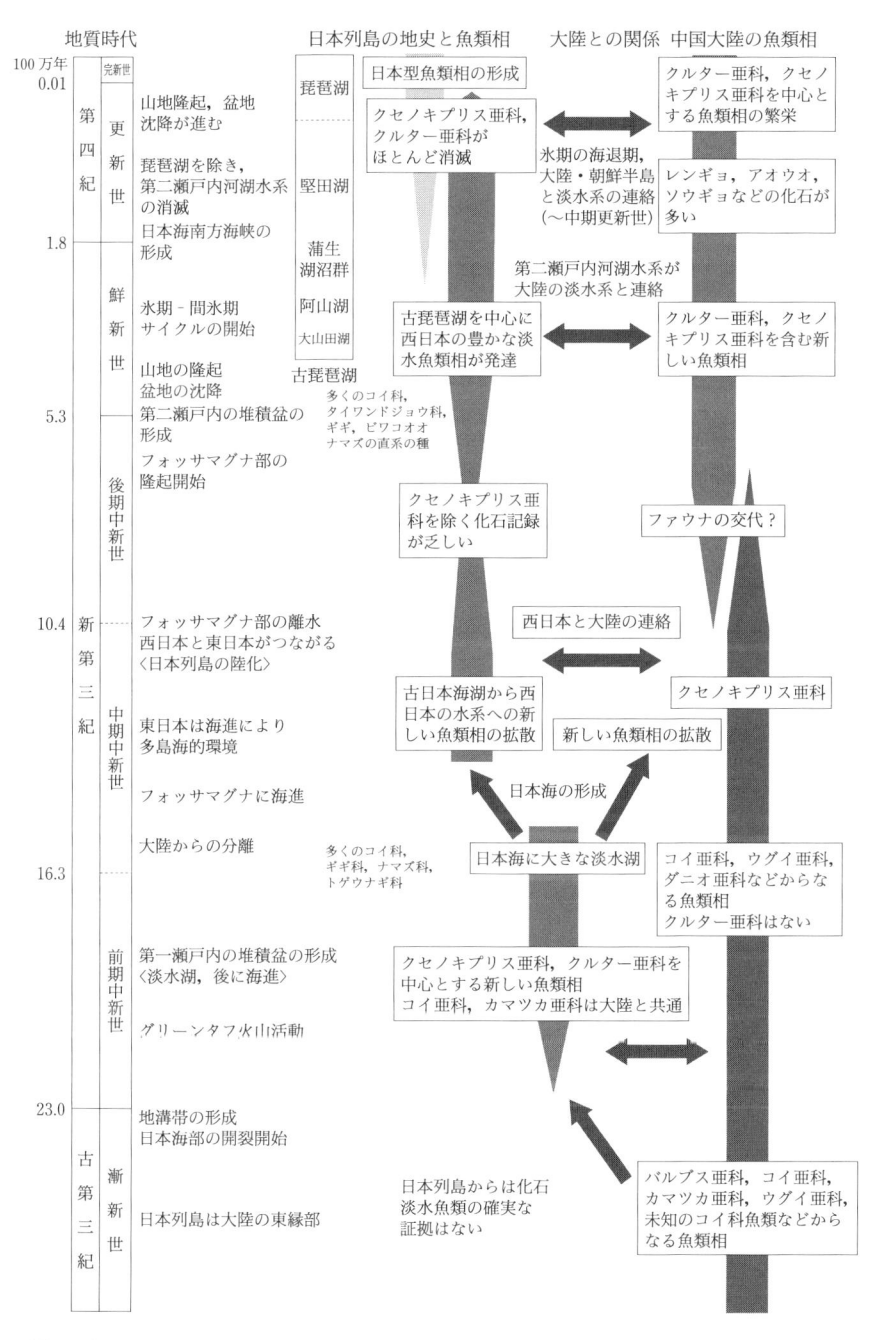

図1 東アジアにおけるコイ科を中心とする淡水魚類相の変遷(中島,1998に基づき,一部改変・加筆)

大きく変遷しながら,現在に引き継がれた。とくに日本列島の誕生期である前〜中期中新世 Miocene の地層からは,多くの淡水魚化石が発見されている。

　日本列島は,まず日本海地域が陥没・開裂し(約2000万年前;図2A),引き続いて西南日本と東北日本(以下,単に西日本・東日本)がそれぞれ時計回りと反

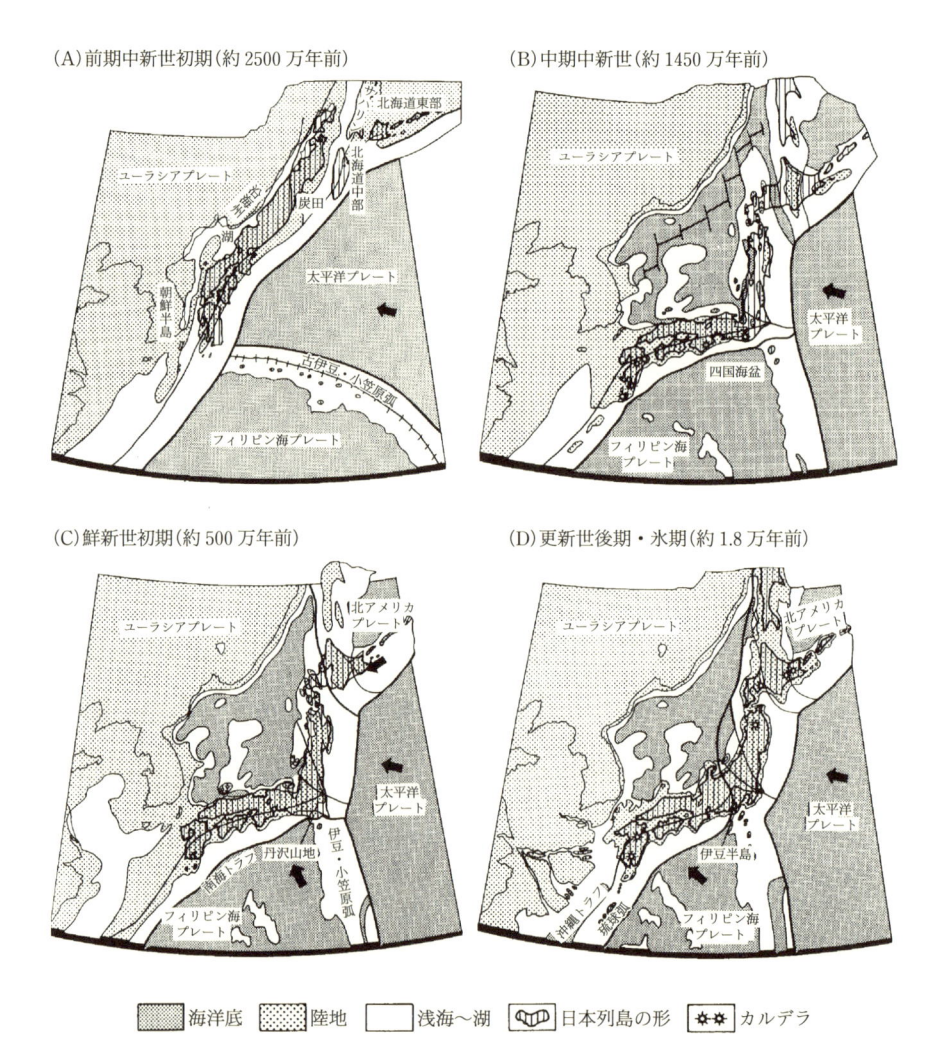

図2　日本の新第三紀の古地理(平,1990)

時計回りに回転することで現在の配置の基礎がつくられた(約1500万年前；図2B)。西日本はまだ大陸と陸続きであり，一方，本州中央部を南北に走るフォッサマグナ Fossa magna 以東の東日本は，この後に至るまで，多島海的な状況であった。日本海の開裂時(前期中新世)，日本海の周りでは火山活動が盛んであり，「グリーンタフ Green tuff」と呼ばれる凝灰岩 tuff の地層が各地に見られる。このグリーンタフ層や同時期の岐阜県の可児・瑞浪周辺などに見られる第一瀬戸内累層群は，前〜中期中新世の淡水魚類化石の代表的な産出層である(中島，2002；安野，2003；図3)。また，九州北部壱岐島の長者原層からは少し新しい時代(約1500万年前)の非常に豊富な化石魚類相が見いだされている(友田ほか，1977など)。植物やケイ藻類などの示相化石から，この時代の日本列島は温帯(阿仁合型植物)から亜熱帯的(台島型植物)な気候へ変化したことが知られている。

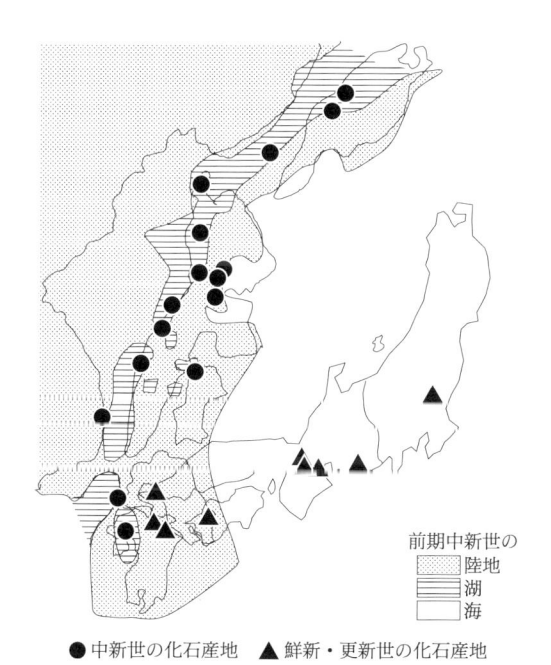

図3 日本の新第三紀の化石産地(中島，2002に基づき，安野，2005などの情報を加筆)。中新世の化石産地(●)は当時の日本列島の位置(細線)に記す。鮮新・更新世の化石産地(▲)は現在の日本列島上に記す。

日本の前～中期中新世のコイ科の大部分を占めるのがクセノキプリス亜科 Xenocyprinae である(中島，1998；図1)。本亜科は中国大陸で繁栄しているが，日本には現在，1種も分布しない。そのほかにコイ亜科(コイ属 Cyprinus，フナ属 Carassius など)やタナゴ亜科 Acheilognathinae，ウグイ亜科，クルター亜科 Cultrinae，カマツカ亜科などが多く見られる。中国山東省など大陸部の同時期の地層からは，クセノキプリスとクルター両亜科がほとんど見られないことから，これらのグループは，日本海の開裂時，地溝帯に発達した広大な淡水系の周辺で繁栄・多様化したものと推察されている(Nakajima, 1986など)。大陸部では，後期中新世から鮮新世に至ってから，これらのグループが普通に見られるようになる(図1)。化石記録はある系統群の繁栄状況(種数や個体数)をよく表す重要な情報であるが，その系統群の繁栄の時期と出現時期(近縁群との分岐年代)は一致しないことがある(たとえば，Kumer and Hedges, 1998；図4A)。したがって，日本海周辺域と大陸内陸部でクセノキプリス・クルター両亜科の出現時期がずれている事実は，日本海周辺に発達した淡水系が現在でも大水系を好むこれらのグループの繁栄に適した環境であったことを示唆する。しかし，これらの系統群の分岐時期については，分子系統など，別の証拠とともに考える必要がある。

　前～中期中新世の地層からはまた，コイ科のほかに可児・瑞浪からケツギョ科 Sinipercidae，香川県讃岐層群からナマズ科 Siluridae，そして壱岐島からギギ科 Bagridae やハゼ亜目 Gobioidei，トゲウナギ科 Mastacembelidae などの豊富な魚類相が見いだされている(友田ほか，1977；Watanabe et al., 1998; Watanabe and Uyeno, 1999 など参照)。

　東アジアにおける後期中新世の地層からの淡水魚類化石は乏しい。しかし，この時代から鮮新世にかけては，日本の淡水魚類相の地理的構造を形づくる重要な時期である。日本海の形成後，東日本は多島海的な環境であったが，中期中新世以降，陸化が進み，後期中新世にはフォッサマグナ周辺域の離水・隆起も進む。日本海南方海峡部は陸化し，日本列島と大陸は陸続きであった。この時代から本州中央高地の隆起が進む500万～600万年前までの期間は，中国大陸，西日本，東日本のあいだでもっとも淡水魚類の地理的分散・交流が容易な時期であったと推察される(図2；渡辺ほか，2006)。

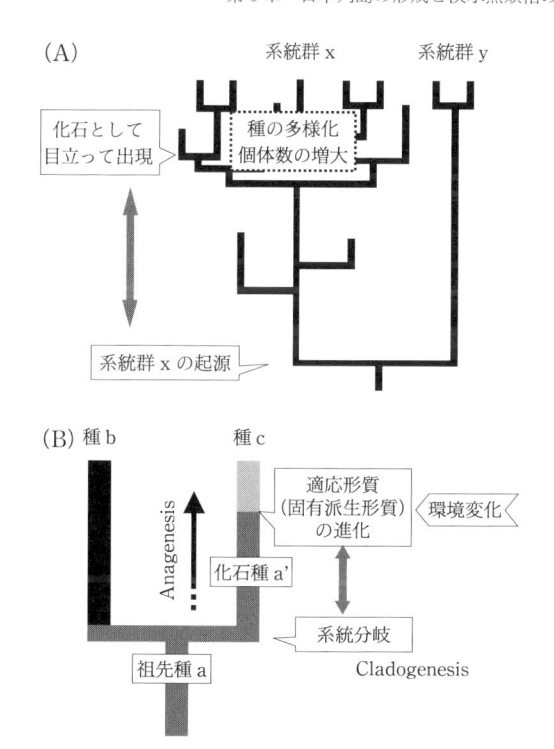

図4 系統発生と化石記録，化石種の問題。(A)化石記録は系統群の多様化や優占化のよい情報になるが，多くの場合，系統群の分岐年代を過小評価する。(B)ある種が近縁種から分岐した時期と，その種を定義する派生形質の出現時期は大きく異なることがある。たとえば，その派生形質が最近起こった環境変化への適応進化である場合。

新第三紀・鮮新世〜第四紀・更新世，完新世

　東・西日本の山脈隆起による分断が進むなか，後期鮮新世の寒冷化(約270万年前)以降，世界的に氷期‐間氷期サイクルが顕著となり，170万年前には日本海南方海峡が出現した(北村・木元，2004)。更新世(約180万年前以降)には陸上各地で山地形成が進んだ。現在見られる純淡水魚類相の地理的構造はこういった背景のなかで発達したと考えられる。つまり，北方系種からなる北海道石狩平野以北の乏しい魚類相，琵琶湖を中心とする豊富な西日本の魚類相，そして西日本に似るが，より貧弱で固有性の高い東日本の魚類相といった構造である(後述)。

鮮新世から更新世を代表する淡水魚類化石の産地は古琵琶湖層群である。古琵琶湖はその東に隣接した東海湖とともに第二瀬戸内河湖水系の東端に存在した。西日本の広い範囲に連なっていたと考えられるこの湖沼群は，鮮新世以降，前期更新世に至るまで縮小しつつも存続した(市原，1966)。この水系が黄河・長江水系を中心とする中国大陸部の水系と九州南方部で直接連絡していたかどうかは不明だが，少なくとも大陸から日本列島の南部には連続した沿岸部が存在し，淡水魚類の交流が容易な状況にあったと推定される。化石魚類相も中国大陸部と西日本で基本的に共通する。したがって，現在の西日本における魚類相の基礎はこの時代につくられたと考えられる(西村，1974；中島，1987など)。

　古琵琶湖層群は，約400万年前の大山田湖に堆積した地層(上野累層；三重県上野盆地)に始まる。大山田湖は，浅く安定した湖で亜熱帯〜熱帯的な環境にあった。コイ亜科，とくにコイ属が占める割合が高く，2mに達する大型の化石種も生息していた(中島，1987)。クセノキプリス亜科，カマツカ亜科，そしてクルター亜科，ウグイ亜科，タナゴ亜科，レンギョ亜科 Hypophthalmichthyinae からなる豊富な魚類相がみられ，ギギ科，ナマズ科(小早川，1994)，そして現在日本には自然分布しないタイワンドジョウ科 Channidae (谷本・奥山，2003)なども発見されている。

　古琵琶湖はその後場所を北上させながら，中〜後期鮮新世の阿山湖，蒲生湖沼群，そして前期更新世の大規模湖沼群の消滅を経て，安定した堅田湖の時代に至る。更新世の半ばの約50万年前以降は，琵琶湖は現代的な広く深い湖として存在することになる(川辺，1994など)。

　阿山湖の時代以降，コイ科ではフナ属が優占する。そして，堅田湖からは現生種とほとんど区別できない種，たとえばコイ *Cyprinus carpio* やゲンゴロウブナ *Carassius cuvieri* が現れる。ただし，この一見ゲンゴロウブナに酷似した咽頭歯化石も，組織学レベルの観察によると，現生のゲンゴロウブナの派生形質としては発達途上にあるという(小寺，1985)。

　約50万年前以降，現代的な琵琶湖では，ワタカ *Ischikauia steenackeri* を除くクルター亜科やクセノキプリス亜科が見られなくなり，これは新第三紀の日本列島におけるもっとも大きな魚類相の変化といえる(図1)。しかし，最

近，縄文時代の貝塚遺跡から，クセノキプリス亜科やコイ属の絶滅種の咽頭歯化石が見つかっている(中島ほか，1996；Nakajima et al., 1998)。一方，琵琶湖以外の地域(静岡県引佐町，大分県玖珠盆地など)でも，中期更新世にはクセノキプリス亜科やクルター亜科が普通にみられたが，現在までに絶滅している。中島(1987)は，更新世の山地隆起により河川が急峻となったことや，おもな餌となる藻類の生産が氷期に低下したこと，さらには餌をめぐる競合種としてのアユ *Plecoglossus altivelis* の繁栄が，日本列島における両亜科魚類の絶滅の重要な要因となったと推察している。しかし，遺跡からの証拠は，少なくとも琵琶湖ではワタカ以外の種も氷河期の環境変動を乗り越えて生き残ったことを示している。

　琵琶湖には現在 60 種(亜種を含む)以上の淡水魚が生息し，そのうち 13 種・亜種が固有種である(Yuma et al., 1998)。これら固有種には，遺存固有種と初期固有種が含まれると考えられている。前者にはビワコオオナマズ *Silurus biwaensis* があり，本種にもっとも近縁な種は，日本・大陸に広く分布するナマズ *S. asotus* ではなく，中国中部に分布する大型の同属種である(Kobayakawa, 1989)。またその系統は前期鮮新世の大山田湖にすでに分布していた可能性が高い(Kobayakawa and Okuyama, 1994)。近縁種が大陸に広く分布するハス *Opsariichthys uncirostris* も遺存固有種といえ，ビワマス *Oncorhynchus masou* subsp. もそう推察されている(上野ほか，2000)。一方，初期固有種，つまり琵琶湖で生まれた固有種と推察されているものとしては，ホンモロコ *Gnathopogon caerulescens*(母種：タモロコ *G. elongatus elongatus*)，ビワヒガイ *Sarcocheilichthys variegatus microoculus* とアブラヒガイ *S. biwaensis*(カワヒガイ *S. v. variegatus*)，スゴモロコ *Squalidus chankaensis biwae*(コウライモロコ *S. chankaensis* subsp.)，ゲンゴロウブナとニゴロブナ *Carassius auratus grandoculis*(フナ類 *C.* sp.)，イワトコナマズ *Silurus lithophilus*(ナマズ)，イサザ *Gymnogobius isaza*(ウキゴリ *G. urotaenia*)などがある。これら遺存・初期両タイプの固有種は琵琶湖にしか存在しない生息環境，つまり広く深い沖合帯や岩礁帯などに適応した生態・形態をもつ。そのため，初期固有種とされるものは，琵琶湖が現在のような環境となった 50 万年前以降に種分化したと推察されてきた(たとえば，友田，1978；Takahashi, 1989)。

しかし，ある系列における適応形質の進化(アナジェネシス anagenesis)と系統群の分岐(クラドジェネシス cladogenesis)とは時間的に一致しないことがある(図 4B 参照)。つまり，古い時代に分岐した種や系列の形質が，新しい時代の環境変化に応じて適応進化することは別段不思議ではない。現在深い沖合帯を利用するイサザは，ミトコンドリア DNA(mtDNA)の分子時計との整合性から，後期鮮新世にはウキゴリ・スミウキゴリの祖先からすでに分岐していたことが最近明らかにされている(Harada et al., 2002)。ホンモロコのタモロコ(母種)からの分岐も同様である(渡辺ほか，未発表)。遺伝集団解析から，ヒガイ類やスゴモロコ類の固有種・亜種の進化も「近縁種からの琵琶湖での種分化」という単純なシナリオでは説明できないことがわかってきた(渡辺ほか，未発表)。種の分岐や形質進化は，客観的に推定された系統関係という進化的枠組みのなかで議論する必要がある(後述)。つまり，世界有数の古代湖である琵琶湖の生物多様性の起源については，上記の定説を乗り越え，まだまだこれから解明すべき点が多いのである。

古琵琶湖層群のほかに，鮮新世以降の化石産地としては，鮮新世の津房川層(大分県；中島・北林，2001 など)や前期更新世の小五馬層(大分県；中島ほか，2001)，そして中期更新世の玖珠層群(大分県；上野ほか，2000 など)が有名であり，現生の属レベルあるいは種・種群レベルで同定されている化石も多い。玖珠層群(約 40 万~50 万年)から産出したサクラマス類は鱗の形状からビワマスに近いとされ，前述のとおり，現在琵琶湖に見られるビワマスはかつて広域に分布していたものの遺存固有種(亜種)であると推察されている(上野ほか，2000)。また詳細な骨学的比較から，玖珠層群からのニゴイ類が現生のニゴイ *Hemibarbus barbus* とコウライニゴイ *H. labeo* の中間的な形態をもつことも指摘されている。上野ほか(2000)が論じるとおり，精度の高い分子系統樹を基盤とし，現生種と化石の詳細な形態比較を進めることで，分岐年代，形質進化のパターンと速さ，そして分布域形成パターンについて，単独のアプローチではなしえない深いレベルの自然史理解に到達できる可能性がある。

先に述べたとおり，地史的状況や化石記録から，鮮新世における大陸の魚類相との交流が西日本の魚類相の基礎となっていると考えられる。では更新世(氷河期)の海水準変動のもとでの大陸と日本列島の魚類相の関係はどう

だったのだろうか。残念ながら淡水魚の化石記録からそのようなレベルの情報を得ることは困難である。しかし，ゾウ類(長鼻類 Proboscidea)などの大型哺乳類の化石から，少なくとも中期更新世の60万年前や40万年前には，日本海南方海峡に陸橋が形成されたと考えられている(小西・吉川，1999)。一方，最終氷期(数万〜1万年前)には南方海峡に淡水系が発達するほどの陸橋が存在した形跡はない。だが，北海道からサハリン，沿海州はこの寒冷な時期に陸続きとなっている。このような時間スケールでの魚類相の発達史については，化石ではなく，以下に述べるような現生種の分布パターンの詳細な比較や，さらには分子遺伝学的なアプローチが有効となるはずである。

2. 現在の分布パターンからみた淡水魚類相の歴史

区系生物地理から分布プロセスへ

歴史的に現生種の生物地理研究は地域生物相の解明とともに，まず生物区系の設定に大きな努力を払ってきた。生物相の空間的パターンをいわば階層のない「線引き」で表現しようとしたものである。有名なウォレスは全世界を8つの区界に線引きしたが，そのなかで日本列島は「旧北区」に，また琉球列島は「東洋区」に含まれる。

日本列島の淡水魚類の生物相区系分類は Taranetz(1936)や Mori(1936)などに始まり，青柳(1957)や Okada(1959)が当時の分類・分布の知見を集大成した。とくに青柳は，大陸からの陸橋を通じた"浸潤"プロセスを仮定し，日本列島の魚類相の統合的な歴史理解を目指している。青柳は，純淡水魚にかかわるものとしておもに2つの要素，"シベリア系"と"中国系"(原文："支那系")を認めた。さらに近縁群の分布や種の豊富さ，生態特性を考慮にいれて，おもに氷期における南北2つの陸橋からの浸潤・渡来プロセスを推察している(図5A)。

日本の生物は，大陸の一部の種がある時代に「渡来した」ものと考えられることが多い。しかし，上述の地史や化石からの議論からわかるとおり，淡水魚の分布域形成の時間スケールでは日本列島と大陸はそのような単純な関係にない。ある種が陸橋形成時に「渡って」くる前にも日本列島には同種あ

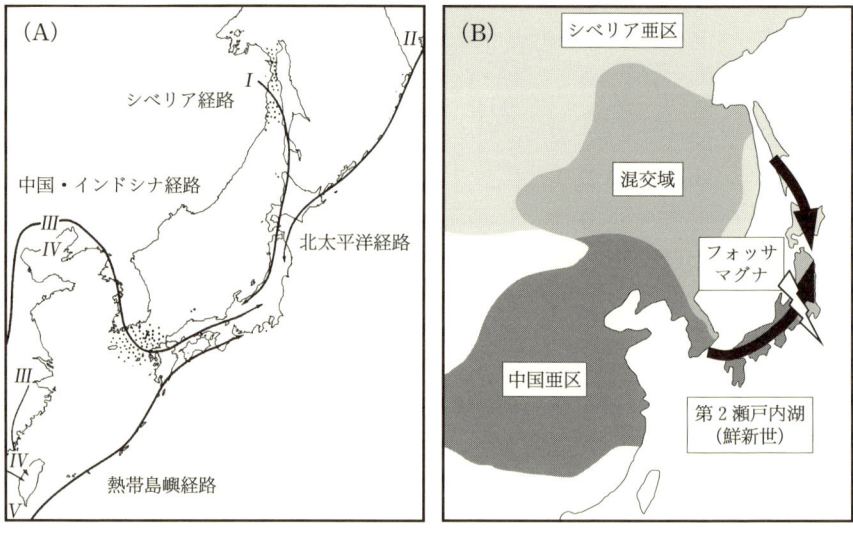

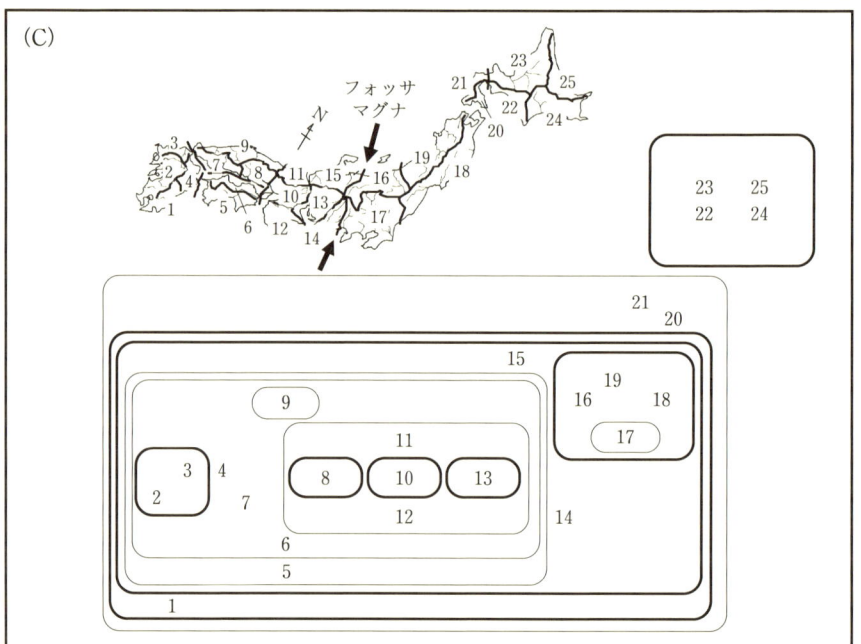

図5 日本列島の淡水魚類相の構成と起源に関する古典的な要約。(A) 青柳(1957)の陸橋を通じた複数ルートによる「浸潤」仮説。(B) 西村(1974)による2つの魚類相要素の分散に基づく仮説。(C) Watanabe(1998)による地域固有性最節約解析(PAE)による純淡水魚類相の階層構造。地域(1〜25)は固有種の存在で入れ子状に分類されている。太線は2種以上,細線は1種の固有種の存在を示す。(B),(C)は北海道の石狩平野,本州中部のフォッサマグナ域で魚類相が大きく変化することを示す。

るいは近縁種が存在しただろうし，日本から大陸方向に「渡る」ことも同等に可能だっただろう。つまり，日本は吸い込むばかりの「真空」地帯ではない。またさらに遡れば，そもそも日本列島は大陸の東縁部であり，「渡る」という表現は適切ではない。したがって，大陸で生まれた何かが一方的に渡ってきて日本の生物相ができたという議論は，一般論としては正しくない。

生物の分布域形成には，「分断 vicariance」と「分散 dispersal」の2つのフェーズが存在する。分断とは山地形成や海水の進入などの地理的障壁により，生物の分散が妨げられることである。分散とは，移動できない範囲まで分布域を広げることであるから，分散と分断は表裏一体の関係にある。分散については，ある種や集団が生まれた場所(たとえば，大陸)と分散範囲(たとえば，日本まで)を知る必要がある。一方，分断は，ある時期までに(方向は問わず)広がっていた種や集団，あるいは生物相が，地理的障壁で隔離された状況であり，たとえば2地域に姉妹種が分布することなどから検証が可能である。何が分断となるかは生物の分散能力によって異なる。しかし，生活型を同じくする複数の生物においては同じ地理的障壁が分断要因となることが期待される(これ自体，検証の対象である)。したがって，分断は多くの生物群に共通に働くと期待され，一方，その共通の地理的障壁を越えた，一部の種のみでみられる分散は，個別の種の特性・歴史に帰せられる。分断は生物種群のあいだの分布比較から共通パターンとして検出することができ，それからの差異として個別の分散を明らかにすることができるはずである。これが分断生物地理と呼ばれる比較生物地理の方法論の基礎である(Wiley, 1981; Humphries and Parenti, 1986 などを参照)。

話を淡水魚に戻そう。前述のように青柳(1957)はシンプルな「渡来」説により，日本列島の純淡水魚相は北経由および南経由で進入した2つの要素からなるとした。その後，Lindberg(1972)や西村(1974)は，より詳細な魚類相比較と，とくに第四紀の海水準変動を考慮した分布域形成プロセスを体系的に論じた。歴史生物地理は種や集団の分布を比較する「比較生物学 comparative biology」(Harvey and Pagel, 1991)の1つなので，対象生物の系統関係に基づいて議論する必要があることは今日よく認識されている。現代的視点からは，彼らの方法論はそれをリンネ式分類体系で替え，海水面変動とのマッチ

ングを行うことによって，分断と分散の繰り返しとして日本列島における多層的な淡水魚類相の成立を描いた．つまり，日本と大陸に共通の種が分布していたら，それらは最後の海退期に分散し，その後分断されたものであり，同属の別種の関係は，共通祖先がより古い海退期に分断されたと推察する．分散・分断の年代や基礎とした分類体系の不正確さを除けば，Lindberg(1972)が掲げる「過去における大水系を介した単一の純淡水魚類相の存在の証明」という目標のもとで，彼らは日本列島の多層的な純淡水魚類相の本質をとらえることに成功していると思われる(渡辺ほか，2006)．

当時入手できた東アジアの淡水魚類の分布パターンを解析した西村たちは，まず北海道から九州までの日本列島の純淡水魚類相が，北海道の石狩低地帯を境に北東と南西の要素に2分され，後者はさらに本州中部のフォッサマグナ西縁部(糸魚川-静岡構造線)の東西で2分されることを示した(図5B)．またフォッサマグナ北東部(東日本)の魚類相は，西南部(西日本)よりも貧弱である．これらのパターンから，青柳(1957)と同様，日本列島にはアムール川の魚類相と歴史的に関連のある北方系種と，黄河の魚類相に関連する温帯性の種が存在し，それら2つの大水系が海退期に日本列島の河川と連絡した結果，魚類の移動分散が起こったと推定した．そして東・西日本の魚類相の比較から，西日本からフォッサマグナを越えて一部の種群のみが(種の分化をともないながら)東日本へ進入しえたという分布域形成プロセスを考えた．ここで想定された時間スケールは，後期鮮新世から，とくに氷河期が含まれる第四紀更新世である(水野，1987参照)．後ほど述べるように，この時間スケールは過小評価である．

淡水魚類相の階層構造

Watanabe(1998)は，日本列島における純淡水魚の分布パターンを地域固有性の最節約分析 Parsimony Analysis of Endemicity(PAE；Rosen, 1988)によって再検討し，地域魚類相の階層的類似パターンを明示した(図5C)．この地域分岐図は各地域(群)の固有種の存在に基づくものであり，上記の石狩平野とフォッサマグナによる魚類相の変化を支持している．さらに琵琶湖・淀川水系や九州北部に西日本の豊富な魚類相の核が存在し，その縁辺域の魚類相は

それぞれいくつかの魚種を欠くことで特徴づけられることを示している。PAEは生物の系統情報を用いた歴史生物地理的方法ではない。しかし，地域間で共通する固有種の存在が，両地域間で魚類相の交流があった証拠だという比較的強い仮定をおいた場合，地域的な絶滅や種の置換などの歴史的な推察が可能となり，実際にギギ類について議論が行われている（渡辺，1999参照）。

1970年代半ばに始まったアロザイム分析 allozyme analysis[注3]，そしてその後のmtDNAを中心とする分子遺伝解析により，種間あるいは種内の集団間の系統関係が高い精度で明らかにされ始めた。その結果，真に系統情報を利用した歴史生物地理解析が可能となった。とくに遺伝子系統樹の地理分布に基づく系統地理学の発展により，ある生物種の分断と分散の歴史をさまざまな統計的枠組みのなかで明らかにできるようになった。以下では最近の研究成果をいくつか紹介しながら，とくに現生淡水魚の進化時間のスケールを分子時計の観点から検討し，上述の化石記録や地史の情報との整合性を検討する。

3. 遺伝子に刻まれた淡水魚類の歴史

近年，分子遺伝マーカーを用いて明らかになってきた種間・種内系統関係に関する知見をもとに，とくに大陸との関係，フォッサマグナによる東西日本の魚類相の分断，および通し回遊魚における分化と分布域形成に話題を絞り，以下に日本列島の淡水魚類の歴史を考えていきたい。

大陸との関係

西日本は更新世初頭に成立した日本海南方海峡による分断以前に，とくに鮮新世の第二瀬戸内河湖水系によって大陸の大河と魚類相を交流させていた

[注3] アロザイムとは，同じ遺伝子座にコードされ，活性がほぼ等しい酵素でありながら，アミノ酸配列が異なるなど，タンパク質分子として別種であるもの．電気泳動法により検出される対立遺伝子情報に基づいて，集団間の遺伝的分化の度合いを調べることができる．

と推定される。一方，更新世の氷期には世界的な海水準低下が起こり，朝鮮半島あるいは中国中部と淡水系の連絡があった可能性がある。近縁種間の系統関係や広域分布種の種内分化，そして分子時計の情報から，これらの仮説は検証が可能なはずである。

分子時計とは分子進化の中立性や分子進化速度の一定性を基礎においた系統進化の「時計」である。最近では，分子種や分類群，系統，種の生物学的特性などによって進化速度に大きなばらつきがあることがよく認識されている。しかし，逆に分子種や系統群を絞れば，絶対的な時間軸を系統進化の議論にもち込むことができる非常に有効な手法である。また最近では，系統樹を通して一定の分子時計という概念が不要な分岐年代推定法も開発されている[注4]。

残念ながら，日本を含む東アジアの淡水魚類相の成立について，分子系統や分子時計を用いた詳細な検討はあまり進んでおらず，断片的な情報があるのみである。しかし，近縁種群(同属・近縁属)の分子系統関係からは，ほぼ一貫して日本に生息する近縁種群が単系統ではなく，大陸産のものとともに単系統群をつくること，そして一般的な分子時計によれば，近縁種群の初期の系統分岐は前〜中期中新世に遡ることが明らかにされている(渡辺ほか，2006参照)。ここではより新しい時代における大陸との交流の証拠を見いだすために，限られた情報をもとに，いくつかの広域分布種について大陸や朝鮮半島と日本の集団を比較する。

モツゴ Pseudorasbora parva は日本を含む東アジアの代表的な広域分布種である。日本には別に1種2亜種の固有種，シナイモツゴ Pseudorasbora pumila pumila とウシモツゴ P. pumila subsp. が分布する。mtDNA の分析から，日本のモツゴには大きく2つのグループが存在することがわかり，一方は日本以

[注4] 分子系統樹に絶対時間軸を組み込む方法としては，大きく，①系統樹全体で単一の塩基置換率を用いる方法(狭義の分子時計)，②系統ごとの塩基置換率の違いを排除あるいは補正してから分子時計を適用する方法(線形化系統樹など)，③塩基置換率の変化を統計的に組み込んで分岐年代を推定する方法(塩基置換率の自己相関に基づくベイズ推定法など)がある。とくに最後の方法には，複数のデータセットや塩基置換モデル，あるいは複数の較正基準(点，上限，下限)に基づいて，分岐年代とその信頼区間を推定できるものがあり，近年，応用が盛んになっている(Rutschmann, 2006 など参照)。

外からは見られないが，もう一方は中国や韓国からの標本とまったく同じハプロタイプを含んでいる(Watanabe et al., 2000；渡辺ほか，未発表；図6)。後者については，その分布がモザイク的なことから，おそらく人為移植の結果だと思われる。これは，同様な人為的影響を受けたであろうタイリクバラタナゴ *Rhodeus ocellatus ocellatus* が半世紀たらずで全国に分布を広げたこととも整合的である。基本的に日本と大陸に分かれて分布するこれら2つのグループは16SリボゾームRNA遺伝子領域で平均1.8％，シトクロム *b* 遺伝子領域で6.1％の配列差異を示す(図6)。後述のフォッサマグナ周辺地域の隆起に基づく分子時計をあてはめると，これらの分化は非常に粗い推定ではあるが200万〜500万年前(鮮新世)に換算され，更新世よりも前となる。ただし，分析に用いた集団・標本数は十分とはいえず，より新しい交流の証拠が今後見いだされるかもしれない。

　ハスにおいても大陸産の最近縁種とのあいだには明瞭な分化が認められ，進化速度の比較的速いmtDNAのNADH脱水素酵素サブユニットII遺伝子領域で約7％の差異がある(Okazaki et al., 2002)。同種とされる日本(九州)と朝鮮半島のオヤニラミ *Coreoperca kawamebari* のあいだには，シトクロム *b* 遺伝子領域で約9％の差異がある(白井ほか，2003)。またメダカ *Oryzias latipes* については，日本のグループは朝鮮半島・中国のものとシトクロム *b* 遺伝子領域で約15％の分化を示す。一般的な100万年あたり1〜3％前後の配列分化速度の値(付表1)を用いれば，これらの分化はいずれもモツゴと同様に鮮新世かそれ以前に遡る可能性が高い。

　一方，バラタナゴでは，mtDNA調節領域の制限断片長多型(RFLP)分析から，日本在来の亜種ニッポンバラタナゴ *Rhodeus ocellatus kurumeus* は韓国の集団ともっとも近いようであるが，制限断片共有度から推定された配列差異の平均値は2.2％である(Kawamura et al., 2001)。100万年あたり1％を超える一般的に許容されうる配列分化速度を想定すれば，更新世以降の分化を示唆する値である。

　以上のように，地史から想定される更新世の氷期海退期における西日本と大陸部との淡水系の連絡と魚類相の交流は，まだ十分な分子遺伝データで裏づけられているわけではない。また，この時期の交流が朝鮮半島とのあいだ

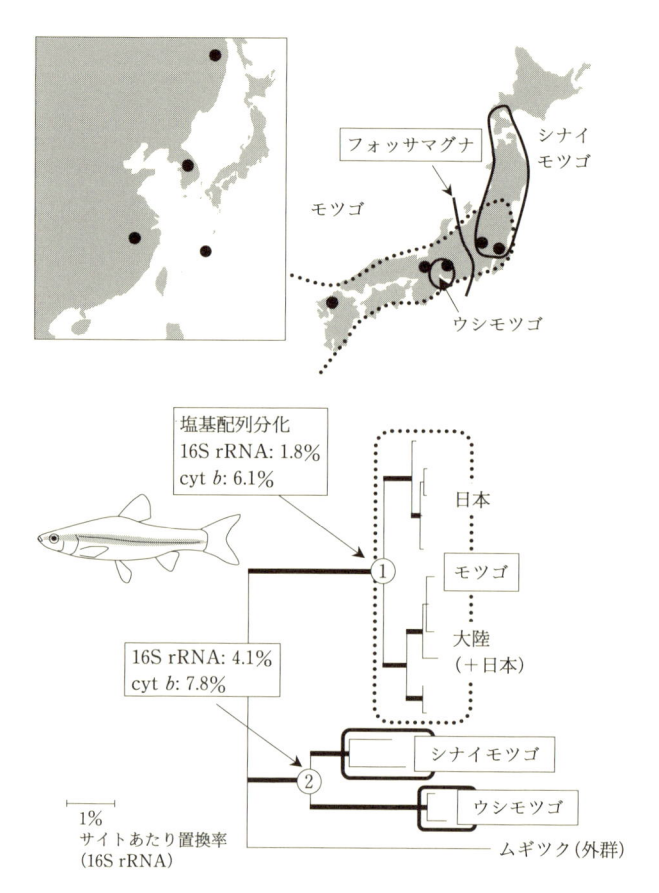

図6 広域分布種モツゴと近縁種の地理分布と種間・種内の分子系統樹（Watanabe et al., 2000を改変）。分子系統樹はmtDNAの16SリボゾームRNA遺伝子領域（16S rRNA）の塩基配列データに基づく。シトクロム b 遺伝子領域（cyt b）のデータはWatanabe and Mori（2008）と未発表データによる。モツゴには①で分岐する2つのクレードが存在し，一方は日本，他方は大陸の標本から得られている。一部日本から大陸型の遺伝子型（塩基配列）が得られているが，地理的にまとまりがなく，人為移植の結果である可能性が高い。現在亜種関係にあるとされているシナイモツゴとウシモツゴはやはり単系統であるが，深い分岐（②）をともなう。

のみで起ったのか，あるいは中国中部(黄河や長江水系)とも直接的な交流をもったのかどうかも明らかでない。今後の広域分布種の詳しい研究が待たれるところである。

　北海道とサハリン，シベリア東部，沿海州との関係はどうだろうか。北海道は，西南部を除き，3種の北方系純淡水魚(ヤチウグイ *Phoxinus percnurus sachalinensis*，フクドジョウ *Noemacheilus barbatulus toni*，エゾホトケドジョウ *Lefua nikkonis*)が分布することで特徴づけられる(図5)。このなかでヤチウグイについては，サハリン・シベリア・沿海州の別亜種ダルマハヤ *Phoxinus percnurus percnurus* とアロザイム分析による比較が行われている(酒井ほか，2006)。その結果，北海道の集団とサハリン・シベリア・沿海州の集団はそれぞれが地理的なグループとしてまとまり(相互単系統)，この2つの地域集団は，Neiの遺伝距離Dで約0.2離れ，比較的大きく分化していることがわかった。一般的な「1 D＝500万年」(Nei, 1975)という換算を適用すると，約100万年前の分岐となる。この北方地域は後期更新世の最終氷期(数万〜1万年前)に陸続きになり，沿岸表層水の塩分濃度も著しく下がったと考えられている。しかし，この時期，ヤチウグイ類の集団構造からは，この地域で純淡水魚類の交流はなかったことが示唆される。一方，ウグイ類(ウグイ *Tribolodon hakonensis*，エゾウグイ *T. sachalinensis*，マルタウグイ *T. brandtii*)ではこの地域で分化は認められない(Sakai et al., 2002)。このことは，コイ科魚類としては稀なウグイ類の遡河回遊性(p.137参照)が関係していると考えられる。

東西日本の魚類相の分断

　すでに述べてきたとおり，本州以南でもっとも大きく魚類相が変化するのは本州中部のフォッサマグナ地域の東西である(図5)。この2地域で地理的代置関係にある姉妹種ペアとして，シナイモツゴとウシモツゴ(Watanabe et al., 2000)，ゼニタナゴ *Acheilognathus typus* とイタセンパラ *A. longipinnis*(Okazaki et al., 2001)，そしてギバチ *Pseudobagrus tokiensis* とギギ *P. nudiceps*(渡辺ほか，未発表)を挙げることができる。これらのうち，コイ科の前2ペアではともにmtDNAのリボゾームRNA遺伝子領域(16S rRNAか12S rRNA)で4%あまりの配列差異が認められている。これらの分断が500万〜600万年前のフォッ

サマグナの離水とその後の隆起に起因すると考えると，100万年あたり0.7〜0.9%という配列分化速度が得られ，この遺伝子領域が保守的であるという一般的な知見と整合的である(魚類において，ほかの領域では100万年あたり1〜3%という報告が多い；付表1)。シトクロム b 遺伝子領域では，シナイモツゴとウシモツゴのあいだで7.8%の配列差異があり(Watanabe and Mori, 2008；図6)，同様に計算すると100万年あたり1.3〜1.6%となる。これはヨーロッパのコイ科で得られた100万年あたり1.5%の配列分化速度(Zardoya and Doadrio, 1999)と一致し，おおむね妥当な対応ではないかと思われる。西村(1974)などが想定したように更新世中期におけるフォッサマグナを越えた東進を仮定すると，mtDNAのリボゾームRNAとシトクロム b 遺伝子領域でそれぞれ100万年あたり4%および8%以上という，きわめて速い進化速度が必要となる。したがって，分子時計との整合性からみて，西村の推定年代を受けいれるのは難しい。

　フォッサマグナをまたいで広域に分布する種の種内集団構造はどうだろうか。ホトケドジョウ Lefua echigonia では mtDNA の調節領域(Sakai et al., 2003; Mihara et al., 2005)やシトクロム b 遺伝子領域(Saka et al., 2003)で詳しい集団構造が調べられ，大きく分化した4〜5の地域集団群が認められている。その境界の1つがフォッサマグナ域にあり，調節領域で4%あまり，シトクロム b 遺伝子領域で10%以上の分化をともなう。シマドジョウ Cobitis biwae では，フォッサマグナの東西集団はおそらく関東・東北地域と四国太平洋側に離れて分布する地域集団群に対応し，シトクロム b 遺伝子領域で約10%分化している(Kitagawa et al., 2003)。このような大きな分化については，分岐年代を推定する場合に進化距離の適当な補正が必要である。しかし，これらの大きな分化は上記のフォッサマグナの形成時期に対応する古い種内分化の歴史を反映している可能性が高い。

　一方，メダカではフォッサマグナに一致する地理的集団構造はみられない(Takehana et al., 2003)。かわりに，本州北部の日本海側とそれ以外の広範囲，そして関東地方の狭い地域に分布する3つの mtDNA 系列が存在し，互いに約11%(シトクロム b)の配列差異を示す。また河川中・上流域に生息するアカザにおいても，フォッサマグナに分断されない集団構造をもつことが最

近明らかにされている(渡辺ほか,未発表)。これらの例は,比較的生態特性が類似する純淡水魚でも,必ずしも単純な共通要因にその分布形成が規定されないことを示唆する。今後,より多くの種の系統地理パターンが明らかにされることで,私たちが現在イメージする淡水魚類相の歴史的構造は,より複雑・多層的なものに書き換えられる可能性がある。

通し回遊魚における分布域形成パターン

通し回遊魚とは川と海を行き来する魚類であり,産卵場所と回遊パターンによって分類される遡河回遊魚,降河回遊魚,両側回遊魚の3つを含む(塚本,1994)。遡河回遊魚は,サケのように産卵を淡水域で行い,海に降りて成長するものである。降河回遊魚の代表種はウナギであり,淡水域で育った後,海に降りて産卵を行う。両側回遊魚は河川性のハゼやカジカの仲間に多く,淡水域で産卵後,仔稚魚期など一時期を海域で過ごした後,また淡水域でおもな生活史を送る(あるいは淡水域と海域の役割が逆転した)グループである。

北方系の淡水魚のなかには,遡河回遊性の生活史を基本としながら,いくつかの同胞種や個体群(集団)が純淡水魚として生活を送るものがある。代表として,カワヤツメ類(*Lethenteron*),イワナ類(*Salvelinus*)やサクラマス類(*Oncorhynchus masou* 亜種群),カジカ類(*Cottus*),そしてトゲウオ類(Gasterosteidae)がある。これらの種群は,海を通じて分布域を広げることが可能なことから,「純粋な」純淡水魚類とは異なる分布域形成を示すことが予想される。ここではイワナ(アメマス)*Salvelinus leucomaenis*を例に,更新世の気候変動のもとでダイナミックに繰り広げられた分布域形成を推察してみたい。

イワナは北西太平洋岸に固有の遡河回遊魚で,分布域南部の本州中部ではおもに水温に規定されて河川上流部に陸封されている。mtDNA配列に基づく系統地理解析の結果,日本列島周辺のイワナには大きく4つのmtDNAグループが見いだされ,そのうち2つは本州中央部と南西部にそれぞれまとまって分布し,残りの2つはサハリンから本州南西部まで広く連続的に分布していた(Yamamoto et al., 2004;図7)。階層クレード解析[注5]の結果,歴史的背景がもっとも古い分子系統樹全体のレベルでは"制限された遺伝子流動,もしくは長距離分散"が示唆されたが,比較的新しい1-ステップや2-ス

テップクレード内では歴史的な"分断"が推定された(図7)。また，イワナ属の分布の世界最南限にあたる紀伊半島からは，約100万年前(前期更新世)に分化したと推定される異なるグループに属するハプロタイプが出現し，二次的な集団の接触が起こったことが推察されている。氷期の低温期には，本州においても現在の北海道や東北地方と同様，イワナは遡河回遊の生活史をもち，沿岸域を通して分布を広げることができただろう。イワナのmtDNA系統地理パターンは，更新世の気候サイクルのなかで，間氷期における集団隔離・遺伝的分化と氷期における海を通じた分散による二次的接触が繰り返し起きたことを支持している。

　イワナと同様，通し回遊魚は一般に，各種群がそれぞれダイナミックな分布域形成の歴史をもつと考えられるが，同じ環境変動に影響を受けた結果，共通のパターンを生じたと考えられる例も知られている。たとえば，日本海北部，山形県の鳥海山の周辺には，ほかの地域集団と遺伝的に区別されるような，いくつかの通し回遊魚(カワヤツメ類の1種，ハナカジカ Cottus nozawae, トミヨ属 Pungitius 淡水型，ジュズカケハゼ Gymnogobius castaneus)の純淡水集団がレリック(遺存固有種)として見られる(渡辺ほか，2006参照)。これらは豊富な湧水に保証された安定した淡水域が氷期のレフュジア(避難場所)となり，固有の群集を維持してきたことを示唆する。通し回遊魚では，分散により水系間の遺伝的分化が抑制される一方，陸封化にともない遺伝的分化が促進される(McDowall, 2001)。日本列島を分布の南限とする冷帯性淡水魚類は，氷期‐間氷期のサイクルに応じた遺伝的分化の抑制・促進の両作用を比較検証するうえで進化生物学的に大変興味深い対象である。

137頁(注5) 種内の遺伝子系統樹と遺伝子型やクレードの地理的分布パターンを解析する系統地理学的手法(Templeton, 1998など参照)。無根の遺伝子系統樹(ネットワーク)を「ネスティング・ルール」に従って階層的に分割し，各階層クレードのなかに含まれるサブクレードの地理的分布パターン(ランダムでない地理分布)を検出する。さらにおもに「階層クレード距離」と「クレード距離」という2つの値を用いて，「歴史的な要因(地理的分断，分布域拡大，長距離分散)」と「現在の遺伝子流動の制限(距離による隔離)」を区別しながら，分布域形成プロセスを推察することができる。mtDNAの遺伝子型(ハプロタイプ)を用いて解析が行われることが多い。

第 6 章　日本列島の形成と淡水魚類相の成立過程　139

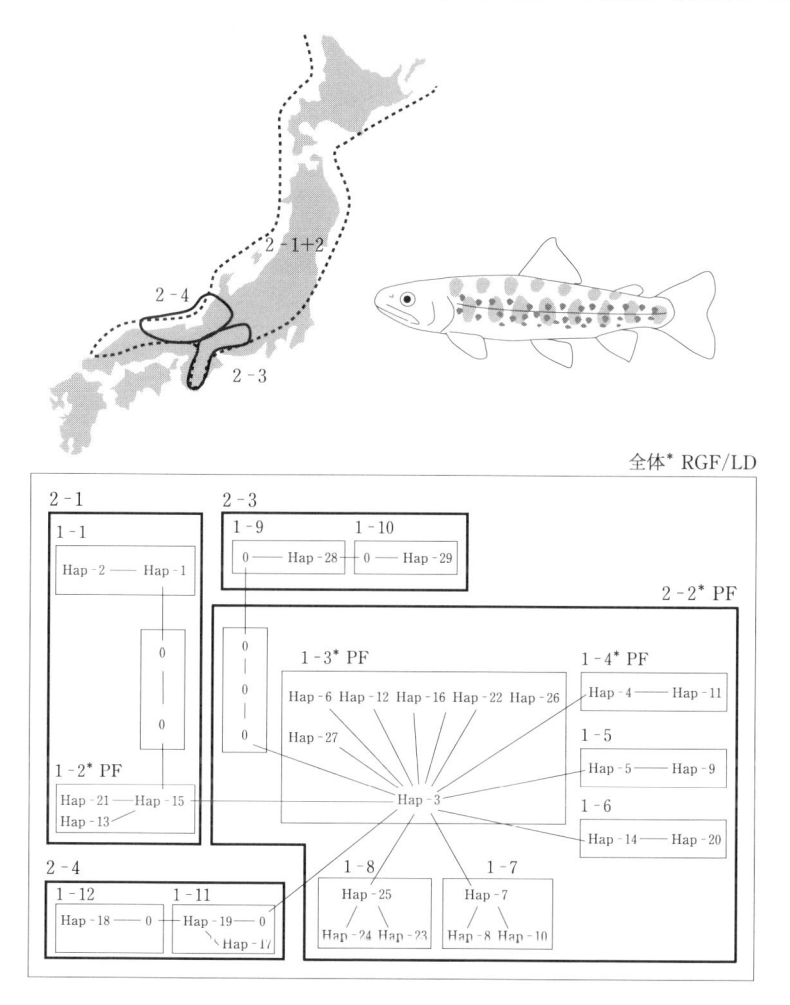

図7　イワナの mtDNA 遺伝子系統樹と主要クレードの分布，および階層クレード解析による分布域形成要因の推定（Yamamoto et al., 2004 を改変）。＊：クレード（1-2，2-2 など）内のサブクレードやハプロタイプの地理的分布が偏っているもの，PF：過去の分断による偏り，RGF/LD：遺伝子流動の制限あるいは長距離分散を含む分散による偏り。

4. 日本列島の形成，環境変動と淡水魚類相の形成 ——統合的理解に向けて

　化石および現生種の分布パターンや分子系統・集団構造は，私たちが近縁種群と認識する同属・近縁属レベルでの種の多様化が中新世から鮮新世にかけて，つまり数百万年以上の時間スケールで起こったことを示しており，まさに種の多様化は日本列島の形成にかかわりながら進行したと推察される。また，姉妹種あるいは同種内の分化でさえ，鮮新世やそれ以前に遡る大きな遺伝的分化をともなうことが一般的なようである。こういった知見は，純淡水魚がやはり移動分散性に乏しく，長期にわたる地史的・環境的変動の情報をさまざまな形で含んでいることを再認識させるものである。

　一方，淡水魚類相の自然史をよりリアルに再構築するためには，上にみてきたように，現在，データがあまりに不十分で断片的である。今後，大きく次の3つの方向での進展が強く望まれる。まず分岐年代の推定精度を上げること，地理および分類群網羅的な分子集団解析を進めること，そして近縁種群の分布域形成と地域魚類相の形成の関係を追求することである。

分岐年代推定

　精度の高い分岐年代推定は一般に難しい(Hillis et al., 1996; Magallón, 2004)。一定の分子時計を用いた方法，あるいはそれを仮定しない方法のいずれにおいても，年代推定には進化距離と時間の換算のための較正点を分子系統樹上に設けることが必要である。較正には，化石記録による上限・下限条件，あるいは明白な地理的分断に対応する地質年代が用いられる。科や目以上のレベルの大系統については化石記録が有効であり(Benton, 1993; Benton and Donoghue, 2007)，統計学的な方法論の進展(Rutschmann, 2006参照)もあって，魚類の大系統と分岐年代の解明は現在目覚ましい勢いで進んでいる(Inoue et al., 2005; Hurley et al., 2007)。しかし，新第三紀以降については，化石データは下限方向(実際の分岐時期よりも新しい時代)への偏りが相対的に大きな影響を与え，またコイ科の咽頭歯のように亜科より下の系統への位置づけが難しい場

合も多い．さらに分子系統や化石と照合できる骨学情報が完備された分類群は限られている．したがって，化石の出現パターンのより定量的な解析や，化石と現生種の比較骨学研究を進める余地は多く残されている．一方，地理的分断に着目し，想定しやすい地史イベントがかかわるモデル地域を選んだうえで，多くの魚種で分子種を統一して分子時計の推定や相互比較を積み重ねることも有益だろう．地史イベントとのマッチングの検証のためには複数の地域で研究・比較を進め，分子時計の整合性など，相互参照的に最適な推察を行う必要がある．

DNA 配列データから進化距離を計算する際には，単純な配列差異(非補正p 距離)ではなく，適切な進化モデルのもとで多重置換や置換の飽和の効果を補正しなければならない(Swofford et al., 1996)．しかし，補正を行った場合でも，分子時計(塩基置換率)と時間スケール・分子種相互のあいだに何らかの連関が存在する可能性がある．たとえば，100 万〜200 万年前よりも最近では，見かけ上，それ以前よりも分子時計が速くなることが指摘されており(Ho et al., 2005)，大きく異なる時間スケールで推定された分子時計は安易に適用できないかもしれない．参考として，付表 1 にこれまでに用いられてきた魚類近縁種における分子時計の較正の例をリストする．

網羅的な分子集団解析

メダカについては 1980 年代からアロザイムを用いた全国的な集団構造解析が行われ(Sakaizumi et al., 1983)，近年では地域網羅的な mtDNA シトクロム *b* 分析(Takehana et al., 2003, 2004)により，国内 303 地点，大陸・朝鮮半島 75 地点を含む，きわめて詳しい地理的階層構造が明らかになっている．もし東アジアに生息するすべての魚種について同様なデータがそろっていたらどうだろうか．本章で試みたような断片的な比較を大きく超えた，魚類相形成に関する高度な解析や考察が可能となるはずである．2008 年現在，mtDNA 塩基配列を用いて行われた日本産淡水魚類の研究は約 100 本の論文として公表されているが，魚種，地域ともまばらであり，網羅からはほど遠い．日本産淡水魚類の遺伝的集団構造や分布域形成の全貌を明らかにするためには，これまでのように個別の研究を進めるのにあわせ，より体系的なサ

ンプリングと解析を進め，相互に利用しやすい形で公表を進めていく必要がある。たとえば，国土交通省などの行政機関が大規模に行う全国的・地域的な魚類採集をともなう調査において，試料をより有効に利用できるよう工夫する意義は大きい。遺伝子頻度や地理分布などの集団構造データを利用しやすい形で蓄積していく必要もある。渡辺ほか（未発表）はそのような目的のための研究プラットフォームとして「日本産淡水魚類の遺伝的多様性データベース GEDIMAP」(http://gedimap.zool.kyoto-u.ac.jp/) という包括的なデータベースを構築している。このような情報の集約は，淡水魚類の保全のためにも理念的，実践的な意義をもつと考えられる。近年，「希少種」への保全意識は高まりつつあるが，依然多くの種で，本来の保全の単位である進化的実体としての地域集団の絶滅は進行している。また，淡水魚類は水産放流やそれにともなう意図しない放流，さらには保全を意図した安易な移植行為によっても，分布域や遺伝的集団構造の攪乱が進んでいる。専門家やそれ以外のさまざまな立場の人が，淡水魚類の地理的分化や遺伝的多様性に関する情報を簡単に閲覧・入手・学習する機会を有することは，淡水魚類の研究や保全を推進するうえで直接・間接的に重要な意味をもつはずである。

分布域形成と地域魚類相の形成

　分布域形成は進化生態学的・群集生態学的なプロセスである。分布域形成の過程で，適応進化，種間競争，種の絶滅，進入の失敗などが生じてきたはずである。もし分布域形成が種の生態的特性や群集プロセスとあまり関係せずに起こったのなら，ある地域に生息する種間で系統関係や地理的集団構造が基本的に一致し，分布・魚類相形成が大地の動きに対して受動的に起こったとみなせるだろう。しかし，分布域の階層的パターンにみられる不整合(Watanabe, 1998)や種間の系統地理パターンの不一致などから，そのような単純なシナリオは簡単に棄却できる。言い換えれば，現在東アジアや日本各地でみられる地域魚類相の異質性は，一定の共通要因を基盤にもちながら，群集生態学的な相互作用を含む，各種群・地域群集の固有の歴史にも大きく影響されて生じてきたと考えられる。

　生物地理はその対象とする時間スケールやアプローチから，しばしば歴史

生物地理と生態生物地理に2分される。日本列島の淡水魚類の生態生物地理解析として，近年，いわゆる種数・面積解析(平山・中越，2003；中島ほか，2006など)や各魚種のハビタットモデルの構築(佐藤ほか，2002など)などが行われている。前者では，とくに純淡水魚で河川の流路延長(河川規模)と生息種数のあいだに明瞭な正の相関があり，いくつかの魚種で小規模河川には現れにくい傾向が見いだされている。種数・面積関係は環境収容量に応じた絶滅と移住のバランスの違いとして理解することができ，上記の相関関係は純淡水魚の移住率が一般に小さく，小規模河川で絶滅率が高いために生じるのだろう。一方，汽水魚では純淡水魚に比べ中規模河川ですぐに種数が飽和し(平山・中越，2003)，これは隣接河川からの移住のしやすさに関連すると考えられる。日本におけるクセノキプリス亜科やレンギョ亜科など大河川を好むコイ科魚類や肉食性のタイワンドジョウ科の絶滅，あるいは魚食性のハスの琵琶湖への遺存固有化や伊勢湾周辺域などからのギギの絶滅(Watanabe and Uyeno, 1999)などは，同様の生態生物地理学プロセスが地史的な時間スケールでの環境・気候変動のもとで生じた結果だと考えられる。

　歴史的に大きな役割を演じたと推察され，また現在も進行しているこのような生態生物地理プロセスは，詳細な分布データに基づくハビタットモデルの解析や上述の網羅的な遺伝解析に基づく群集構成種の集団構造の比較，分子マーカーを用いた集団の人口学的歴史の解析，あるいは人為移植にともなう群集の反応に関する生態学的研究などを通じて理解を深めることが可能であろう(渡辺ほか，2006)。

　日本列島の真に複雑な淡水魚類相の形成史が解明されつくすことはないだろう。しかし，その研究過程で明らかになる地史や古気候，古生物，系統進化，種内変異・適応，分布プロセス，そしてそれらの相互作用に関する知見は，現在急速に失われつつある自然環境の成り立ちと重要性に関する私たちの世界観に大きな影響を与えるはずである。

付表1　魚類で用いられる分子時計とその較正根拠

分子種/分類群	配列分化/100万年 (塩基置換率の2倍)	基準	文献
mtDNA 全体/			
哺乳類	2%	化石	Brown et al. (1979: PNAS, 76: 1967-1971)
板鰓類(シュモクザメ属—イタチザメ属)	0.31%	化石	Martin and Palumbi (PNAS, 90: 4087-4091)
サケ科	0.5～0.9%	化石	Martin and Palumbi (PNAS, 90: 4087-4091)
シトクロム b 遺伝子領域/			
板鰓類	0.81%	化石	Cantatore et al. (1994: JME, 39: 589-597)
ヨーロッパのコイ科魚類	1.52%	コリントス海峡(2.5 Ma)，ジブラルタル海峡(5 Ma)	Zardoya and Doadrio (1999: JME, 49: 227-237)
Luciobarbus (コイ科)	1.3%	ジブラルタル海峡(5.5 Ma)	Machordom and Doadrio (2001: MPE, 18: 252-263)
イトヨ類	2.8%	おそらく化石(10 Ma)に基づく同義置換率(7.4～8.5%)から得られた分岐年代から逆換算	Ortí et al. (2004: Evol., 48: 608-622) in Rocha-Olivares et al. (1999: MPE, 11: 441-458)
イトヨ類	1.6% (1.9% in GTR)	化石(10 Ma)	Watanabe et al. (2003: Zool. Sci., 20: 265-274)
メバル属(フサカサゴ科)	0.92%	北大西洋への侵入(3 Ma)	Rocha-Olivares et al. (1999: MPE, 11: 441-458)
マアジ属	0.26～0.30%	化石(16.4～23.8 Ma; 3.7～3 Ma)	Cárdenas et al. (2005: MPE, 35: 496-507)
カワメンタイ(タラ科)	1～3%	ベーリング海(3.1～5.5 Ma)，最古の化石(5.3～3.6 Ma)	Houdt et al. (2003: MPE, 29: 599-612)

付表1 続き

分子種/分類群	配列分化/100万年 (塩基置換率の2倍)	基準	文献
ウキゴリ属	2.2〜2.4%	甲賀湖(古琵琶湖) (2.5〜2.7 Ma)	Harada et al. (2002: Ichthyol. Res., 49: 324-332)
調節領域/			
カラシン類	1.67%	マグダレナの分断 (10 Ma)	Sivasunder et al. (2001: Mol. Ecol., 10: 407-417)
トミヨ属	2.0〜5.4%	化石(3 Ma)	Takahashi and Goto (2001: MPE, 135-155)
スヌーク類	3.6%	化石，パナマ地峡	Donaldson and Wilson (1999: MPE, 13: 208-213)
アフリカのシクリッド類	1.6〜3.2% (K2P);5.6%	マラウイ湖とビクトリア湖の分断 (2〜4 Ma);板鰓類の cyt$b$ のデータから換算	Nagl et al. (2000: Proc. R. Soc. London, B, 267: 1049-1061)
12S/16S リボゾーム RNA 遺伝子領域/			
モルミルス目・ナギナタナマズ目	0.46%	化石	Alves-Gomes (1999: J. Exp. Biol., 202: 1167-1183)
ノトセニア類	0.32%	化石(40 Ma)	Near (2004: Antarctic Sci., 16: 37-44)
ノトセニア類	0.15〜0.2%	南極海(38 Ma)	Bargelloni et al. (1994: MBE, 11: 854-863)
スヌーク属	0.8〜1.2%	パナマ地峡(3 Ma)	Tringali et al. (1999: MPE, 13: 193-207)
そのほか/			
カラシン類	0.54% (ATPase6, 8)	マグダレナの分断 (10 Ma)	Sivasunder et al. (2001: Mol. Ecol., 10: 407-417)
オオクチバス属	1.16% (cyt$b$＋ND2)	化石(11.17 Ma)	Near et al. (2003: Evol., 57: 1610-1621)
海産魚数種	1.2%(COI), 1.3%(ND2, ATPase6)	パナマ地峡(3 Ma)	Bermingham et al. (1997: Molecular Systematics of Fishes)

文献の採録は任意であり，網羅的ではなく，偏りがある可能性に注意
Ma：100万年前

[引用文献]

青柳兵司. 1957. 日本列島淡水魚総説. 272＋17＋20 pp. 大修館書店.
Benton, M.J. 1993. The Fossil Record 2. 864 pp. Chapman & Hall, London.
Benton, M.J. and Donoghue, P.C.J. 2007. Paleontological evidence to date the tree of life. Mol. Biol. Evol., 24: 26-53.
Harada, S., Jeon, S.-R., Kinoshita, I., Tanaka, M. and Nishida, M. 2002. Phylogenetic relationships of four species of floating gobies (*Gymnogobius*) as inferred from partial mitochondrial cytchrome *b* gene sequences. Ichthyol. Res., 49: 324-332.
Harvey, P.H. and Pagel, M.D. 1991. The Comparative Method in Evolutionary Biology. 239 pp. Oxford University Press, Oxford.
Hillis, D.M., Mable, B.K. and Moritz, C. 1996. Applications of molecular systematics: the status of the field and a look to the future. *In* "Molecular Systematics" (2nd ed.) (eds. Hillis, D.M., Moritz, C. and Mable, B.K.), pp. 515-543. Sinauer, Massachusetts.
平山琢朗・中越信和. 2003. 広島県瀬戸内河河川における淡水魚類相の特性. 魚類学雑誌, 50：1-13.
Ho, S.Y.W., Phillips, M.J., Cooper, A. and Drummond, A.J. 2005. Time dependency of molecular rate estimates and systematic overestimation of recent divergence times. Mol. Biol. Evol., 22: 1561-1568.
Humphries, C.J. and Parenti, L.R. 1986. Cladistic Biogeography. 98 pp. Clarendon Press, Oxford.
Hurley, I.A., Mueller, R.L., Dunn, K.A., Schmidt, E.J., Friedman, M., Ho, R.K., Prince, V.E., Yang, Z., Thomas, M.G. and Coates, M.I. 2007. A new time-scale for ray-finned fish evolution. Proc. R. Soc. B, 274: 489-498.
市原実. 1966. 大阪層群と六甲変動. 地球科学, (85/86)：12-18.
Inoue, J.G., Miya, M., Venkatesh, B. and Nishida, M. 2005. The mitochondrial genome of Indonesian coelacanth *Latimeria menadoensis* (Sarcopterygii: Coelacanthiformes) and divergence time estimation between the two coelacanths. Gene, 349: 227-235.
川辺孝幸. 1994. 琵琶湖のおいたち. 琵琶湖の自然史(琵琶湖自然史研究会編), pp. 25-72. 八坂書房.
Kawamura, K., Nagata, Y., Ohtaka, H., Kanoh, Y. and Kitamura, J. 2001. Genetic diversity in the Japanese rosy bitterling, *Rhodeus ocellatus kurumeus* (Cyprinidae). Ichthyol. Res., 48: 369-378.
Kitagawa, T., Watanabe, M., Kitagawa, E., Yoshioka, M., Kashiwagi, M. and Okazaki, T. 2003. Phylogeography and the maternal origin of the tetraploid form of the Japanese spined loach, *Cobitis biwae*, revealed by mitochondrial DNA analysis. Ichthyol. Res., 50: 318-325.
北村晃寿・木元克典. 2004. 3.9 Ma から 1.0 Ma の日本海の南方海峡の変遷史. 第四紀研究, 43：417-434.
Kobayakawa, M. 1989. Systematic revision of the catfsh genus *Silurus*, with description of a new species from Thailand and Burma. Japan. J. Ichthyol., 36, 155-186.
小早川みどり. 1994. ナマズ類. 琵琶湖の自然史(琵琶湖自然史研究会編), pp. 221-234. 八坂書房.
Kobayakawa, M. and Okuyama, S. 1994. Catfish fossils from the sediments of ancient

Lake Biwa. Arch. Hydrobiol. Beih. Ergebn. Limnol., 44: 425-431.
小寺春人. 1985. ゲンゴロウブナの種の出現に関する古生物学的資料―現生ならびに化石咽頭歯の組織学的比較. 地球科学, 39：272-281.
小西省吾・吉川周作. 1999. トウヨウゾウ・ナウマンゾウの日本列島への移入時期と陸橋形成. 地球科学, 53：125-134.
Kumer, S. and Hedges, S.B. 1998. A molecular timescale for vertebrate evolution. Nature, 392: 917-920.
Lindberg, G.U. 1972. Large-scale Fluctuations of Sea Level in the Quaternary Period: Hypothesis Based on Biogeographical Evidence. 548 pp. Nauka, Leningrad (In Russian).(新堀友行・金光不二夫訳. 1981. 現世淡水魚類相の起源―第四期の大規模海面変動仮説. ix＋366 pp. 東海大学出版会)
Magallón, S.A. 2004. Dating lineages: molecular and paleontological approaches to the temporal framework of clades. Int. J. Plant Sci., 165: 7-21.
McDowall, R.M. 2001. Diadromy, diversity and divergence: implications for speciation process in fishes. Fish and Fisheries, 2: 278-285.
Mihara, M., Sakai, T., Nakao, K., Martins, L.O., Hosoya, K. and Miyazaki, J. 2005. Phylogeography of loaches of the genus *Lefua* (Balitoridae, Cypriniformes) inferred from mitochondrial DNA sequences. Zool. Sci., 22: 157-168.
水野信彦. 1987. 日本の淡水魚類相の起源. 日本の淡水魚類―その分布, 変異, 種分化をめぐって(水野信彦・後藤晃編), pp. 231-244. 東海大学出版会.
Mori, T. 1936. Studies on the Geographical Distribution of Freshwater Fishes in Eastern Asia. 88 pp. Keijo Imperial University, Chosen.
中島淳・鬼倉徳雄・松井誠一・及川信. 2006. 福岡県における純淡水魚類の地理的分布パターン. 魚類学雑誌, 53：117-131.
Nakajima, T. 1986. Pliocene cyprinid pharyngeal teeth from Japan and East Asia Neogene cyprinid zoogeography. *In* "Indo-Pacific Fish Biology: Proceedings of the Second International Conference on Indo-Pacific Fishes" (eds. Arai, R., Taniuchi, T. and Matsuura, K.), pp. 502-513. The Ichthyological Society of Japan, Tokyo.
中島経夫. 1987. 琵琶湖における魚類相の成立と種分化. 日本の淡水魚類―その分布, 変異, 種分化をめぐって(水野信彦・後藤晃編), pp. 216-229. 東海大学出版会.
中島経夫. 1998. コイ科魚類相の変遷. URBAN KUBOTA, (37)：32-45.
中島経夫. 2002. 琵琶湖の魚類相の成立―琵琶湖への環境史的アプローチ. 地球環境, 7：47-58.
中島経夫・北林栄一. 2001. 大分県安心院町の鮮新統津房川層から算出したコイ科魚類咽頭歯化石. 琵琶湖博物館研究調査報告書, (10)：57-65.
中島経夫・内山純蔵・伊庭功. 1996. 縄文時代遺跡(滋賀県粟津湖底遺跡第3貝塚)から出土したコイ科のクセノキプリス亜科魚類咽頭歯遺体. 地球科学, 50：419-421.
Nakajima, T., Tainaka, Y., Uchiyama, J. and Kido, Y. 1998. Pharyngeal tooth remains of the genus *Cyprinus*, including an extinct species, from the Akaoi Bay Ruins. Copeia, 1998: 1050-1053.
中島経夫・松岡敬二・北林栄一. 2001. 大分県大山町の鮮新―更新統小五馬層産のコイ科魚類咽頭歯化石. 地球科学, 55：3-10.
Nei, M. 1975. Molecular Population Genetics and Evolution. 288 pp. North-Holland, Amsterdam.
西村三郎. 1974. 日本海の成立―生物地理学からのアプローチ. 227 pp. 築地書館.

大江文雄・小池伯一. 1998. 長野県南安曇郡豊科町にみられる中新統別所累層の魚類群集. 信州新町化石博物館研究報告, (1)：33-39.
Okada, Y. 1959. Studies on the freshwater fishes of Japan, I. General Part. J. Fac. Fish. Pref. Univ. Mie, 4: 1-265, Pl. I-XII.
Okazaki, M., Naruse, K., Shima, A. and Arai, R. 2001. Phylogenetic relationships of bitterlings based on mitochondrial 12S ribosomal DNA sequences. J. Fish Biol., 58: 89-106.
Okazaki, T., Jeon, S.-R. and Kitagawa, T. 2002. Genetic differentiation of piscivorous chub (genus *Opsariichthys*) in Japan, Korea and Russia. Zool. Sci., 19: 601-610.
Rosen, B.R. 1988. From fossils to earth history: applied historical biogeography. In "Analytical Biogeography: An Integrated Approach to the Study of Animal and Plant Distributions" (eds. Myers, A.A. and Giller, P.S.), pp. 437-481. Chapman & Hall, London.
Rutschmann, F. 2006. Molecular dating of phylogenetic trees: a brief review of current methods that estimate divergence times. Diversity Distrib., 12: 35-48.
Saka, R., Takehana, Y., Suguro, N. and Sakaizumi, M. 2003. Genetic population structure of *Lefua echigonia* inferred from allozymic and mitochondrial cytochrome *b* variations. Ichthyol. Res., 50: 140-148.
Sakai, H., Goto, A. and Jeon, S.R. 2002. Speciation and dispersal of *Tribolodon* species (Pisces, Cyprinidae) around the Sea of Japan. Zool. Sci., 19: 1291-1303.
酒井治己・倉田麻衣子・高橋洋・山崎裕治・後藤晃. 2006. 北部極東地域におけるコイ科ヤチウグイ *Rhynchocypris perrenurus sachalinensis* とダルマハヤ *R. p. mantchuricus* の遺伝的多様性と分化. 水産大学校研究報告, 54：143-152.
Sakai, T., Mihara, M., Shitara, H., Yonekawa, H., Hosoya, K. and Miyazaki, J. 2003. Phylogenetic relationships and intraspecific variations of loaches of the genus *Lefua* (Balitoridae, Cypriniformes). Zool. Sci., 20: 501-514.
Sakaizumi, M., Moriwaki, K. and Egami, N. 1983. Allozymic variation and regional differentiation in wild populations of the fish *Oryzias latipes*. Copeia, 1983: 311-318.
佐藤陽一・岡部健士・竹林洋史. 2002. 徳島県勝浦川に生息する魚類の出現／非出現の予測モデル. 魚類学雑誌, 49：41-52.
白井滋・薮本美孝・金益秀・張春光. 2003. Cytochrome *b* 遺伝子から見たオヤニラミおよびその近縁種の系統(予察). 北九州市立自然史・歴史博物館研究報告, A類 自然史, (1)：45-49.
Swofford, D.L., Olsem, G.J., Waddell, P.J. and Hillis, D.M. 1996. Phylogenetic inference. In "Molecular Systematics" (2nd ed.)(eds. Hillis, D.M., Moritz, C. and Mable, B. K.), pp. 407-514. Sinauer, Massachusetts.
平朝彦. 1990. 日本列島の誕生. 226 pp. 岩波書店.
Takahashi, S. 1989. A review of the origins of endemic species in Lake Biwa with special reference to the goby fish, *Chaenogobius isaza*. J. Paleolimnol., 1: 279-292.
Takehana, Y., Nagai, N., Matsuda, M., Tsuchiya, K. and Sakaizumi, M. 2003. Geographic variation and diversity of the cytochrome *b* gene in Japanese wild populations of medaka, *Oryzias latipes*. Zool. Sci., 20: 1279-1291.
Takehana, Y., Uchiyama, S., Matsuda, M., Jeon, S.-R. and Sakaizumi, M. 2004. Geographic variation and diversity of the cytochrome *b* gene in wild populations of medaka (*Oryzias latipes*) from Korea and China. Zool. Sci., 21: 483-491.

谷本正浩・奥山茂美. 2003. 三重県阿山郡大山田村の下部鮮統古琵琶湖層群上野累層で見つかったタイワンドジョウ科魚類化石. 地学研究, 51：195-199.

Taranetz, A. 1936. Freshwater fishes of the basin of the north-western part of the Japan Sea. Tran. Inst. Zool. Acad. Sci. URSS, 4: 483-540.

Templeton, A.R. 1998. Nested clade analyses of phylogeographic data: testing hypotheses about gene flow and population history. Mol. Ecol., 7: 381-397.

友田淑郎. 1978. 琵琶湖とナマズ. 326 pp. 汐文社.

友田淑郎. 1982. 主として西日本の淡水生物地理―地史的考察から. 哺乳類科学, (43・44)：67-86.

友田淑郎・小寺春人・中島経夫・安野敏勝. 1977. 日本の新生代淡水魚類相. 地質学論集, (14)：221-243.

塚本勝巳. 1994. 通し回遊魚の起源と回遊メカニズム. 川と海を回遊する淡水魚―生活史と進化(後藤晃・塚本勝巳・前川光司編), pp. 2-17. 東海大学出版会.

上野輝彌・藪本美孝・北林栄一・青木建諭・冨田幸光. 2000. 玖珠盆地(大分県)中期更新世湖成層の古魚類学的研究. 国立科博専報, 32：55-75.

Watanabe, K. 1998. Parsimony analysis of the distribution pattern of Japanese primary freshwater fishes, and its application to the distribution of the bagrid catfishes. Ichthyol. Res., 45: 259-270.

渡辺勝敏. 1999. 歴史生物地理における系統と化石の重要性―日本産ギギ科魚類の分布パターンの成立過程. 魚の自然史―水中の進化学(松浦啓一・宮正樹編), pp. 45-61. 北海道大学図書刊行会.

Watanabe, K. and Mori, S. 2008. Comparison of genetic population structure between two cyprinids, *Hemigrammocypris rasborella* and *Pseudorasbora pumila* subsp., in the Ise Bay basin, central Honshu, Japan. Ichthyol. Res., 55: 309-320.

Watanabe, K. and Uyeno, T. 1999. Fossil bagrid catfishes from Japan and their zoogeography, with description of a new species, *Pseudobagrus ikiensis*. Ichthyol. Res., 46: 397-412.

Watanabe, K., Uyeno, T. and Mori, S. 1998. Fossil record of a silurid catfish from the Middle Miocene Sanuki Group of Ohkawa, Kagawa Prefecture, Japan. Ichthyol. Res., 45: 341-345.

Watanabe, K., Iguchi, K., Hosoya, K. and Nishida, M. 2000. Phylogenetic relationships of the Japanese minnows, *Pseudorasbora* (Cyprinidae), as inferred from mitochondrial 16S rRNA gene sequences. Ichthyol. Res., 47: 43-50.

渡辺勝敏・高橋洋・北村晃寿・横山良太・北川忠生・武島弘彦・佐藤俊平・山本祥一郎・竹花佑介・向井貴彦・大原健一・井口恵一朗. 2006. 日本産淡水魚類の分布域形成史―系統地理的アプローチとその展望(総説). 魚類学雑誌, 53：1-38.

Wiley, E.O. 1981. Phylogenetics: The Theory and Practice of Phylogenetic Systematics. 456 pp. Wiley & Sons.(宮正樹・西田周平・沖山宗雄訳. 1991. 系統分類学―分岐分類の理論と実際. 528 pp. 文一総合出版)

Yamamoto, S., Morita, K., Kitano, S., Watanabe, K., Koizumi, I., Maekawa, K. and Takamura, K. 2004. Phylogeography of white-spotted charr (*Salvelinus leucomaenis*) inferred from mitochondrial DNA sequences. Zool. Sci., 21: 229-240.

安野敏勝. 2003. 近畿北西部および九州北西部の下部中新統から産出したコイ科魚類の咽頭歯化石とその意義(I). 福井市自然史博物館研究報告, (50)：1-8.

安野敏勝. 2005. 香住町の第三系(八鹿層)産魚類化石香住町足跡化石調査報告書(香住町教

育委員会社会教育課編), pp. 90-105. 香住町, 兵庫.
米倉伸之・貝塚爽平・野上道男・鎮西清高. 2001. 日本の地形 1 総説. 351 pp. 東京大学出版会.
Yuma, M., Hosoya, K. and Nagata, Y. 1998. Distribution of the freshwater fishes of Japan: an historical overview. Environ. Biol. Fish., 52: 97-124.
Zardoya, R. and Doadrio, I. 1999. Molecular evidence on the evolutionary and biogeographical patterns of European cyprinids. J. Mol. Evol., 49: 227-237.

氷期・間氷期の陸域環境の変動
陸域の短周期変動

第7章

平川一臣

　1957年，ロンドン中心部でビル建設の基礎工事が行われた際に，ゾウ，カバ，洞穴ライオン，さらに絶滅したサイの化石がでてきた。これらの大型動物の化石は亜熱帯の生息環境を示すようにみえるかもしれないが，当時の気候は，同じ地層に含まれる植物の化石によれば夏の平均気温で現在のロンドンよりせいぜい2〜3℃高かったにすぎない。その時代は，およそ12万年前の間氷期(1つ前の間氷期：最終間氷期 Last Interglacial，酸素同位体ステージ5.5(5e)にあたる)であった。それではなぜこのような動物たちは現在のロンドン周辺には生息しないのだろうか。それは，いうまでもなく人類による狩猟と農耕，すなわち原自然の喪失のためであり，今われわれが生きている間氷期(最近の約1万年間：完新世 Holocene)が最終間氷期よりも冷涼であるということではない。もし人類が地球上にいなかったら，ロンドンでは現在でもゾウやサイが歩き，水辺にはカバがいるに違いない。

　氷期と間氷期は繰り返し生じ，それに対応して世界のすべての海洋の水面が昇降したことが地形や堆積物，動植物化石から知られるようになった。海水面は，最終氷期極相期 Last Glacial Maximum (LGM)である約1.8万年前には現在より100m以上も低下していた。それ以降の海水面の上昇とともに，たとえば陸続きだったイギリス諸島とヨーロッパ大陸はドーバー海峡によって，シベリアとアラスカはベーリング海峡で分断されるなど，広大な陸地が世界各地で海水面下に没した。

しかし，ロンドンにゾウやカバが生息し，ドーバー海峡やベーリング海峡が成立できる期間，すなわち間氷期はおよそ1万年間で，これは氷期の10％程度にすぎない。時間の長さからみれば，地球史の現在にあたる第四紀は氷期の世界のほうが普通の自然環境であったのである。このようなおよそ10万年を周期とする氷期と間氷期は，少なくとも過去80万年間については同じような様相で規則正しく繰り返された。したがって，もっともデータが得やすく豊富な現間氷期(完新世)および最終氷期に基づけば，過去に遡って地球の環境と変動を考察することができるであろう。本章では，このような観点に立って陸域の変動について記述する。ここでいう短周期とは，このような氷期−間氷期の時間スケールでの時間感覚である。

　まずはじめに氷期と間氷期における地球の環境を概観し，続いて永久凍土地域，乾燥地域，熱帯地域の環境変動のあらましを述べ，環境変動への動植物の応答の例を挙げ，陸域の短周期変動の典型を記載し，最後に日本列島とその周辺の氷期と間氷期の自然環境の相違の要点を検討することにしよう。

1. 氷期の自然環境の概観

　もし時間を遡って1.8万年前の最終氷期の極相状態にあった地球を旅することができるとすれば，そこはまったく別の惑星のように感じられることだろう。とくに巨大氷床，永久凍土，砂漠および熱帯雨林の分布は，現在と比べて大きく異なる。当時の地球の自然環境は図1のように復元されている(Wilson et al., 2000)。それは，繰り返し訪れた先行する氷期にもほぼ同様であったに違いない。

　最終氷期には，北半球の広大な範囲は氷河 glacier と永久凍土 permafrost の世界であった。現在の南極大陸やグリーンランドを覆う巨大な氷床 ice sheet と同じような氷床が発達し，ニューヨークやベルリンの位置を越えて南へと広がっていた。北米やスカンジナビアの氷床は厚さ3000m前後にまで成長し(氷河の変動にかかわる記載は第8章を参照)，ストックホルムやヘルシンキは巨大な氷河の底にあった。これらの氷河を取り巻くように永久凍土地帯が広がり，ロンドンやパリあたりでは地表面下数十mまで年中0℃以下の凍結状

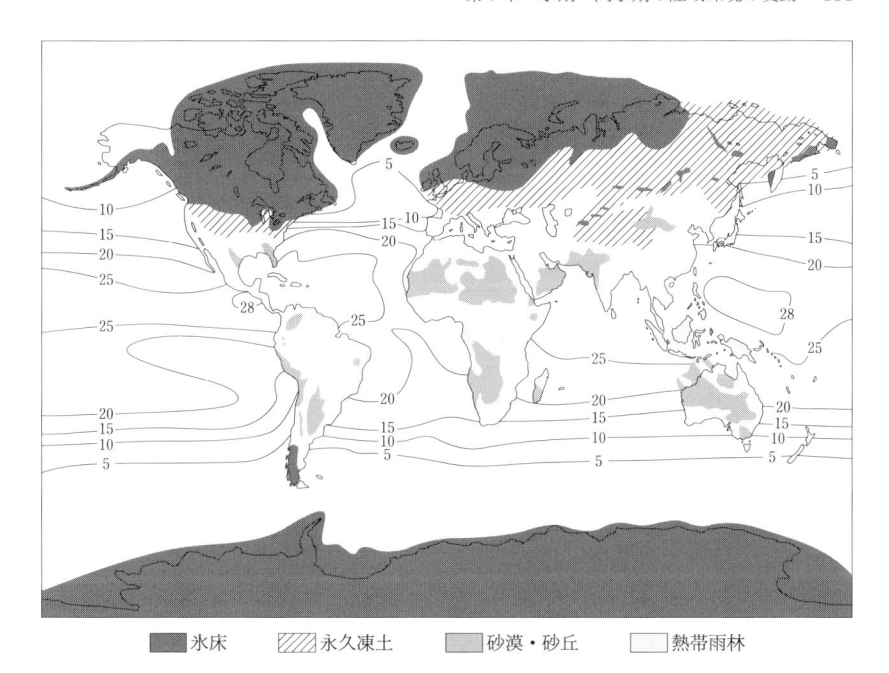

図1 氷期(1.8万年前)の地球環境(Wilson et al., 2000 のまとめを参考に作成)。氷床，海氷および棚氷，永久凍土，砂漠・砂丘，熱帯雨林の分布が示されている。ただし，氷期の熱帯雨林の分布については，見解の相違が大きい。

態であった。地表面では凍結と融解が繰り返され，植物の乏しいツンドラ地帯に特有な作用と土壌現象をもたらした。

　氷期は埃っぽい世界でもあった。氷床の縁辺では氷河から吹き下ろす強風は秒速70〜80 m にも達し，氷河が侵食して運び出していた泥や砂を大気中へ巻き上げ遠くまで運んだ。氷期には風は氷河の周辺だけでなく，全球的に強かった。間氷期に比べてはるかに範囲を広げた砂漠からも膨大な量の砂塵が巻き上げられ，風下側の地域に降り注いだ。中国黄土高原を形成する厚い黄土は過去350万年間にわたって堆積した氷河時代の産物である。このような起源の細粒の土はレス loess(黄土ともいう)と呼ばれている。また，氷期が極相状態になった1.8万年前の世界で，きわめて特徴的な点の1つは，熱帯雨林の地域が乾燥・縮小し，南米，アフリカ，アジアにおいてパッチ状になってしまったらしいことである(図1)。

このような氷期の地球の環境を要約すれば，南北の巨大氷床の発達は，そのあいだの気候帯を圧縮したわけではなく，氷期の地球は寒冷かつ乾燥，間氷期はより温暖かつ湿潤で，氷期と間氷期とで，地球はまったく異なる惑星になったということである。

2. 氷河の周辺地域

永久凍土環境の拡大

凍結と融解の作用が地形，土壌や植物など陸上の自然環境に大きく影響するところは周氷河地域 periglacial region と呼ばれている。現在は地球の陸地の25%程度であるが，氷期には40〜50%にまで広がった(French, 1996)。周氷河地域では永久凍土の発達の程度と年平均気温の関係は対応が良く，永久凍土が連続的に分布する地域の南限は年平均気温−6°Cくらい，永久凍土分布の南限は−2°Cくらいである。現在，永久凍土が発達するのは，ヨーロッパではスカンジナビア山脈やアルプスなど山岳高山地域にすぎない。しかし，氷期の永久凍土の南限は南フランスからアルプス北麓，ドナウ川ぞいに延びていた。すなわち，アルプスより北は，氷床の縁までのあいだは森林のないツンドラ地帯であった。土壌の凍結・融解にかかわる現象は，さらに南の地中海のコルシカ島の低地においても生じた。

氷期には，北米大陸でも，五大湖を越えてさらに南へ達したローレンタイド氷床 Laurentide ice sheet の縁から南へ数百 km まで永久凍土が支配する環境が広がった。ここでは，年平均気温は現在よりも西部で10〜13°C，東部で16°Cも低かったとされる。北米大陸では，現在でも永久凍土が発達する地域が広く，アラスカでは80〜85%，カナダでは50%に達する。

日本列島では現在，永久凍土は富士山と大雪山の山頂部に限って形成されている。氷期には，永久凍土は中部以北の高山に加えて，北海道ではとくに根釧原野やサロベツ原野など東部および北部の低地にまで広がったことが明らかになっている。それは東シベリア，陸続きになったサハリンから続く永久凍土の南限付近とみることができる(図1)。

失われた植物群集・氷期のツンドラ

　アルプスより北のヨーロッパは，人間の影響がなければ，現在も森林に覆われているに違いない．しかし，氷期の極相期にはアルプス山脈より北には森林は存在せず，一面のツンドラ地帯であった．森林はアルプス山脈などの南向き斜面の条件の良い場所に避難していた．氷期が終わって気候が温暖化するとともに，そこから低地へ，北方へと再び広がっていったのはおよそ1万年前以降のことである．

　氷期の極相期には，北半球の陸地は中緯度までツンドラに変わった．現在は高緯度に成立しているツンドラは，低温・強風に痛めつけられたヤナギやカンバの仲間などの低灌木や蘚苔類を主とする草原である．このような植生景観は，雪混じりの強風下の地表面では積雪深を超える高さの植物は生育できないこと，永久凍土が深くまで根系の発達を許さないこと，生育期間が短いことを示している．しかし巨大氷床の南方の中緯度に広がった氷期のツンドラでは日照時間は長く，季節性もあったことから，たとえば北海道大雪山山頂部のような現在の中緯度高山環境に近かったと考えられる．氷期のツンドラは，そこから現在の高緯度の極地ツンドラ polar tundra や高山などの荒れ地や生育条件の悪い急崖へと分散していった植物たちの混合していた植物社会で，今日の極地ツンドラでは見られない植物群集であった．

3. 乾燥地域

サハラ砂漠の例

　砂漠の環境変動の一例として，サハラ砂漠 Sahara desert について要点を記す(図2)．現在のサハラ砂漠の北側は半砂漠で，地中海沿岸の常緑のカシの森林へと移り変わる．南縁はアカシアの樹木が点在するサヘル Sahel の草原で，さらに南方では森林サバンナ wooded savannah から熱帯雨林 tropical rainforest へと変わる．このような南北への変化のなかで現在のサハラ砂漠は北緯18～30°の範囲に広がっている．しかし，サハラ砂漠は，乾燥化した氷期には，その南縁を広げて北緯14°まで達した．一方，間氷期のもっとも湿潤な時期には，その南縁は北緯23°付近であった．このようなサハラ砂漠でみ

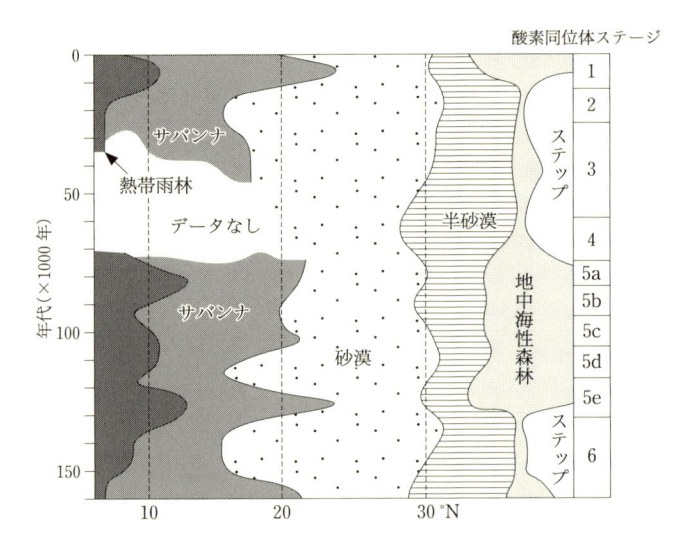

図2 サハラ砂漠とその周辺における過去15万年間の植生環境の変動(Van Andel and Tz. Edakis, 1996)

られる乾燥・湿潤,砂漠の拡大・縮小のサイクルは正確には氷期・間氷期サイクルには対応しないが,乾燥化がもっとも激しい時期は氷期の極相期にあたっている(Van Andel and Tz. Edakis, 1996)。

最終氷期にはだんだんと乾燥が進行し,2万〜1.5万年前にピークを迎えた。氷期には強風が長期間続いたため現在よりはるかに巨大な砂丘が形成された。現在の砂丘はその大きな砂丘の一部の砂が再び運ばれて小規模な砂丘として存在しているにすぎない。

氷期の終焉へ向かって1.3万年前ごろから湿潤化が始まった。完新世におけるもっとも湿潤な状態は,8500〜6800年前に生じた。この時期には,サハラ砂漠の南縁は現在よりも500 km,氷期に比べると1000 kmも北に位置した。サハラ砂漠は草原や疎林に覆われ,シカ,ライオン,キリン,ゾウなどが,淡水湖にはカバやワニが現在の東アフリカの保護地域と同じくらいの密度で生息していた。人類が狩猟・漁労によって生活していたことが岩壁に描かれている。現在はサハラ砂漠南縁付近に位置するチャド湖は近年著しく縮小している。しかし,もっとも拡大した時期には湖面は現在の30倍もの範囲に広がり,湖岸線は今ではサハラ砂漠の中央部に点在するティベスチ,

アハガルなど山岳地域の麓を結んでいた。当時の湖底の堆積物が示す年代は9000〜7000年前である。サハラ砂漠が湿潤であったという証拠は，拡大したチャド湖のような湖底にたまった堆積物から得られている(Petit-Marie, 1991)。要するに，現間氷期(完新世)の初期は現在よりも湿潤であったことを示し，しばしば"緑のサハラ greening the Sahara"などと呼ばれる。6000〜4000年前には砂丘が南へ拡大し，3000年前にはサハラ砂漠は現在と同じようになった。

風成塵・レス

氷期には大気中を漂う塵 dust の量が格段に増大した。それは現在より乾燥し，土壌を固定させている植生被覆が欠けているところが広かったうえに，風が年間を通じて全球的に強かったためである。また，氷期には氷河が岩盤を削剥し，細かい粘土を含む岩片を融氷水とともに大量に氷床縁辺に堆積した。そこでは現在の南極大陸のように氷床から吹き下ろす強風(カタバ風という)が卓越し，砂塵がつねに巻き上がっていた。ベルギーからドイツ，ハンガリー，チェコなどあるいはアメリカ合衆国の中西部で，今でも思わぬところに厚い細粒の地層が見られるのはこのためである。砂塵は氷河の縁辺からだけでなく，拡大した砂漠や干上がった大陸棚からも供給された。こうして風が運んで堆積した範囲は，図3に示すように，地球上の全陸地の10％に及ぶだけでなく，太平洋や大西洋の海底にも堆積した。一般にレスと呼ばれるこの堆積物は，大半は粒径0.005〜0.5 mmと細粒である。

レスの分布域のなかでも，とりわけ中国北部〜中部の黄土高原では44万km^{2}の範囲に及び，厚さは最大180 mにも達する。この厚いレスは，過去350万年間にわたって，氷期に西方の砂漠から供給されたものである。厚いレスのなかには30層以上の古土壌が挟まれている(図4)。それらは，風成塵の供給が減少し，植生被覆が広くなった湿潤な時期(間氷期)を示すとともに，氷期と間氷期が繰り返されたことを物語っている。

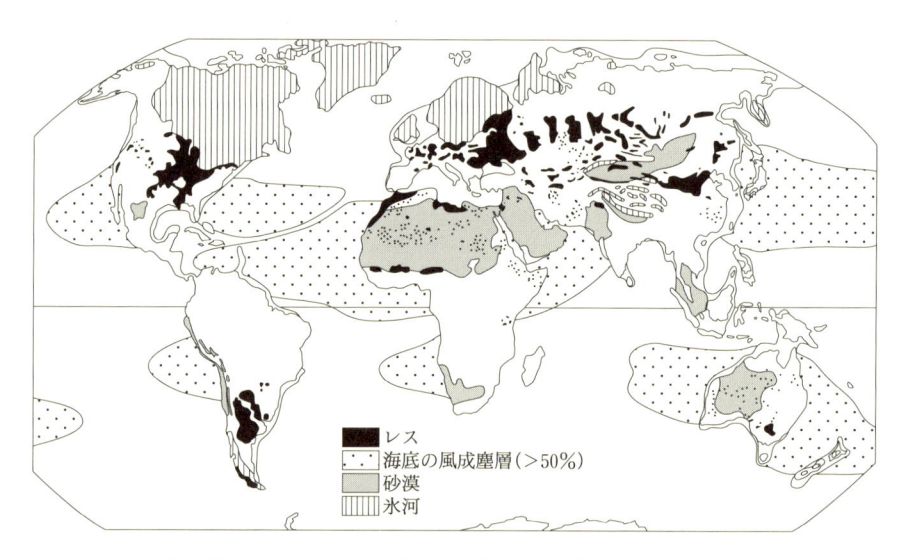

図 3 最終氷期極相期におけるレス，砂漠，氷床，海底に堆積した風成塵の分布(成瀬，2006)

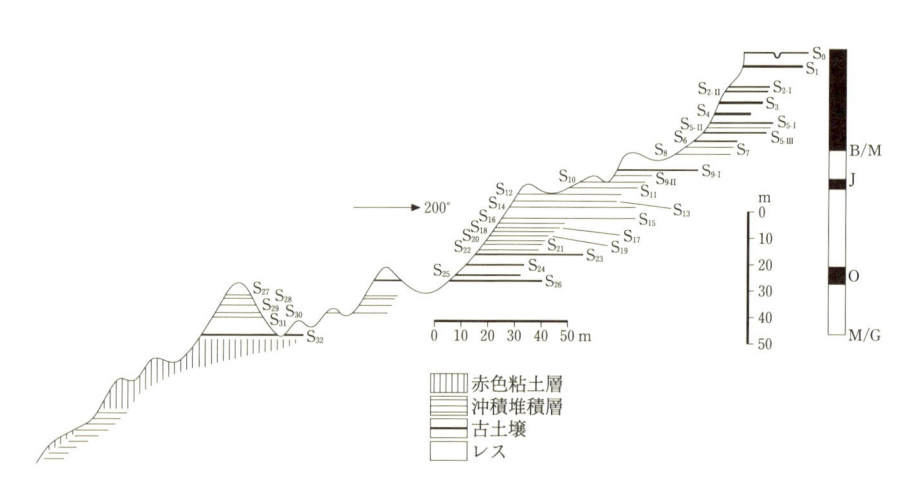

凡例:
- レス
- 海底の風成塵層(>50%)
- 砂漠
- 氷河

図 4 中国黄土高原におけるレスと 32 層の古土壌。図右の古地磁気の変化を示すブリュンヌ(ブルネ)Brunhes 正磁極期 - マツヤマ Matuyama 逆磁極期境界(B - M)は約78万年前，ハラミヨイベント Jaramillo Event は 107 万〜99 万年前，オルドバイイベント Olduvai Event は 195 万〜179 万年前，マツヤマ逆磁極期 - ガウス Gaus 正磁極期境界 (M - G)は約 260 万年前(Ding et al., 1994)。ここでは過去約 200 万年間に堆積したレスが見られる。

凡例:
- 赤色粘土層
- 沖積堆積層
- 古土壌
- レス

4. 熱帯雨林地域

　熱帯においても気候環境は繰り返し変動した。氷期には，現在と比べて年平均気温は3〜8°C低下し，年降水量は，たとえば南米アマゾンの熱帯雨林では10〜20%（200〜600 mm），アフリカの熱帯雨林では30%（400 mm）も減少したと考えられている。この乾燥化が熱帯の森林に変化をもたらした。アフリカでは熱帯雨林域が縮小し，主としてイヌマキ，ネズ，エリカなどからなる草原がモザイク状に分布するようになった。アマゾンでは，年降水量は1000 mm程度になり，熱帯雨林は分断されて河川にそう低湿なところに "避難"した。このような植生は，先に記載した "失われた氷期のツンドラ"と同様の，現在は見ることができない氷期特有の景観であったとされる（図1）。

　ところで，熱帯雨林では動植物やバクテリアなどの種の多様性がしばしば注目される。この多様性はどのようにして生じたかについていくつかの考えが展開されてきた。1つは "安定説ないしは均衡説 stasis theory" と呼ばれるもので，熱帯雨林の発達は第三紀に遡り，その後の長い地史的時間が著しい多様性を生みだしたという考え方である（Wilson et al., 2000の記載に基づく）。もう1つの説は，熱帯雨林域（"レフュジア"）が氷期の乾燥化で分断されてパッチ化し，そのような孤立した集団では新しい遺伝子変化すなわち新しい種の出現が生じやすいというものである。つまり，第四紀における氷期・間氷期の繰り返しこそが熱帯雨林に種の多様性をもたらした原因だという考え方である（Haffer, 1969）。この説は1960〜70年代に支持を得たが，近年は否定する研究者が多い。それは，氷期以前の第三紀の熱帯雨林のほうが現在より圧倒的に多様であったことが花粉化石から実証され，第四紀の氷期‐間氷期の繰り返しはむしろ種の多様性を減少させたということがわかってきたためである。この第四紀における種の多様性減少はもう1つの考え方といってよいだろう。

5. 気候変動と動植物の応答——花粉と甲虫

　本章の最初に述べたロンドンで見つかった大型動物化石は，古環境の復元にとって重要ではあるが，残念なことに稀にしか得られない。そこで，地層のなかに保存されている花粉の化石や昆虫の遺体片が，過去の植生や環境条件を検討するために広く用いられている。とくに湿原や湖沼の堆積物に豊富に含まれる花粉化石を抽出し，顕微鏡下で花粉の起源の樹木や草本類を同定して，ダイアグラムとして表し，過去の植生環境を復元・検討することが広く行われてきた。また，さまざまな動物化石も過去の環境を知る鍵である。以下は，花粉と甲虫に基づく最終氷期の終焉から現間氷期(完新世)へかけて生じた環境変化の一例である。気候変化に対する植物および動物の応答は違っており，古環境を復元する際に注意すべき問題をはっきりと示している。

植物の分布の変化と移動速度

　氷期の終焉，すなわち気候の温暖化とともに植生はどのように分布を変えていくのだろうか。図5はヨーロッパおよび北米におけるコナラ属 *Quercus* (オーク)とマツ属 *Pinus* (ヨーロッパではヨーロッパアカマツ，北米ではストローブマツ)の北方への拡大を示したものである。花粉分析によってこれらの樹種が初めて出現した調査位置と年代を地図上にプロットし，同じ年代を結んでみると，たとえばヨーロッパ中〜東部では，オークが北方へ伝播した1万500〜7000年前の速度は1年あたりおよそ0.4 kmである。完新世の初期に北方へ拡大した速度は，樹木の種類にかかわらず，ヨーロッパでも北米でもおおむね0.1〜1 km/年であった。こうした，樹木植生の伝播速度は，氷期から間氷期への気温の上昇速度に比べると著しく遅い。約1万年前ごろ，氷期から間氷期にかけて，気温は数十年間で7℃ほど上昇したこともあったとされている。気温が1℃上昇すると，樹木の分布は100〜150 kmも北方へ広がる。したがって7℃の気温上昇は，樹木の生育範囲がおよそ1000 kmも北方まで広がることを意味する。ところが，たとえばオークが拡大する速度は毎年0.4 km程度であるから，1000 kmに及ぶ範囲に生育するようにな

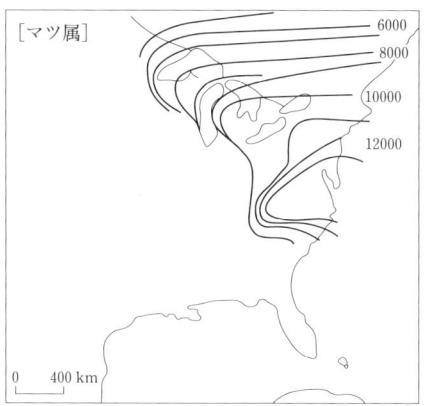

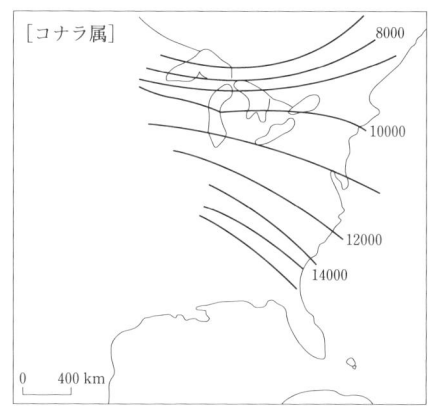

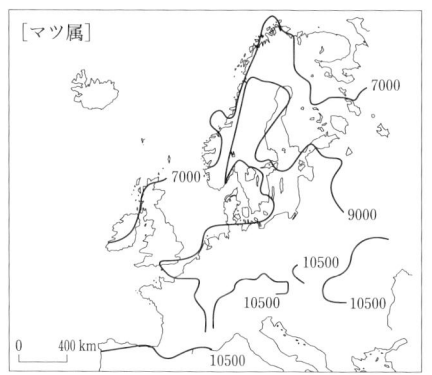

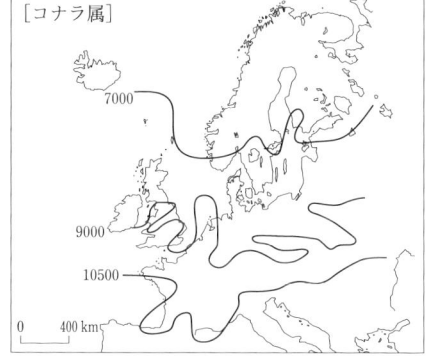

第7章　氷期・間氷期の陸域環境の変動　161

図5　北米(上)およびヨーロッパ(下)におけるマツ属(ストローブマツ，ヨーロッパアカマツ)，コナラ属(オーク)の北方への拡大(Moor et al., 1996)。等値線は，現在から遡った各年代のマツ属，コナラ属の北限を示す。

るには2500年の時間を要したとみることができる。この事実は，ゆっくりと進む植物の拡大と急激な気候変化とのあいだには，時間のズレが生じることを示す。

　急激な気候変化にただちについていけないことを含めて，過去約1万年間に生じた植物分布の変化は，それより過去のどの間氷期にも生じたであろう。ヨーロッパ北西部では，植物は氷期・間氷期の繰り返しのたびに南北移動を

余儀なくされた結果，種の多様性が失われ，過去200万年間に樹木は47種から15種にまで減少してしまった。

甲虫の遺体による環境変動の検討

ゆっくりとしか移動できない植物が応答できないような急激な気候変化・環境変動は，甲虫の化石によってはるかに的確に検討することができる。甲虫の種類はきわめて豊富で，現在300万種を数えるという。甲虫は飛んで移動し，半年以内に世代交代するものが多いので，集団としてすぐに適切な生息環境を選ぶことができる。花粉化石の場合は，その採集場所に対応する植物があったことを証明できない。花粉は長距離を飛散するからである。しかし，甲虫の場合には，ある場所に生息したか否かは明解である。

図6は，甲虫の研究を先導したイギリスの気温変動を示したもので，各地点200種以上の甲虫遺体に基づいている。氷期から間氷期(最終氷期極相期ごろから現間氷期への移行期)への急激な気温の変動が明瞭に表れている。図6によれば，氷河期が終わりに向かう途中の約1.3万年前に生じた短期間の温暖期(アレレード期 Allerød Interstadial)には，甲虫類は極域環境を示す集団から温帯環境を示す集団へとただちに変化し，気温は年平均で12〜14℃も劇的に

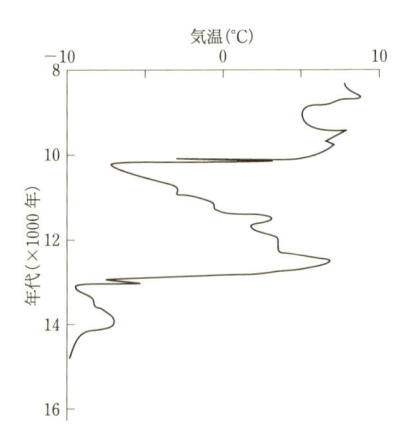

図6　甲虫の化石に基づいて復元した最終氷期から完新世初期にかけてのイングランドの気温変動(Atkinson et al., 1987)

上昇したことが示されている.しかし,花粉化石では,この時期にはネズの灌木林もカンバの森林もまだ戻っていなかった.この温暖期に続く約1.1万年前の寒冷期(新ドリアス期 Younger Dryas Stadial)には,イギリスの甲虫類はすべて極地性の集団になった.北部のスコットランドは,甲虫がほとんど生息しなかったことからツンドラ環境であったことがわかる(Atkinson et al., 1987).

6. 日本列島周辺の環境変動

最後に,日本列島周辺において地表面に作用を及ぼした,現在(完新世)と氷期(1.8万年前の極相期)の主要な環境変化について図7(貝塚,1998)に従って要点を述べる.

図7に示されている大きな変化の1つめは,海岸線の位置である.氷期には黄海,東シナ海は干上がって広大な陸地になり,台湾は大陸と陸続きであった.黄河は干上がった大陸棚の上を現在より1000 km以上も長く流れていた.対馬海峡が閉じて日本列島が大陸と陸続きになったことは,少なくとも過去約30万年間はなかった(河村,1998).しかし,氷期には対馬海峡は極端に狭まり,黒潮から分流する暖流は流入しにくくなったか流入できなかった可能性がある.それは,日本海の海水表層の温度や塩分濃度に変化をもたらし,氷期の気温低下と相俟って,日本海の海況を大きく変えた.たとえば,日本海の北部は結氷していたと考えられている.このような環境の変化によって,日本列島に降る雪は著しく減少したと推定される(Ono, 1984).

現在の日本列島には氷河は存在しない.しかし,氷期には日本アルプスや北海道の日高山脈に氷河が形成された.山頂部のカールやU字谷の地形が氷河作用の痕跡を現在もとどめている.大局的にみれば,降雪が融けることのない下限,すなわち雪線の高さは,氷期には現在よりおよそ1500 mほど低下していた.

氷期には,植物の垂直分布も氷河や雪線高度と同じぐらい低下した.植物分布は緯度方向の変化も被った.本州の高山や北海道の低地の広範囲がツンドラないしは点々と森林をともなうツンドラ(パークツンドラ parktundra)にな

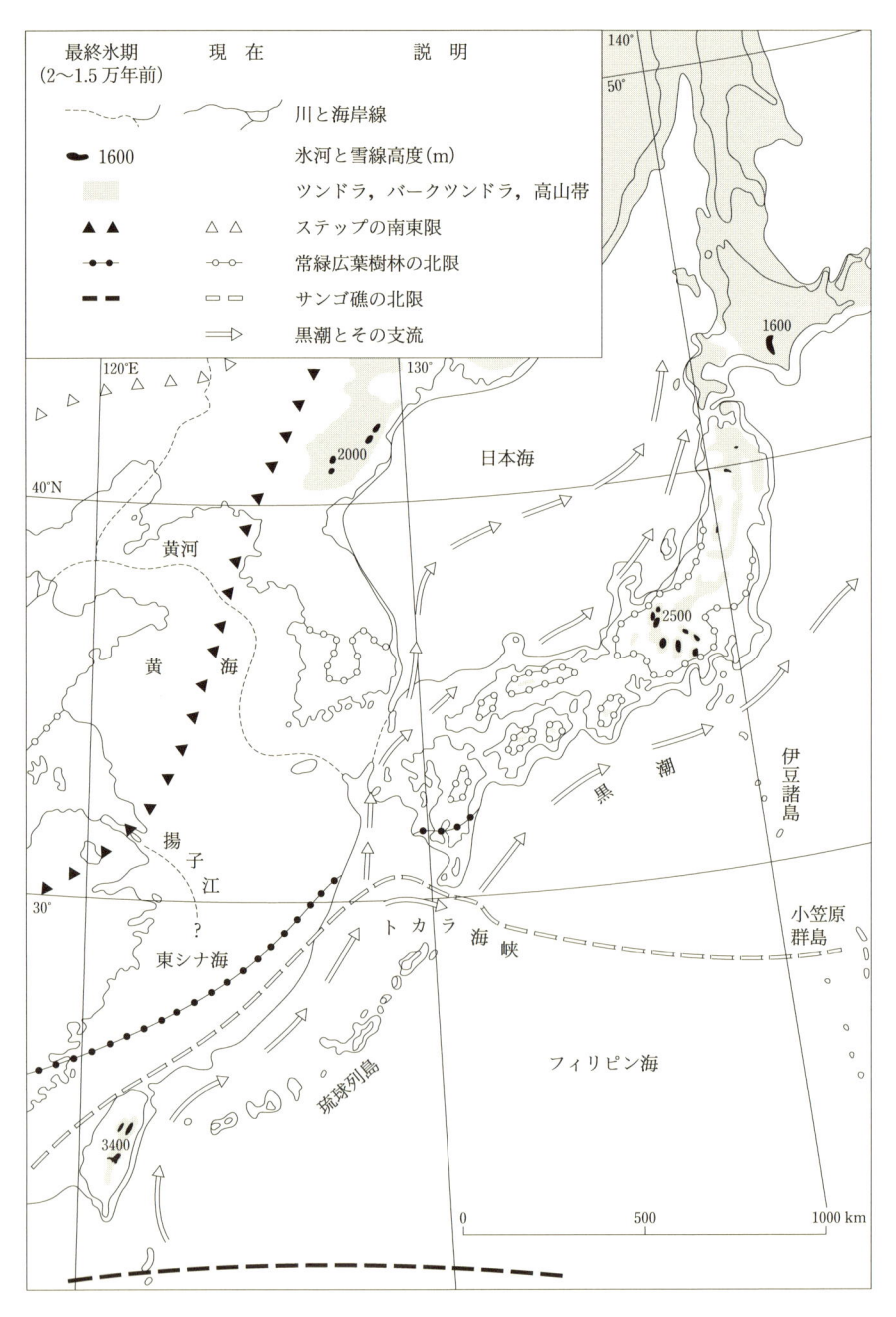

図7 日本列島と周辺地域の現在と最終氷期極相期のおもな自然環境の比較（貝塚，1998）

り，北海道の北部や東部では永久凍土が発達した．地表面環境の変動の観点からは，これは2つめの大きな変化である．ツンドラでは，氷期には凍結と融解が強力に作用し，森林に覆われる間氷期とはまったく異なる地形変化が生じ表層物質が形成された．氷期が終わるとともに森林帯は南から北へ，また低地から高山へと時間差をともないつつ移動し，間氷期の環境が出現する．要するに日本列島とその周辺において，氷期と間氷期に地形や表層物質の形成過程に著しい変化をもたらしたのは，氷期のツンドラ・森林ツンドラ帯ということができる．

3つめの大きな変化は，サンゴ礁が発達する地域である．現在のサンゴ礁の北限は，屋久島，種子島のすぐ南のトカラ海峡にある．ところが，氷期にはそれは台湾より南方の北緯20°付近まで南下した(堀，1980)．したがって，氷期には琉球列島全域は，サンゴ礁の形成されない地域になり，氷期と間氷期とで，まったく異なる海岸環境，海岸地形の場となったということである．

このように，地形や表層物質を変化させる過程からみると，日本列島では，トカラ海峡より南の琉球列島と中部〜東北地方の高山および北海道が，氷期と間氷期においてまったく異なる環境になったが，そのあいだの地域は森林に覆われたほぼ同じような環境にあった．しかし，氷期と間氷期とで地形や表層物質の形成過程があまり変化しない地域でも，植生の分布は変化した．たとえば，常緑広葉樹林の北限は，現在は東北地方南部にあるのに対し氷期には九州南端まで南下していた(図7)．このような変化にかかわって，氷期には台風の進路が日本列島を外れていたか否かは重要であろう．それはとくに河川の作用や植生に影響を与えるに違いないからである．

北海道についてみると，もっとも大きな変化は，氷期には宗谷海峡がサハリン，さらにはアジア大陸と陸続きになったことであろう．また，根室湾は干上がって国後島や色丹島は北海道東縁の広大な海岸低地からそびえ立つ山地になった．そこは永久凍土の低湿地で，渡来してきたマンモス *Mammuthus primigenius* やオオツノシカ *Megaloceros giganteus* が生息していた．このような自然環境のあらましは，泥炭層中に保存されている花粉やしばしば根室湾において漁網にひっかかるマンモスの臼歯化石からうかがい知ることができるのである．

[引用文献]

Atkinson, T.C., Briffa, K.R. and Cooper, G.R. 1987. Seasonal temperature in Britain during the past 22000 years reconstructed using beetle remains. Nature, 325: 587-592.

Ding, Z., Yu, Z., Rutter, N.W. and Liu, T. 1994. Toward an orbital time scale for Chinese loess deposits. Quaternary Science Reviews, 13: 39-70.

French, H.M. 1996. The Periglacial Environments (2nd ed.). 341 pp. Longman, Harlow.

Haffer, J. 1969. Speciation in Amazonian forest birds. Science, 165: 131-137.

堀信行. 1980. 日本のサンゴ礁. 科学, 50：111-122.

貝塚爽平. 1998. 発達史地形学. 286 pp. 東京大学出版会.

河村善也. 1998. 第四紀における日本列島への哺乳類の移動. 第四紀研究, 37：251-258.

Moore, P.D., Challoner, B. and Scott, P. 1996. Global Environmental Change. Blackwell, Oxford.

成瀬敏郎. 2006. 風成塵とレス. 197 pp. 朝倉書店.

Ono, Y. 1984. Late Glacial paleoclimate reconstructed from glacial and periglacial landforms in Japan. Geographical Review of Japan, 57 (Ser. B): 87-100.

Petit-Marie, N. 1991. Recent Quaternary climatic change and man in the Sahara. Journal of African Earth Sciences, 12: 125-132.

Van Andel, T.H. and Tz. Edakis, P.C. 1996. Palaeoclimatic landscapes of Europe and Environments, 150,000-25,000 years ago: an overview. Quaternary Science Reviews, 15: 481-500.

Wilson, R.C.L., Drury, S.A. and Chapman, J.L. 2000. The Great Ice Age: Climatic Change and Life. 267 pp. Routledge, New York.

第8章 氷河の変動
陸水の長周期変動

成瀬廉二

1. 氷河とは

　日本の北アルプスや北海道の大雪山には，真夏でもたくさんの雪が雪渓として残る。山の高いところでは，紅葉が終わったころ，融け残った古い雪の上に新雪が積もる。地球上で日本の山よりもっと寒い地域では，このようなことが毎年繰り返され，何百年，何千年も前に降った雪が順序よく積み重なる。このようにして，谷を埋め，山を覆う大きな氷と雪の塊が氷河 glacier である。

　氷河の定義，あるいは氷河と呼ばれるための必要条件は，
　①降雪からできた大きな雪氷の塊
　②陸上に存在していること
　③現在あるいは過去に流動したこと
の3つの要素である。①については第3節で，③については第4節で述べる。①の条件を満たさないため，滝や河の水が凍った氷瀑 icefall や河氷 river ice，あるいは永久凍土 permafrost などの地下氷は氷河とはいわない。②の条件を満たさないため，海に漂う氷山 iceberg や流氷 pack ice は氷河ではない。山岳地の雪渓は，流動現象がほとんど認められず③の条件を満たさないので，氷河に含めない。しかし，気候変化により多年性雪渓 perennial snowpatch が

大きくなると氷河となり，逆に氷河が縮小すると雪渓となることもあるので，雪渓は氷河の幼体であるともいえる。

山岳地では雪が積もりやすい稜線の風下斜面や，昼間でも日陰になることの多い斜面や窪地，谷の底に大きな氷河が成長する。これは狭義の氷河であり，山岳地に形成されるので山岳氷河 mountain glacier とか谷氷河 valley glacier という(図1A)。広義の氷河には，山岳氷河に加えて，南極やグリーンランドの大陸を広く覆う氷床 ice sheet，北極諸島の氷帽 ice cap をも含める。地球上で一番大きな氷河は南極の氷床である(図1B)。面積は日本の37倍，氷の厚さは平均約2000 m，もっとも深いところで4000 mに達する。南極に存在する氷の量は，すべて水になったとすると全地球の海水面を約70 m上昇させる量に相当する[注1]。氷帽とは，独立した山の頂上や，北極の島々を覆う帽子状の氷河のことで，氷冠とも呼ばれる。

2. 地球上の氷河の分布

氷河は，冬期に降り積もる雪が，夏期に融ける量よりも多いところに成長する。したがって，氷河が存在する地域は寒冷な高緯度や高山地帯ばかりではない。冬期の平均気温が0°Cに近い比較的温暖な地域であっても，アラスカの太平洋岸や南米パタゴニアのような著しい多雪地域には多くの広大な氷河が存在している。

世界の氷河の分布を世界地図の上に図示しようとすると，南極とグリーンランドを除くと小さな点にしかならずほとんど識別できない。そこで，氷河が存在する地域ごとの氷河総面積の15傑を表1に示した[注2]。南極氷床とグ

[注1] 南極氷床は底部の基盤が海水面以下の部分もあり，かつ氷床下，海洋下の地殻のアイソスタシーによる昇降を考慮にいれると，もし南極氷床のすべての氷が融けて海洋に流入したとすると，全地球の海水面の上昇量は61 mと見積もられている(IPCC, 2001)。

[注2] 地域として山脈や山塊に分けるとグループが小さくなりすぎたり，国別には分けがたいところもあり，地域分類は必ずしも系統的ではない。したがって，地域の分け方を変えると順位が変わりうる。カナダとロシアには北極圏の氷帽を含み，一方スバルバール諸島はノルウェーとは別に表示してある。この地域分類で整理すると，世界の主要な氷河地域はすべて含まれる。なお第16位以下には，ペルー＋ボリビア，ニュー

表1 地球上各地域の氷河総面積の分布(Knight, 1999;藤井ほか,1997を参考に作成)

順位	地域または国	総面積(km²)
1	南極氷床(棚氷を含む)	13,586,000
2	グリーンランド	1,726,000
3	カナダ	200,806
4	ロシア+旧ソ連	77,223
5	アメリカ合衆国	75,283
6	中国	56,481
7	パキスタン+インド	40,000
8	スバルバール諸島	36,612
9	アルゼンチン+チリ	23,328
10	アイスランド	11,260
11	ネパール+ブータン	7,500
12	亜南極諸島	7,000
13	トルコ+イラン+アフガニスタン	4,000
14	スカンジナビア	3,174
15	アルプス	2,909

表2 現存する氷河の体積(IPCC, 2001)

氷河の種類	体積(km³)	総氷量に占める割合(%)
山岳氷河	0.08×10^6	<0.5
氷帽	0.10×10^6	<0.5
グリーンランド氷床	2.85×10^6	10
南極氷床	25.71×10^6	89

リーンランド氷床が圧倒的に大きい。第3位のカナダと第4位のロシア・旧ソ連の面積には北極諸島の氷帽が多く含まれているので,スバルバール諸島を加えると,北極の氷帽は二大氷床に次ぐ氷河地域となる。そのほかはすべて山岳地域の氷河である。

地球上には現在何個の氷河があるかは,雪渓と区別をつけがたい小さい氷河が限りなく多くあるので,正確な数字は不明である。IPCC(2001)では,山岳氷河は16万個以上,氷帽70個,氷床2個としている。これらのうち,氷の厚さが測定されている氷河は一部にすぎないので推定値を多く含むが,現在の地球上の氷河の総体積の分布は表2のとおりである。

ジーランド,エクアドル+コロンビア+ベネズエラ,ピレネー(スペイン+フランス),メキシコ,タンザニア+ウガンダ+ケニア,インドネシアとなる。

170

第 8 章　氷河の変動　171

図 1　氷河三景。(A)北パタゴニア・チリのヒャーデス山 Cerro Hyades(3078m)とソレール Soler 氷河(1983 年 12 月，成瀬撮影)。山の斜面(涵養域)からアイスフォールや氷なだれにより谷氷河(消耗域)へ雪や氷が供給されている。氷河の流動方向は左奥から右手前。(B)やまと山脈周辺の南極氷床と岩峰(1973 年 12 月，成瀬撮影)。(C)北パタゴニア・チリのフィヨルドへ崩壊(カービング)するサン・ラファエル San Rafael 氷河(1983 年 11 月，GRPP-83 撮影)。口絵参照

　氷の温度が 1 年中氷点下にあり，夏でもほとんど雪や氷が融けない氷河は極地氷河 polar glacier と呼ばれ，地球上の寒冷な地域である北極，南極，および高山地域に存在する。極地氷河の対照として，氷河のいたるところがつねに氷の融点にある氷河を温暖氷河 temperate glacier と呼ぶ。温暖氷河が数多く見られる代表的な地域としては，アラスカ，カムチャツカ，アルプス，パタゴニアなどが挙げられる。このほか，ヒマラヤなどの山岳地域でも標高の比較的低い氷河や，氷河の下流部分は温暖氷河である。

3. 氷河の涵養と消耗

氷河は表面に雪が積もることによって雪氷の量を増し，雪や氷が融けることにより雪氷の量を減ずる[注3]。前者の現象を氷河の涵養 accumulation（蓄積ともいう），後者を氷河の消耗 ablation という。また，氷河の末端が湖や海（フィヨルドなど）に流出している場合は，氷河末端の崩壊により氷山や氷塊が産出される現象（カービング calving：図1C）も氷河の消耗に含まれる。これらの雪氷の1年間の収入と支出のそれぞれを算出すること，あるいはその差し引き残高のことを氷河の質量収支 mass balance（mass budget）という。

比較的温暖な地域に存在する氷河では，夏期の融解量は多いが，それを補うだけの多量の降雪量がある。このように，雪氷の収入も支出も多い温暖湿潤気候下の氷河をとくに海洋性氷河 maritime glacier と呼ぶことがある。これに比べて降雪量も融解量も少ない，寒冷乾燥気候下の氷河は大陸性氷河 continental-type glacier とも呼ばれ，内陸アジアの氷河が典型的である。

冬に積もった雪が夏の終わりになっても融け残るような場所では，毎年の雪が次々と積み重なる。そうなると，積雪内部の雪は上部の雪の重みで圧縮され，空気は吐き出され，密度を増す。この過程で，雪の結晶形は丸みを帯び，雪粒子は大きく成長するとともに隣り合う雪粒と結合し，固い雪に変化する[注4]。積雪中の空気が気泡として閉じ込められ，通気性がなくなると氷と定義される。この氷に変化する密度はおよそ 830 kg/m^3 である。なお，気泡をまったく含まない純氷の密度は 917 kg/m^3 である。雪が降り積もってから氷になるまでの時間は，融解・再凍結が起こる温暖氷河では数～数十年，雪が融けることがほとんどない極地や高山の氷河では 100～1000 年を要

[注3] 氷河表面から昇華または蒸発によっても雪氷の量は減少する。しかし普通の氷河では昇華・蒸発量は融解量に比べて1桁以上小さいので，無視したり，融解量に含めて考えることも多い。ただし，昇華・蒸発の潜熱は融解潜熱に比べて非常に大きいので，雪氷面の熱収支を議論するときは重要な要素となる。

[注4] 粘土で形づくった器を粘土鉱物の融点直下の温度に長時間おくと，鉱物結晶が結合するため粘土が固化し，焼き物が生成される（焼結 sintering）。自然界の温度は，寒冷であっても相対的には氷の融点に非常に近いので，積雪の固化はこの焼結現象である。要

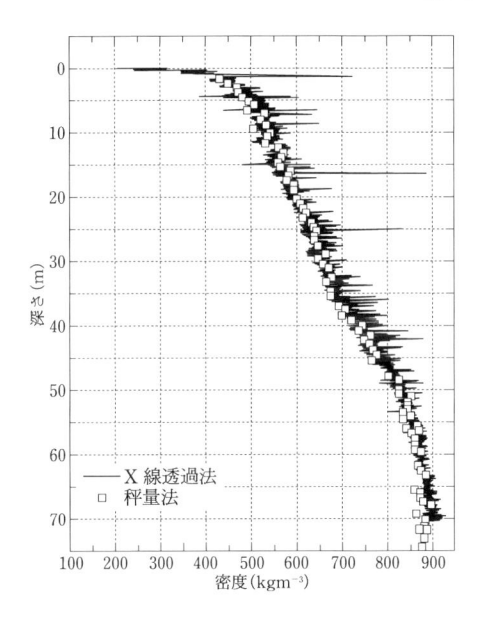

図2 カナダのローガン山キングコル Mt. Logan, King Col(4135 m)における氷河表層積雪内の密度分布(Kanamori, 2004)。□印は積雪の塊を秤量して求めた密度，細い線は雪氷コアのX線透過法による密度分布。高密度側にスパイク状に振れている部分は，厚さ約1 mm以上の氷板を示している。

する。カナダのローガン山における雪から氷になるまでの密度分布を図2に示す。およそ深さ50 mで雪から氷へ変化していることがわかる。

 一般に氷河の上流域および南極氷床の大半の地域は，質量収支は正，すなわち雪は毎年蓄積されている。このような地域を涵養域 accumulation area という。一方，氷河の下流域，あるいはグリーンランド氷床の周縁部は，質量収支は負，すなわち冬に積もった雪はすべて消失し，その下層の氷も少し融ける。このような地域を消耗域 ablation area という。そして，両者の境界線，すなわちある年の涵養量と消耗量の等しい点を結んだ線が氷河上にあり，これを平衡線 equilibrium line，その高度を平衡線高度(しばしば ELA と略す)と呼ぶ。降雪量と融解量は年によって大きく変動するものなので，ELA も年によって昇降する[注5]。しかし，10年以上の長い期間の平均をとると，ELA はその地域の気候を表すよい指標となりうる。

 氷河の涵養域では，毎年の積雪のために氷河は限りなく厚くなってしまい

そうである。しかし実際は，氷河の上流から下流へ向けて氷が流れ，消耗域で融解する氷の量を補っているのである。

4. 氷河の流動

「流れる」ということは気体や液体に特有な性質であるが，固体である氷河も以下の2つの仕組みにより流動する。1つは，氷河内部の氷の結晶が，その上に乗った氷の重みよる大きな力を受け変形を起こし，氷河全体が自らの形を変えるように流れる。

氷河の流れにそって表面傾斜 α，氷厚 h，幅が一定な氷河では，氷河表面の流動速度 u_p は，近似的に

$$u_p = K(\sin\alpha)^3 \, h^4 \tag{1}$$

として表される[注6]。ここで K は氷の温度により大きく変化する定数であり，氷温が高いと大きく，したがって流動速度は大きい。上式は，K の値が同じ場合，氷が厚い大氷河のほうが小氷河より流動速度が大きく，また同一の氷河では氷が薄くても傾斜が急峻なアイスフォールなどの場所は速度が大きいことを示している。また，氷河の側岸は摩擦が大きいので，流動速度は中央ほど大きい。

もう1つの流動は，氷河が形を変えず塊（剛体）として，岩盤の上を滑る動き（底面滑り basal sliding）である。氷河の底面の氷が岩に凍りついていると滑

173頁[注5] 大きな氷河では，ELA は氷河の中流付近に存在し，毎年その付近を上下している。しかし，小さな氷河では，少雪温暖な年は氷河全域が消耗域となり，ELA が氷河上端より上に達したり，一方，多雪寒冷な年は氷河全域が涵養域となり，ELA が氷河下端より下に位置することもある。したがって，ある氷河の ELA を記述する場合はいつ（年）の値か，どの年間の平均かを明示する必要がある。なお，ある地域にて時間的，空間的平均の平衡線は気候的雪線に相当する。しかし，雪線という言葉は，分野により，人により，状況によりさまざまな意味に用いられることが多いので，注意が必要である。

[注6] 氷河流動を起こさせる駆動力（応力 τ）は $\tau = \rho g y (\sin\alpha)$ で表される。ここで，ρ は氷密度，y は表面からの深さ，g は重力加速度である。すなわち氷河の深いところほど大きな力を受け，大きな塑性変形を起こす。氷に関する塑性変形（ひずみ）速度 $\partial u/\partial y$ が応力 τ の3乗に比例するという関係（Glen の流動則）を，氷河底部から表面まで積分すると式(1)が導かれる。

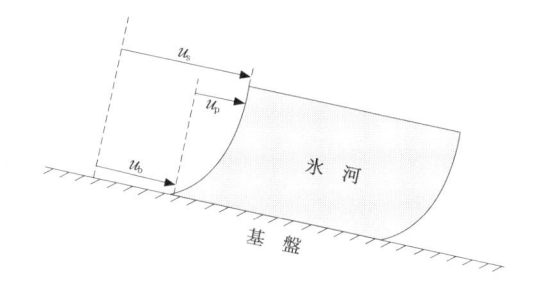

図3 氷河の変形による流動速度 u_p と底面滑り速度 u_b を示す模式図．氷河表面で観測される速度は $u_s=u_p+u_b$ である．

らないが，氷の融点に達し岩との境界面に水の膜や層が存在すると，摩擦が非常に小さく滑り速度が大きくなることが知られている．実際には氷河表面で観測される流動速度 u_s は，氷の変形と底面滑りの和である．すなわち，式(1)の右辺に底面滑りによる速度 u_b を加える（図3）[注7]．両者のうちどちらの寄与が大きいかは，氷河により，季節により異なり，一般性はない．

5．氷河変動の時間スケール

地球上の氷床，氷河，氷帽は，氷期-間氷期の数万年から10万年程度の時間スケールにおいて，大きく拡大または縮小，あるいは出現または消滅を繰り返してきた．このような氷河の消長は，気候，とくに気温と降雪量の変化を反映して起こる．降雪量が多いか気温が低いと氷河は拡大の傾向に，降雪量が少ないか気温が高いと氷河は縮小の傾向に進む．したがって，氷河が前進したら寒冷な気候とか，氷河が後退したら温暖な気候の影響と即断することは誤りである．あくまで，氷河上への涵養量と消耗量との代数和が氷河の拡大，縮小を支配する．

アルプスの氷河では16世紀ごろからさまざまな資料に基づく氷河の末端

[注7] さらに，氷の底面と基盤岩とのあいだにティル（氷河性堆積物）の層が存在すると，ティル層の変形も重要な流動機構である．しかし一般には，これと底面滑りとの分離は難しいので，底面滑りに含めて扱われることが多い．

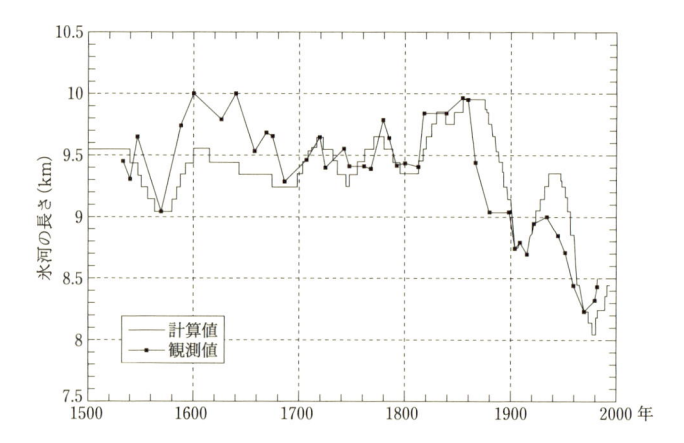

図4 アルプスのウンタラー・グリンデルワルド氷河 Unterer Grindelwaldgletscher における 1534〜1983 年の氷河長の変動(Schmeits and Oerlemans, 1997)。小さい黒丸が観測値，細い階段状の線が氷河の流動モデルに質量収支変化を与えたシミュレーション結果．

位置の記録がまとめられている．その一例として，過去 450 年間の氷河の長さの変化を図 4 に示す．同期間の気候要素の変化を与えた数値実験の結果は観測値の変化傾向をよく再現している．観測記録が得られていない，さらに古い氷河変動はモレーンを主とした氷河地形や堆積物などの調査から復元される．

一方，過去数十年より短い時間スケールで氷河の変動をみると，必ずしも降雪量や気温の変化と同期しない振る舞いがしばしば認められる．パタゴニアの代表的な 9 個の氷河の過去半世紀の変動を図 5 に示す．同じ地域であっても，氷河の挙動は非常に多様である．このような短期の氷河変動は，気候的要因よりも，氷河内部や底部の特性の変化に起因していると考えられている．したがって，必ずしも周期的な現象を示すわけではなく，変化が一方向しか認められないことも多い．

さらに時間スケールを短くして観測してみると，氷河の流動速度は季節により，週により，さらに日々，昼夜，時間ごとの変化をすることがアルプスや北欧のさまざまな氷河でわかってきた．これらの流動測定と同時に，各地の氷河で底面に達する掘削孔内の水位観測から氷河底面の水圧が測定され，

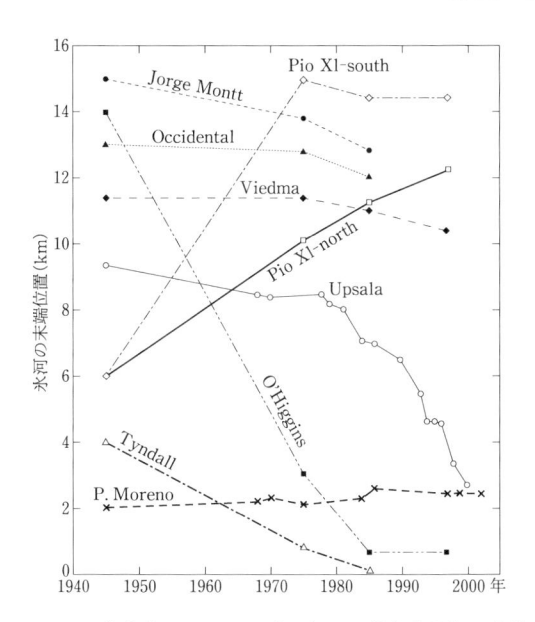

図5 南パタゴニアの代表的なカービング型氷河の過去半世紀の末端変動。右上がりが氷河前進，右下がりが氷河後退を示す(Naruse et al., 1995; Naruse, 2006)。

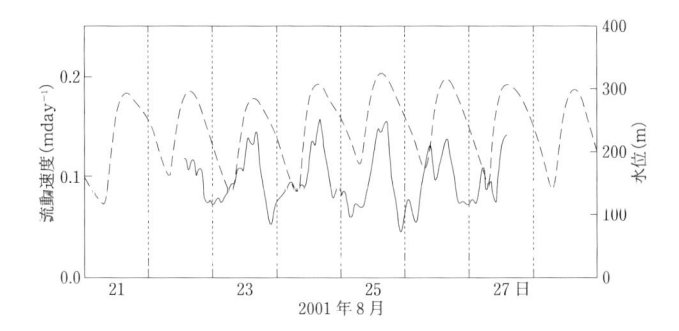

図6 アルプスのウンタアール氷河 Unteraargletscher の流動速度(実線)と掘削孔内の水位(破線)の短期変動(Sugiyama, 2003)。水位は，氷河表面の融解量変化を反映してきれいな日変動を示し，その影響により流動速度も顕著な日変動を示している。この地点の氷厚は約 400 m なので，水位が 360～370 m まで達すると氷河の荷重と浮力とが釣りあい，底面滑り速度が急激に大きくなることが予想される。

流動速度と水圧とは非常によい相関があることが示された(Iken and Bindschadler, 1986; Jansson, 1995)。これらの研究により，底面の起伏を埋める程度に水膜の層が厚くなったり，水膜や水脈の圧力が高くなると，氷河の底面滑り速度が著しく増加することが明らかとなった。アルプスの氷河の観測例を図6に示す。

6. 氷河変動の仕組み

気候要素のいずれかが変化すると，それにともない氷河の質量収支が変わり，その結果，氷河の面積や厚さの変化が起こる。このような氷河の規模の変化を総称して氷河変動という。われわれが地上で，または航空機により空中から，さらには人工衛星により宇宙から観測可能な氷河変動は，大きく分けると以下の4種類となる。

①末端の前進・後退

地域によっては，氷河周辺の住民，登山者などによる伝聞，記録，スケッチ，写真などにより古くから氷河の前進 advance や後退 retreat に関する多くの情報が得られている(図4)。また空中写真，人工衛星画像によってももっとも容易に観測され(図5)，世界中で収集されているデータ数は多い。ただし，これは一次元の情報にすぎないので，氷河変動の一側面しかみていないという欠点がある。

②面積変化

末端位置のみではなく，氷河の両側岸の変化を観測できれば，面積変化が得られる(二次元情報)。空中写真，人工衛星データによりしばしば測定される。

③氷厚変化

氷河表面の高さを地上から測量し，異なる年の同じ季節の高度の差から，氷厚の変化が求められる[注8]。パタゴニアの数個の氷河の観測例を図7に示

[注8] 一般に，氷河表面からアイスレーダを用いた電波探査にて氷の厚さが測定される。しかし，氷厚の絶対値を知りたいのではなく，年による氷厚の差を得ようとする場合は，より高い精度で測定できる標高の差を求めるほうが有効である。

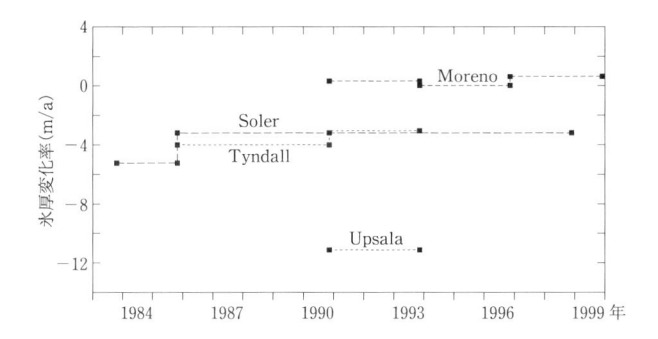

図7 パタゴニアの氷河の氷厚変化(Naruse et al., 1995; Naruse, 2006)。モレノ Perito Moreno 氷河は過去10年間氷厚がほとんど変化せず，末端位置もほぼ定常である(図5)。ほかの氷河は大きな氷厚減少を示している。

す．この氷厚変化と②の面積変化を合わせることにより，氷河の体積変化(三次元情報)が得られる．水資源や水循環，海面変動の観点からは，体積変化または質量変化が重要である．

④質量収支変化

氷河上の多地点で降雪量と融解量の分布を測定し，氷河全域の年間総涵養量と総消耗量を算出する．前者が大きいとき氷河は拡大に，小さいとき縮小に向かう．したがって，この質量収支の年変化を求めることが，氷河変動の要因を直接観測していることになるので，意義が深い．ただし，氷河全域で測定することは多くの労力を要する．また，カービングしている氷河では，年間カービング量を別に見積もらなければならず，この質量収支法だけでは不十分である．

氷河の質量収支が平衡し，equilibrium(balance)，かつ氷河の形(面積，傾斜，厚さ)，氷体内の温度，流動速度のすべてが時間とともに変化しない状態のとき，氷河は定常状態にあるという．なお，氷河の諸要素は季節変化を起こしうるので，この場合の時間の最小単位は1年である．

気候変化にともなう氷河の応答を定性的にまとめると次のようになる．たとえば，降雪量増加あるいは融解量減少を及ぼす気候変化が生じると，表面質量収支の増加にともない氷厚が年々少しずつ増し，その結果，式(1)により氷河の流動速度が徐々に増大し，ある氷河断面の氷河流量とその断面から下

流側の総消耗量とが釣りあう位置まで，氷河末端は低高度(すなわち温暖な地域)へ移動する．この現象が氷河の前進である．逆に，降雪量減少あるいは融解量増加が生じると，氷河の後退が起こる．一般的には，前進したときは氷河の長さのみではなく，幅，厚さが増し，後退したときはそれらが減る．このように，気候変化の影響が氷河・氷床の形の変化に顕著に現れるまでには非常に長い時間を要する．

　ある年を境に気候(質量収支)が突然変化したとしたとき，氷河がその新しい気候条件にて定常となるような位置，形態におおむね落ち着くまでに要する時間を氷河の応答時間 response time という．応答時間を算出する理論は種々あるが，谷氷河ではおおよそ 10～数百年，氷床では数百～1 万年である．このように，気候変動と氷河変動の関係を論ずる場合には，時間スケールに十分なる注意を払わなければならない[注9]．

7. 過去の地球環境を記憶している氷河の氷

　南極氷床や山岳氷河の内部の氷は，過去に氷河表面で雪として降った時代の気温や大気成分を記憶している．具体的には，雪や氷の酸素と水素の安定同位体比は，降雪時の気温を反映している．また，降雪時に雪のなかに取り込まれた空気は，やがて気泡というカプセルに封入され，当時の大気成分をそのままの状態で保存している．雪が氷に変化してから，融解現象が生じなければ，これらの成分は量も質もほとんど変化しないと考えられている．

　氷河表面で掘削し採取された円柱状の氷試料のことを氷コア ice core という．過去の気候環境などの解明のため，各地域から採取された氷コア中の酸素や水素の同位体組成，二酸化炭素やメタンなどの温室効果ガスの濃度，火山灰やダスト，エアロゾルなどの含有量，および氷組織の微視的な解析など

[注9] 一方，ある年を境に気候が突然変化したとしたとき，氷河の末端が顕著な変動を開始するまでの時間を反応時間 reaction time ということもある．一般に，反応時間は応答時間より短い．反応時間は気候データと氷河末端の変動記録から容易に判定しうるという利点もあるが，末端変動は過去のさまざまな気候履歴の複合効果なので，物理的な意味は応答時間に比べて劣る．

が行われている．海底堆積物や湖底堆積物，あるいは陸上の堆積物に比べ，氷河では1年間に積もる厚さが著しく大きい．降雪量の少ない南極氷床の内陸地域でも，年間に数mmは積もる．すなわち，時間分解能が高いという利点がある．また，二酸化炭素に限らず酸素，窒素，そのほかの大気成分をそのままの形で保存しているサンプルは氷コア以外にはない．ただし氷コアは，年代測定に必要な有機物や無機物をほとんど含んでいないので，堆積年代を正しく決定することが難しい，という点が短所である．

　アンデス，アラスカ，アジア内陸などの高山の氷コア解析により，数千年前から現在に至るまでの環境変化が，また南極氷床の内陸高地の氷コアからは，過去の氷期，間氷期サイクルの地球の気候，環境の変遷が明らかにされてきた．

　日本の南極観測隊によりドームふじ基地(注10)にて掘削された2503 mの氷コアの解析から，過去32万年間に及ぶ気温変動が復元され，そこには約10万年周期の氷期‐間氷期サイクルが3回認められた(Watanabe et al., 2003)．ロシアのボストーク基地およびドームふじ基地の深層氷コアに共通した特筆すべきことは，氷期‐間氷期サイクルを通して気温と二酸化炭素濃度とが非常に高い正の相関を示して変動してきたことである(Jouzel et al., 1993)．従来から，氷期‐間氷期のような長周期の気候変動が，地球の公転軌道と自転要素の周期的な変動に起因していることは知られていた．しかし，これらの惑星軌道要素の変動により地球が受けとる日射エネルギーの変動は氷期，間氷期における数°Cにも及ぶ気温変化を説明することはできなかった．ところが氷コアの研究により，氷期には二酸化炭素やメタンの濃度が低く，間氷期には高いということが明らかにされた．このことから，温室効果ガスの濃度変化が氷期‐間氷期の大きな気温変化を引き起こした要因と考えられている．しかし，なぜ氷期，間氷期に大気中の二酸化炭素濃度が著しく変動したかについてはさまざまなメカニズムが考えられ，定量的な解明は今後の研究に残

(注10) 鏡餅のような形をした氷床も表面にはゆるやかな凹凸があり，それらのうちの凸部をドームdomeという．東経領域の南極氷床(東南極)のなかの顕著なドームの頂上に深層氷コア掘削のための越冬基地が設置されている．昭和基地の南方約1000 km，標高3810 m．

されている。

なおドームふじ基地では2007年1月,深さ3035.2 mまでの掘削に成功した。基盤まで残すところ10 m前後である。深さ3028 mの氷の年齢は72万年と推定されており(Goto-Azuma et al., 2007),詳しい分析結果が待たれるところである。

8. 地球温暖化にともなう海面変動

現在および近い将来,大気中の二酸化炭素やメタンガス濃度の増加による温室効果が強まり,地球が温暖化することが予想されている。種々の大気モデルのシミュレーションによると,100年後には地球全体で平均気温が2〜4℃程度も上昇すると見込まれている(IPCC, 2007)。さらに南北の両極地では,温暖化により海氷が少なくなり,日射を多く吸収し,いっそう暖まる,という正のフィードバック機構により,気温の上昇率は全地球の平均値より大きくなると考えられている。温暖化が進むと,アルプス,ヒマラヤ,アラスカ,パタゴニアなどの温暖な地域の氷河は融解が促進され,縮小傾向が進むであろう。しかし,南極氷床では周縁部の低標高の地域を除くと,内陸域では仮に数度気温が上昇しても十分マイナスの温度なので氷は融けることはない。

さまざまな数値実験結果を総合した,今後100年間の世界平均の海面変動の予測の1例を図8に示す。過去100年間の全球平均海面上昇量は検潮データなどに基づくと10〜20 cmと見積もられているが,それに比べて今後100年間の海面変化は著しく加速され,約50 cm上昇すると予想された。その内訳は,海水の熱膨張による寄与がもっとも大きく約半分を占め,次いで山岳氷河+北極氷帽,そしてグリーンランド氷床となっている。南極氷床の寄与はマイナス,すなわちわずかな海面低下となっている[注11]。これは,温暖

[注11] IPCC(気候変動に関する政府間パネル)の第3次(2001)および第4次(2007)評価報告書では,より改良されたモデルにより海面上昇の寄与の内訳を予測しているが,全体の傾向は図8(第2次評価報告書, 1996)と大きくは変わらない。むしろ,モデルによる,あるいは入力条件の差による予測結果の相違が大きい。

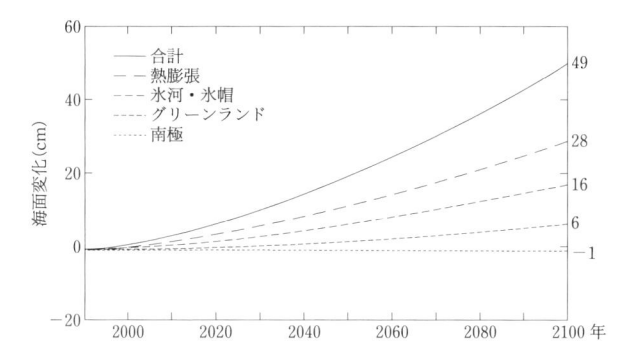

図 8 シナリオ IS92a による 1990〜2100 年の全地球平均の海水面変動の予測結果(IPCC, 1996)。一番上の太い曲線が予測された海水面の変化,そのほかの曲線がその寄与の内訳(cm)を示す。

化により海水の温度が上昇し,そのため海洋からの蒸発が促進され,雨や雪を降らせる雲が増え,その結果,南極氷床内陸部の降雪量が増加することに起因している。

南極とグリーンランド氷床の現在の質量変化が人工衛星からのレーダ高度観測により研究された(Zwally et al., 2005)。それによると,グリーンランド氷床の ELA 以下の低高度地帯では氷厚減少,ELA より内陸高地では氷厚増加,同氷床全体ではわずかに質量増加というものである。一方,西南極氷床は氷厚減少,東南極氷床は氷厚増加という結果が得られた。以上の南北両氷床の現在の変動は,全地球の海面をわずかに上昇させている,と見積もられた。

将来の南極氷床やグリーンランド氷床の変動に関して,拡大,縮小のいずれの効果がより大きいか,あるいは別の予期しない影響が強く現れるかについては,まだ解明されない点が多く残されており,これからのこの分野の重要な研究課題となっている。

氷河期のレフュジア

前川光司

　北米西海岸に流れ込む川には，オショロコマとブルチャーという2種類のイワナがすむ。前者はワシントン州の北部からアラスカまで広く分布し，後者はカリフォルニア州から北の，内陸の限られた地方に生息している。今は，分布はほとんど重ならないので，交雑は珍しい。

　最近，西海岸のいくつかの地方で，オショロコマにブルチャーの遺伝子が混ざっている個体が発見された。これは最近の交雑ではなく，ずっと昔に起こった交雑が原因だという。最終氷期(約1万年前まで)には北米大陸ではカナダと米国の国境南部のほとんどが氷床に覆われていた。この時期，2種のイワナはどこにいたのか。アラスカ北部や大陸には，氷で覆われなかった地方があったことが知られている。これが氷河期における生物の避難場所(レフュジア refugia)となった。最近まで，氷河期にはオショロコマはアラスカに，ブルチャーはカリフォルニアなどの南に避難したと考えられてきた。しかし，両種の遺伝子を調べたカナダの研究者たちによれば，ブルチャーの遺伝子をもつオショロコマの現在の分布から，ワシントン州あたりが，両種がともにすむ避難場所になったという。

　そこで何が起こったのか。だいぶ前，筆者はモンタナ州でブルチャーの産卵行動を観察しているとき，それを示唆する光景を見た。1 mを超すブルチャーの抱卵・放精時に，ブルチャーとは別種の，15 cmほどのカワマスの雄が，瞬時に飛び込んで放精した。こうして交雑が起こる。

　氷河期にワシントン州あたりに両種のレフュジアがあって，そこで，上記のようなことがオショロコマとブルチャーのあいだで起こったと考えられる。現在の交雑魚の分布から，昔の生物の生活がよみがえる場合がある。

図9　ブルチャー(体長約1 m)の産卵の瞬間。小さな個体が割り込もうとしている。

[引用文献]

藤井理行・上田豊・成瀬廉二・小野有五・伏見碩二・白岩孝行. 1997. 氷河(基礎雪氷学講座Ⅳ). 312 pp. 古今書院.
Goto-Azuma, K. and Members of The Dome Fuji Ice Core Research Group. 2007. A 720 kyr ice-core chemistry record from Dome Fuji, Antarctica. Abstract, IUGG (International Union of Geodesy and Geophysics) XXIV General Assembly, Perugia, 2007.
Iken, A. and Bindschadler, R.A. 1986. Combined measurements of subglacial water pressure and surface velocity at Findelengletscher, Switzerland: conclusions about drainage system and sliding mechanism. J. Glaciol., 32(110): 101-119.
IPCC (Intergovernmental Panel on Climate Change). 1996. Climate Change 1995. Contribution of Working Group I to the Second Assessment Report of the IPCC.
IPCC. 2001. Contribution of Working Group I to the Third Assessment Report of the IPCC.
IPCC. 2007. Contribution of Working Group I to the Fourth Assessment Report of the IPCC.
Jansson, P. 1995. Water pressure and basal sliding on Storglaciären, northern Sweden. J. Glaciol., 41(138): 232-240.
Jouzel, J. et al. 1993. Extending the Vostok ice-core record of palaeclimate to the penultimate glacial period. Nature, 364: 407-413.
Kanamori, S. 2004. Seasonal variations in density profiles and densification process at cold mountain glaciers. Master's Degree Dissertation, Graduate School of Environmental Earth Science, Hokkaido University.
Knight, P. 1999. Glaciers. 261 pp. Stanley Thornes Publishers, UK.
Naruse, R. 2006. The response of glaciers in South America to environmental change. In "Glacier Science and Environmental Change" (ed. Knight, P.), pp. 231-238. Blackwell Publishing, Oxford, UK.
Naruse, R., Aniya, M., Skvarca, P. and Casassa, G. 1995. Recent variations of calving glaciers in Patagonia, South America, revealed by ground surveys, satellite-data analyses and numerical experiments. Ann. Glaciol., 21: 297-303.
Schmeits, M.J. and Oerlemans, J. 1997. Simulation of the historical variations in length of Unterer Grindelwaldgletscher, Switzerland. J. Glaciol., 43(143): 152-164
Sugiyama, S. 2003. Short-term flow variations under the control of basal conditions in a temperate valley glacier. Ph.D. Dissertation, Graduate School of Environmental Earth Science, Hokkaido University.
Watanabe, O., Jouzel, J., Jonsen, S., Parrenin, F., Shoji, H. and Yoshida, N. 2003. Homogeneous climate variability across East Antarctica over the past three glacial cycles. Nature, 422: 509-512.
Zwally, J., Giovinetto, M., Li, J., Cornejo, H., Beckley, M., Brenner, A., Saba, J. and Yi, D. 2005. Mass changes of the Greenland and Antarctic ice sheets and shelves and contributions to sea-level rise: 1992-2002. J. Glaciol., 51(175): 509-527.

水循環と気候変動
陸水の短周期変動

第9章

知北和久

　この章では，現在における陸域での水循環や湖沼・河川に関する基礎知識をもとに，小氷期(15〜19世紀)から現在までという短い時間スケールでの氷河の動きや流域の環境変化について述べる．とくに，近年の地球温暖化が引き起こしている急速な氷河の縮退や大規模森林火災の実態を示す．

1. 地球と陸域の水循環

　"水惑星"と呼ばれる地球には，陸域には陸水，海域には海水が存在し，現在，これらの水は互いにかかわりあいながら循環し(図1A)，地球全体で水収支が成り立っている．水循環で重要なのは，水が1気圧のもとで三態(液体の水，固体の氷，気体の水蒸気)に変化できること，この変化とともに潜熱の吸収や放出が起こることである．
　たとえば，水全体の97.5%を占める海洋(水量は1.35×10^9 km^3)では，海面からの蒸発によって年間41万8000 km^3(図1Aでは，これを100とする)の水が水蒸気として失われるのに対し，大気から海洋への降水は年間38万5000 km^3(図1Aでは，これは92となる)であり，結果として海洋では年間3万3000 km^{3}不足する．この不足分の多くは陸域からの河川水の流出によってまかなわれ，海洋での水収支が成り立っている．また，陸域に降った雨や雪は，その65%が蒸発散によって大気へ戻り，残り35%はそのほとんどが河川に

(A)

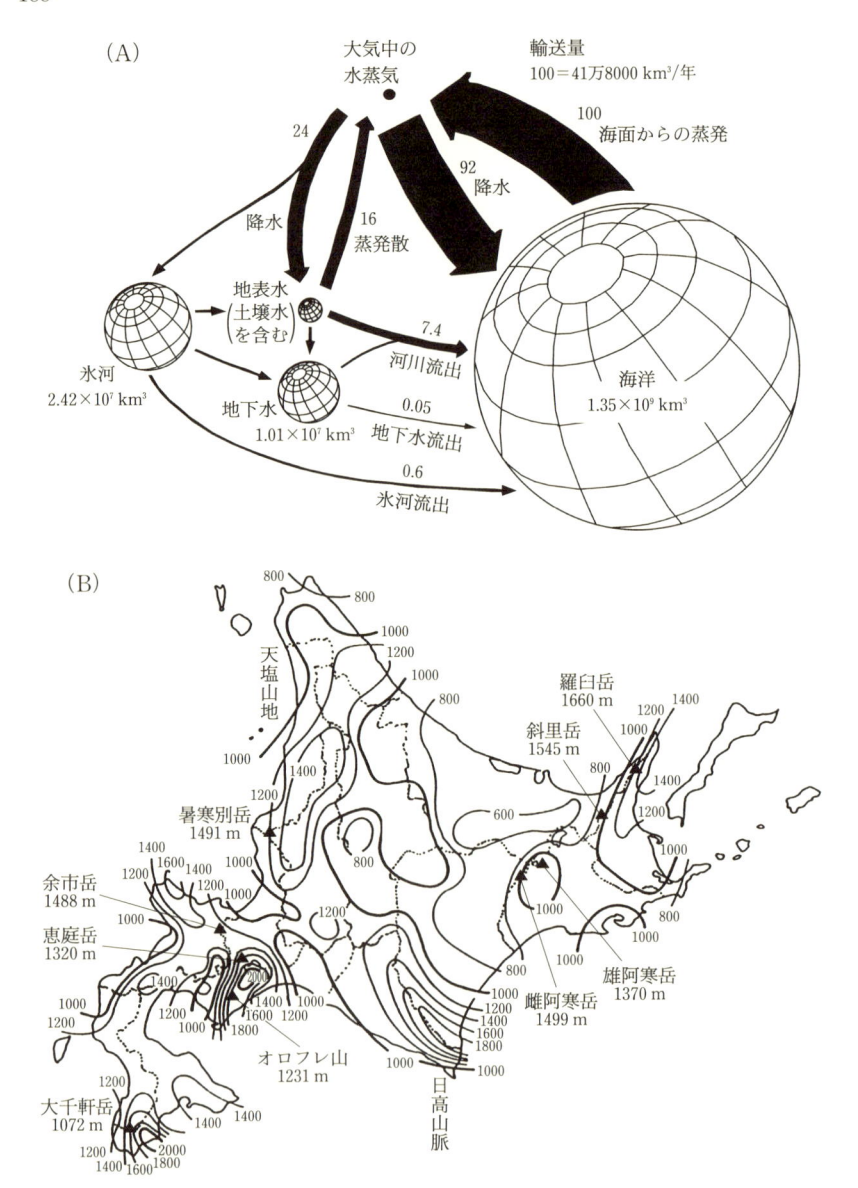

大気中の水蒸気

輸送量
100＝41万8000 km³/年

24 降水
16 蒸発散
92 降水
100 海面からの蒸発

氷河
2.42×10^7 km³

地表水（土壌水を含む）

地下水
1.01×10^7 km³

7.4 河川流出
0.05 地下水流出
0.6 氷河流出

海洋
1.35×10^9 km³

(B)

天塩山地

羅臼岳 1660 m
斜里岳 1545 m
暑寒別岳 1491 m
余市岳 1488 m
恵庭岳 1320 m
雄阿寒岳 1370 m
雌阿寒岳 1499 m
オロフレ山 1231 m
大千軒岳 1072 m
日高山脈

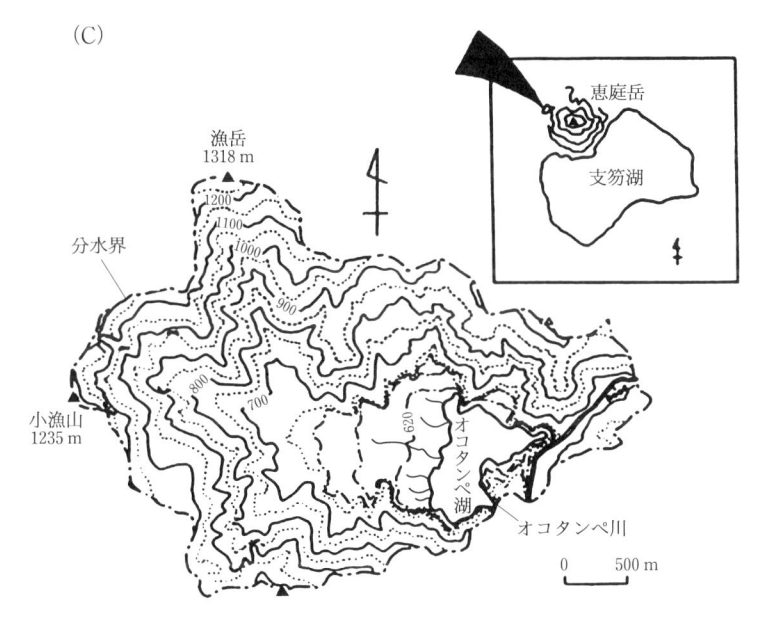

図1　(A)地球の水循環の模式図(椹根，1980を一部改変)。球の体積は貯留量(km³)，矢印の大きさは輸送量(km³/年)をそれぞれ表す。数字は，海面蒸発による水蒸気の輸送量41万8000 km³/年を100としたときの値。(B)北海道の1979〜1987年における平均年降水量(mm)の分布(札幌管区気象台，1991を一部改変)。点線は各支庁の境界。(C)北海道・オコタンペ湖の流出河川であるオコタンペ川の流域(Chikita et al., 1985を一部改変)。

よって海洋へ流出し，陸域の水収支が成り立っている。ここで，「蒸発散 evapotranspiration」とは，陸域の植生を考慮した言葉で，水面からの蒸発 evaporation ばかりでなく植物体の気孔からの「蒸散 transpiration」を含めた陸水全体の気化(氷体の昇華を含む)現象を指す。図1Aの地表水(貯留量2.2×10⁵ km³)は，地表または地表近くにある湖沼水・河川水・土壌水を指す。このなかで，河川水の占める割合は全体の0.5%にすぎない。しかしその大きな輸送量3万1000 km³/年が河川流出として地球の水循環に果たす役割はきわめて大きいといえる。なお，図1Aにある海洋への氷河流出とは，南米パタゴニア氷河および南極氷床のように，直接氷河本体が海洋に流出している場合を指す。この章で事例として取り上げる氷河は，アラスカとヒマラヤにある山岳氷河であり，夏期には融解水として河川や地下水を通し海洋へ流出する。

2. 陸域の降水と地形効果

　図 1B は，北海道における 1979〜1987 年の 9 年間の平均年降水量(mm)の分布を示す．なお，「降水量 precipitation」とは春〜秋の期間の雨量と冬期の降雪量の和で，降雪量は水当量に換算した値である．この図は，降水量と地形との関係をよく表している．北海道でもっとも降水量が多いのは，支笏湖と洞爺湖とのあいだにあるオロフレ山系(標高 910〜1320 m)周辺や道南の大千軒岳(標高 1072 m)周辺で，年 2000 mm を超える．また，日高山脈南部(標高 1230〜2050 m)や道央西部の天塩山地(標高約 1000 m)〜暑寒別岳(標高 1491 m)にも降水量の極大がある．このことから，降水量の分布は，秋に北海道南岸を通る前線の経路や冬の北西〜西からの季節風に対応して，山系や山地がつくる地形に影響されていることがわかる．つまり，地上から約 10 km 上空まで，大気圏は対流圏として活発な雨雲・雪雲の生成と降水をもたらすが，地上に降る降水量の分布は標高 1〜2 km 程度の凸地形に大きく影響される．

　このように，人類を含む陸生生物が生存するために必要な水の供給は，地上からごく限られた大気圏内で分布が決まり，陸生生物の進化や多様性の機構を知るためには，地球規模の水循環ばかりでなく，地形を考慮した〝流域〟における水循環の仕組みや水の存在状態を知ることが重要である．

3. 流域の水循環

　ここでいう「流域 drainage basin」とは，降水を地下水や河川として排出する凹地状の地形をいい，この境界を「分水界 water divide」という．分水界は，地形的な凸部の頂点にそって描かれた境界線で，地上にもたらされた降水は，大まかにはこの分水界によって分けられ排出される．

　流域の例を図 1C に示す．この図は北海道，支笏湖の北西にあるオコタンペ川とその流域を示す．オコタンペ川はオコタンペ湖の流出河川で，この流出口を最低点とし，ここから地形の凸部頂点にそって線を描くと，漁岳(標高 1318 m)や小漁山(標高 1235 m)のピークを含んだ閉曲線が描ける．これが分

水界である.この流域面積は,湖を含め 8.6 km² である.この流域に降った降水の大部分は,地下水や河川としてオコタンペ湖に流入し,オコタンペ川から排出される.なお,この流域は降水量が多く(図 1B 参照),湖の西から流入する 6 本の河川は,頻繁に起こる豪雨出水の際,土砂もいっしょに運んで堆積させる.このため,湖の西側から徐々に堆積しており,湖の西に広がる平坦部は,この土砂が堆積してできた地形である.

　ここで,流域における水循環を考えるため,図 2A のように川が流れている流域(河川流域)を考える.この流域の水収支は,ある期間の流域への降水量を P,流域からの蒸発散量を E,河川流量を R として,

$$\Delta S = P - R - I - E \tag{1}$$

で表すことができる.ここで,ΔS は P,E,R と同じ期間での地下水貯留量 S の変化で,これには地下水と土壌水が含まれている.I は,河川流量 R でとらえられない,同期間での流域外への地下水漏出量で正負両方の値をとり(出ていく場合が正値),土壌層の下にある基盤の割れ目への浸透なども含まれる.この流域に森林などの植生がある場合,おもに葉面にある気孔から「蒸散」が起こり,これによって水蒸気が大気へ排出される.この場合は,蒸散も E のなかに含まれる.また,森林下の地面(林床という)からは,土壌中の水の蒸発なども同時に起こる.先述のように,蒸発と蒸散を含めて「蒸発散」という.なお,雨水や融雪水が地面で土壌中に浸透することを「浸潤 infiltration」という.ΔS は 1 年以上の長い期間を考えるとほぼゼロに近く,さらに,流域外への地下水漏出量 I は小さく無視できるとすると,(1)式は,

$$E = P - R \tag{2}$$

となる.つまり,1 年以上の降水量 P と河川流出量 R の記録があれば,その流域からの蒸発量(植生があれば蒸発散量)E を求めることができる.このような蒸発量 E の求め方を「長期水収支法 long-time period water budget method」という.このように,陸域における水循環を考えるとき,陸域全体の蒸発量 E を直接求めるのは困難なので,降水量と河川流量の連続観測(モニタリング)から間接的に蒸発量を求めることが現在でも行われている.

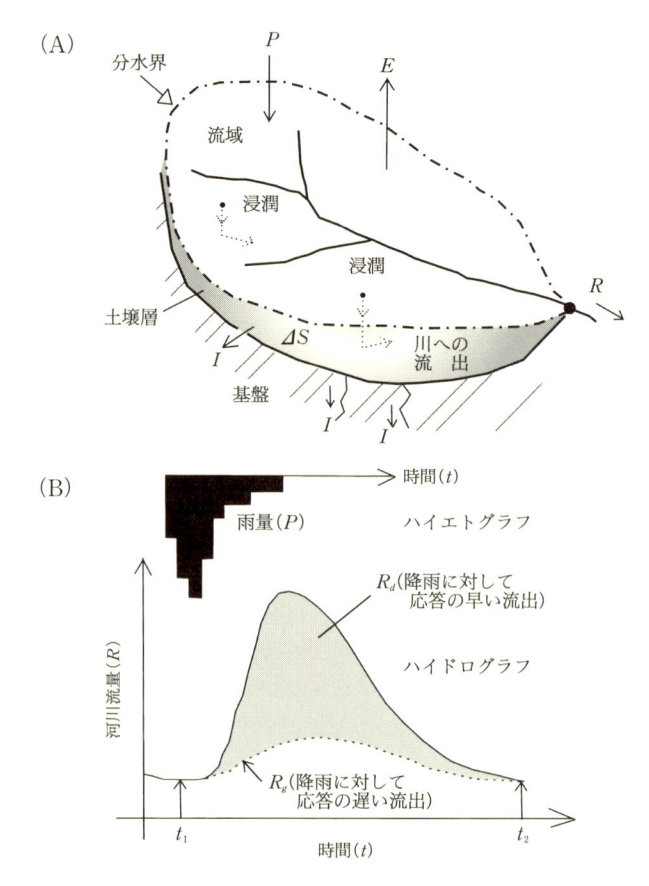

図2 (A)流域の水収支に関する模式図。I は，R に含まれない流域外への地下水漏出量。(B)降雨に対する河川流量の時間変化。t_1 と t_2 は，河川流量 R が基底流出 R_g のみからなり，同じ値をとる時間。(C)世界の流域からの浮遊土砂流出量(矢印と数字，単位は 10^6 トン/年)と土砂生産量(トン/km²・年)(Milliman and Meade, 1983 を改変)。矢印の大きさは，土砂流出量の大きさを表す。

(C)

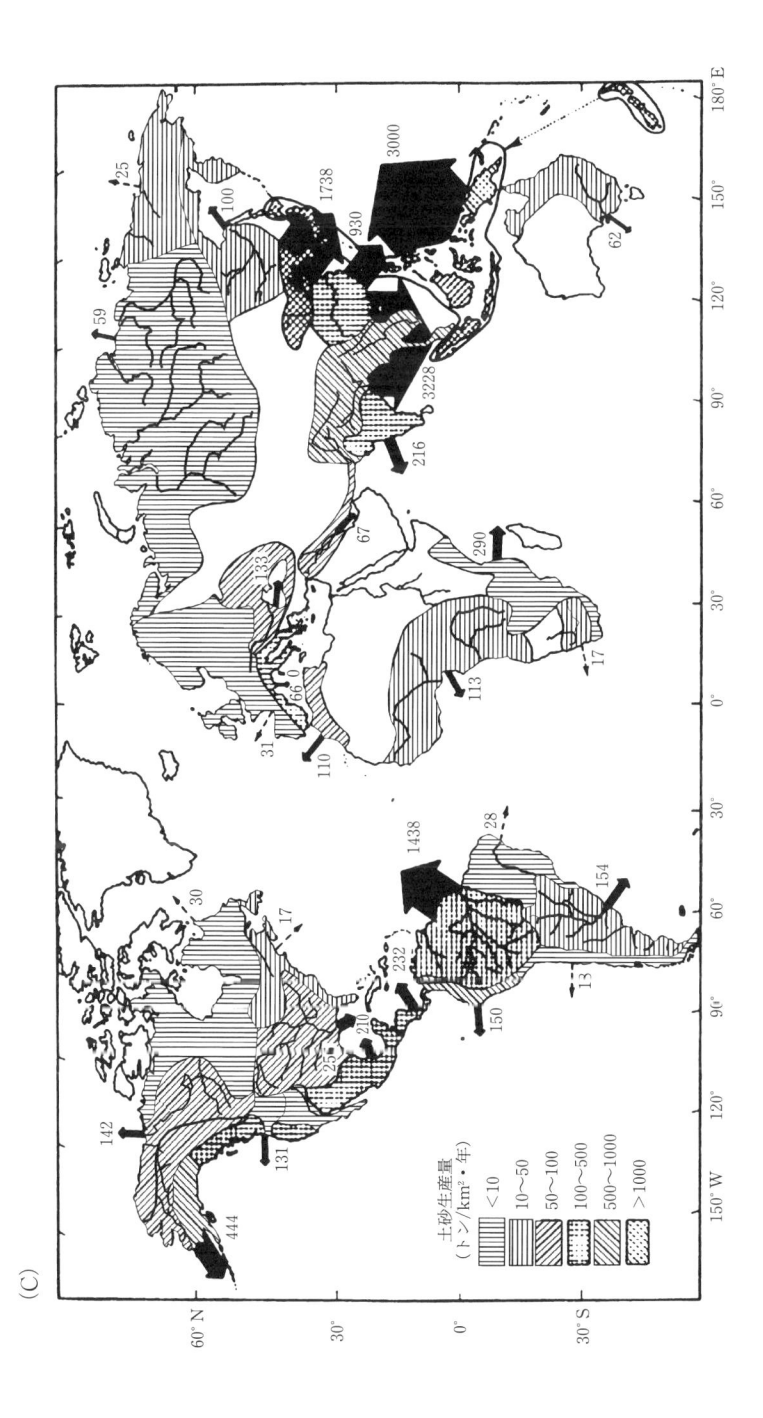

土砂生産量
(トン/km²・年)
<10
10～50
50～100
100～500
500～1000
>1000

4. 降雨に対する河川の応答

これまでの議論から，陸域の水循環に果たす河川流出の役割はきわめて重要であることがわかった。ここで，降雨に対する河川流出の応答の仕方について考える。(1)式や(2)式にある河川流量 R は，一般に，降雨に対し図2Bのように遅れて変化する。河川流量が降雨によって増加すると，降雨に対して応答が早く急激に増加する流出成分(直接流出 R_d)と降雨に対して応答が遅くゆるやかに増大する流出成分(基底流出 R_g)が現れ，これらが混在した状態で流出すると考えられている。基底流出 R_g を構成している水の起源はおもに地下水であり，直接流出 R_d を構成するのは流域斜面で起こる地表流や浸透流である。雨が止むころに河川流量 R はピークを迎え，その後しだいに減少する。このとき，直接流出量 R_d は基底流出量 R_g に比べ早く減少するという特徴をもつ。雨が降らない期間が続くと，河川流量の大部分は地下水起源の基底流出によって占められることになる。I が無視できるほど小さいとして，直接流出量 R_d と基底流出量 R_g を考慮すると(1)式は，

$$\Delta S = P - R_d - R_g - E \tag{3}$$

となり，$R_d \fallingdotseq 0$ の期間では，

$$\Delta S = P - R_g - E \tag{4}$$

と表せる。他方，基底流出量 R_g は地下水の貯留量 S に比例するといわれている(たとえば，中尾，1971)。以上から，図2Bのような河川の増水が起こる前後の期間では河川流量は基底流出のみからなり，この前後のある時点 t_1，t_2 で基底流出量 R_g が同値の場合(すなわち，$R_g(t=t_1) = R_g(t=t_2)$)，$R_g = aS$ (a は比例定数)として，この期間では $a(S_2 - S_1) = a \cdot \Delta S = R_g(t_2) - R_g(t_1) = 0$ から $\Delta S = 0$ が成り立つ(ただし，S_2，S_1 は t_2，t_1 での S 値)。この期間を(3)式の水収支期間にとれば，

$$E = P - R = P - R_d - R_g \tag{5}$$

となり，(2)式と同形となる。これより，河川流出が基底流出のみからなり，その流出量 R_g が同じである2つの時点で挟まれる期間の蒸発量(または蒸発散量) E は，同期間の河川流量と雨量の記録から評価することができる(鈴木，

表1　大陸別の水収支(Lvovich, 1973を改変)

	ヨーロッパ	アジア	アフリカ	北米	南米	オーストラリア	全陸地	単位
降水量(P)	734	726	686	670	1648	736	834	mm/年
流出量(R)	319	293	139	287	583	226	294	
直接流出量(R_d)	210	217	91	203	373	172	204	
基底流出量(R_g)	109	76	48	84	210	54	90	
蒸発散量(E)	415	433	547	383	1065	510	540	
E/P	57	60	80	57	65	69	65	%
R/P	43	40	20	43	35	31	35	
R_g/R	34	26	35	32	36	24	31	

1985)。この方法を「短期水収支法 short-time period water-budget method」という。

　(3)式に対応した各大陸の水収支を表1に示す。河川流出量は，各陸地面積で割った値である。この表から，大陸の河川流出の64～74%は直接流出，26～36%は基底流出として海洋に流出していることがわかる。また，大陸のうち南米の降水量，河川流出量，蒸発散量がとくに多い。これは，熱帯雨林地帯に世界最大の流域面積をもつアマゾン河が存在するためである。また，アフリカ大陸は，ほかに比べ降水量に対する蒸発量の割合(E/P)が80%と大きく，これはサハラ砂漠などの乾燥地域が広域的に存在することが一因である。日本国土の場合，$P=1600$ mm/年，$E=681$ mm/年，$R=919$ mm/年であり，E/Pは43%，R/Pは59%となる。これから，日本国土は大陸に比べて多降水で海への河川流出量が多いことがわかる。これが，日本では水資源として地下水よりも河川を堰き止めたダム湖が多く利用されてきた所以である。

5. 河川による海洋への土砂流出

　図2Cは，河川によって海洋へ運ばれる浮遊土砂[注1]の年間流出量(数字の

[注1] 浮遊土砂 suspended sediment とは，河川によって浮遊した状態で運搬される細粒な土砂をいう。一般に，粒径が約0.1 mm以下の微細砂・シルト・粘土の粒子で，この多くは流域斜面や氾濫源を起源としている。

単位は10^6トン/年)とこの流出量を流域面積で割った浮遊土砂の生産量(単位はトン/km^2・年)の分布を示す. つまり, ここでの「土砂の生産量 sediment yield」は, 流域の単位面積に存在する侵食可能な土砂量全体を指すわけではなく, あくまで流水によって侵食され海洋にまで運ばれる土砂の流域生産量を指す. この土砂流出の多くは, 前節で述べた河川増水時の「直接流出」によってもたらされる. メコン河・黄河・長江(揚子江)のある東南アジア～東アジアでの土砂流出量はきわめて高い. 後者で流出量が高いのは, 流域の表層に侵食されやすい土壌層や風成層が厚く堆積しており, これに加え夏期のモンスーンによって流域に集中した降雨があることによる. インドネシアでは, 近年の土地開発による森林伐採で, 土砂流出量は増加傾向にある. 逆に, 長江では2003年の三峡ダム建設により, 土砂流出量が今後100年で現在の50％以上減少するといわれ(Yang et al., 2002), 黄河では温暖化による乾燥化や過剰揚水による〝断流〟(河道に水が存在しない状態)によって, 土砂流出量は今後, 減少すると考えられる(Wang et al., 2005). なお, 図2Cが描かれた段階でもっとも土砂流出量が大きい河川は, インド洋のベンガル湾に注ぐガンジス河/ブラマプトラ河で, $1670×10^6$トン/年である.

図2Cで注目すべきこととして, 山岳氷河が存在するヒマラヤ～チベットやアラスカ南部の土砂生産量は500～1000トン/km^2・年であり, これはアマゾン河流域100～500トン/km^2・年より大きい. ヒマラヤ～チベットで生産された土砂はおもにガンジス河によってインド洋へ, アラスカ南部で生産された土砂はおもにユーコン河によってベーリング海へ流出する. ただし, グリーンランドには氷床・氷河があるが, 情報が不足しており空白域となっている.

なぜヒマラヤ～チベットやアラスカ南部などの山岳氷河を含む地域の土砂生産量が高いのか? 氷河が存在する流域を「氷河流域 glacierized basin」といい, そこでは, 氷河の流動によって氷河底面に接している岩盤が削られて細粒土砂を含む岩屑(デブリdebrisという)が生産される. この過程を「氷食作用 glacial erosion」という. 夏の融解期には氷河表面で融解が起こり, この融解水が氷河内部～氷河底を経由して氷河先端から流出してくる. このとき, 氷河底で生産された土砂は融解水流によって侵食され, 氷河先端から融解水

とともに流出してくる．この流出土砂は，非常に粒径が細かい．このため，流出土砂の多くが浮遊土砂として海にまで運搬される．結局，ヒマラヤ～チベットやアラスカ南部では，氷河融解による浮遊土砂流出量が大きいことが，そのまま図2Cの高い土砂生産量に現れている．

6. 氷河の動きと気候変動

　前節までは，①陸域～海洋間の水循環に果たす河川の役割，②河川による海洋への土砂流出，③土砂流出に果たす氷食作用の役割，について述べてきた．次に山岳氷河の例としてヒマラヤ氷河を取り上げ，近年の地球温暖化と氷河の縮小後退との関係を明らかにする．

　ここで取り上げる氷河は，東ネパールのヒマラヤ山脈にあるトラカルディング氷河 Trakarding Glacier（先端の標高は4580 m）である（図3A）．この氷河は，比較的標高が低いデブリで覆われた氷河で，これより上流には，デブリで覆われていないトランバウ氷河がある．図3Bには，1950年代からのこの氷河の変動のようすを示す．一点鎖線が氷河の外縁で，ここにはデブリが積み重なってできたモレーン moraine が形成されている．黒い部分は，氷河の上に水が貯まった領域（湛水域）である．つまり，この湛水域は氷河の上に存在する湖で，こうした湖を氷河上湖 supraglacial lake という．図3Bから，1950年代には幅300 m，長さ800 m程度の1つの湖とより小さな数個の池が存在し，その総面積は0.23 km^{2}であった．しかし，その後，これらの湛水域は山側（氷河の上流方向）へ拡大し，1960年代までには0.61 km^{2}と3倍近くの面積を有する1つの湖になった．その後，この湖はさらに拡大を続け，1995年には幅450 m，長さ3100 m，最大水深131 mの巨大な湖（ツォー・ロルパ氷河湖 Tsho Rolpa Glacial Lake）となった．この湖の拡大は，氷河自身が縮小後退していることによるものだが，湖水面積の増加速度は，ほぼ一定である（図3C）．このように，湖がなぜ氷河の先端近くで形成され一定速度で拡大するのか，そのメカニズムは現在もわかっていない．しかし，こうした山岳氷河が，現在，世界的な規模で縮小後退しているのは周知の事実で，この原因として世界的な小氷期（15～19世紀）以後の地球温暖化が考えられている（図4

(A)

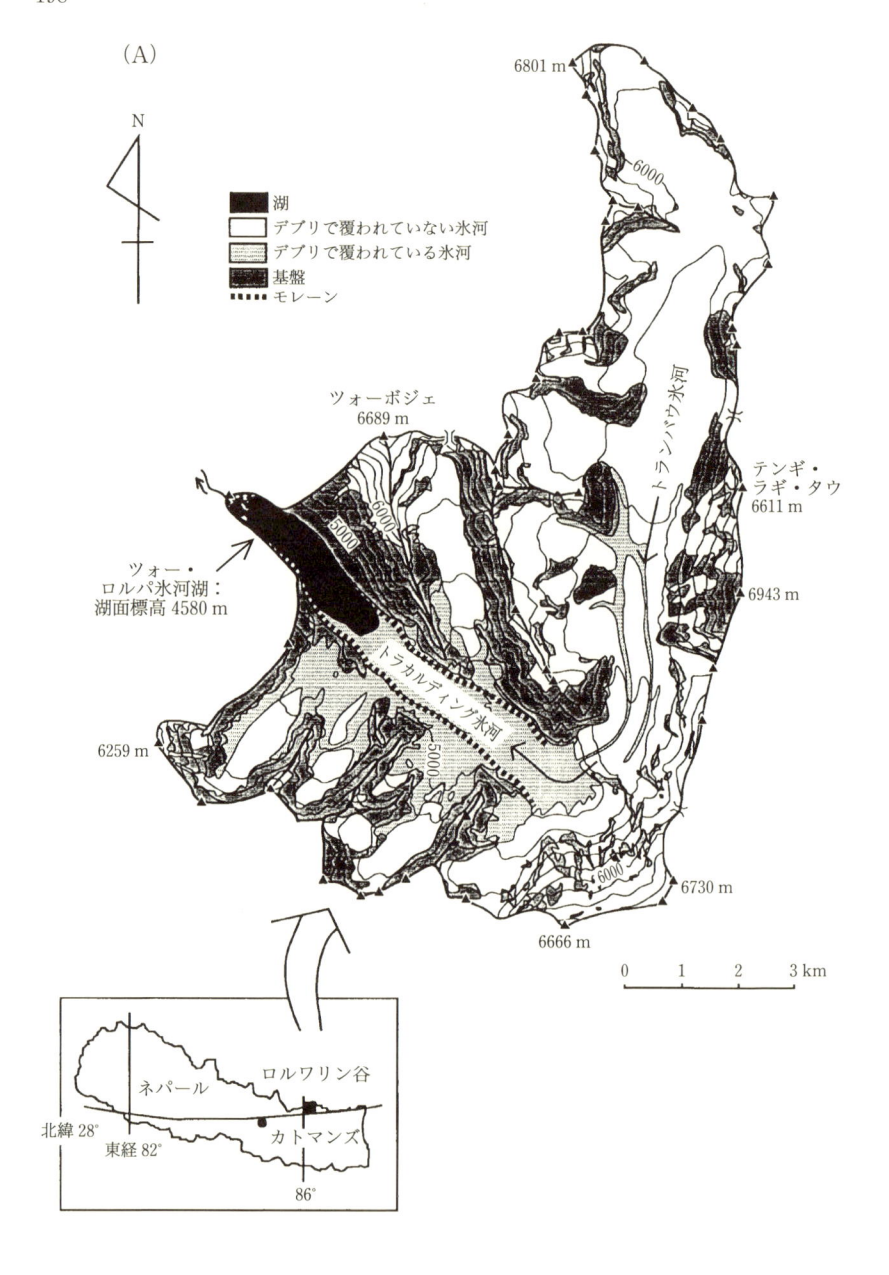

■	湖
□	デブリで覆われていない氷河
▨	デブリで覆われている氷河
▪	基盤
▪▪▪▪	モレーン

ツォーボジェ
6689 m

ツォー・
ロルパ氷河湖：
湖面標高 4580 m

6801 m

テンギ・
ラギ・タウ
6611 m

6943 m

トラカルディング氷河

6259 m

6730 m

6666 m

0 1 2 3 km

ネパール　ロルワリン谷
北緯 28°　カトマンズ
東経 82°
　　　　86°

(B)

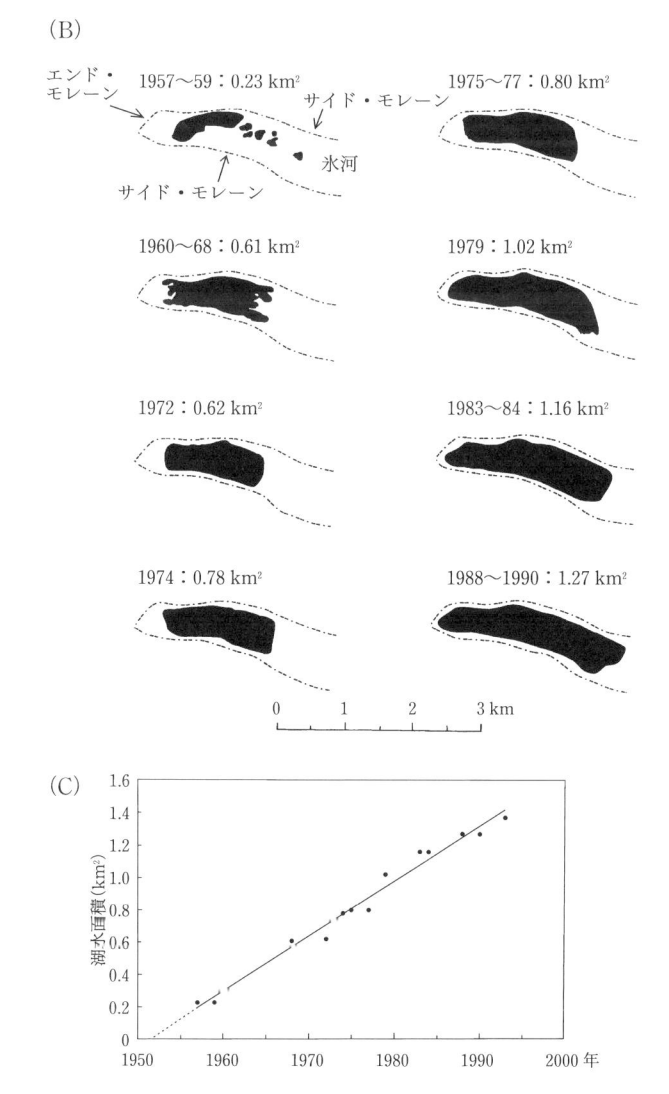

エンド・モレーン　1957〜59：0.23 km²　サイド・モレーン　1975〜77：0.80 km²
サイド・モレーン　氷河

1960〜68：0.61 km²　　1979：1.02 km²

1972：0.62 km²　　1983〜84：1.16 km²

1974：0.78 km²　　1988〜1990：1.27 km²

0　1　2　3 km

(C) 湖水面積 (km²)

図3 (A)東ネパール・ロルワリン谷にあるツォー・ロルパ氷河湖の流域図(Chikita et al., 1999 を一部改変)。(B)トランバウ氷河の縮小後退の歴史(Mool, 1995 を一部改変)。これは同時にツォー・ロルパ氷河湖の拡大の歴史でもある。黒い部分が湛水域で湖を示す。モレーンの位置(一点鎖線)はほとんど変わらない。(C)ツォー・ロルパ氷河湖の表面積の時間変化(山田，2001 を一部改変)

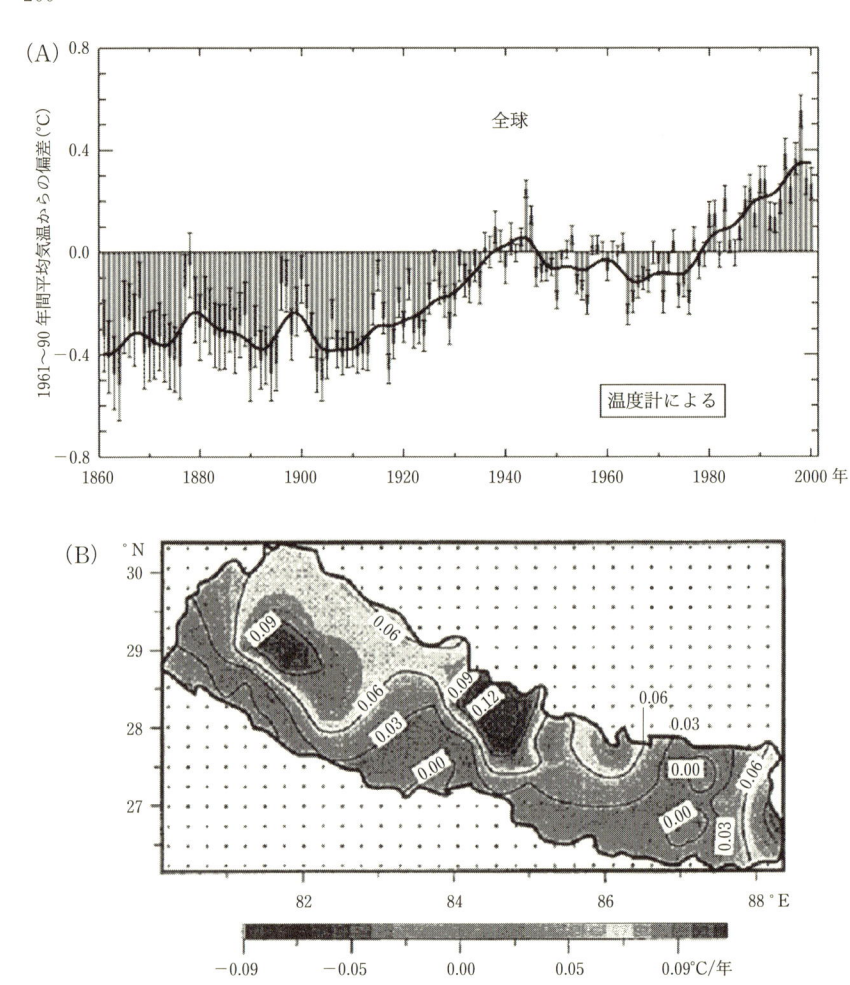

図4 (A) 1860～2000年における全球平均の地上気温の変化(ICCP, 2001)。棒グラフは年ごとの値で，太い実線は10年移動平均。灰色の線は年データの95%信頼区間を表す。(B) ネパールにおける1977～1994年間の地上気温の変化率(Shrestha et al., 1999を一部修正)。正が上昇，負が下降を表す。

A）．図3Bの一点鎖線で示すモレーンは，この氷河が小氷期に拡大したときの痕跡と考えられている．近年の急速な温暖化は，1970年代中ごろに始まったと考えられ，この温暖化は，ネパールのなかでもヒマラヤなどの高山帯でより著しい(図4B)．図4Bから，ツォー・ロルパ氷河湖の存在するロルワリン谷付近での1977〜1994年間の平均上昇率は，約0.04℃/年であることがわかる．

　ツォー・ロルパ氷河湖は，現在，谷側の下流端でエンド・モレーンや取り残された氷河氷と接し(図5A)，山側の上流端では，亀裂のはいった氷河末端と接している(図5B)．5〜7月には，高山での強い日射(同時期の札幌での日射量の約1.6倍)によって，湖面は5℃程度まで暖められる．このため，この暖水塊と直接接する氷河末端の下部では，選択的に融解が進んで全体が不安定になり，ついには氷河末端で氷塊が崩壊する．この現象は，カービングcalving(末端崩壊)と呼ばれ，氷河の後退を促進している．1970年代からの地球温暖化は，氷河の融解を促進するばかりでなく，氷河湖の冬の結氷期間を短くするため湖面からの蒸発量を増加させる．こうして，(2)式の R や E が増えるので，全体の水収支が成り立つには，降水量 P も増える必要がある．このように，地球温暖化による水循環の活発化に，氷河湖も寄与しているといえる．

7. 氷河湖の構造

　ここで，ツォー・ロルパ氷河湖の内部構造について，現在の状況を示す．1996年6月に，筆者はこの湖のほぼ中央線にそった5点で，船上から温度プロファイラーという測定器を下ろし水温の垂直分布を求めた(図6AのJ〜G地点)．図6Bは，これをもとに描いた水温の縦断図である．注目すべきこととして，密度の大きな4℃の水が水深18〜25 mに存在し，これより深いところでは2.3〜2.4℃の冷水塊が，これより浅い層では4.5〜5.0℃のやや暖かい水塊が存在している．溶解した化学物質や固体の浮遊物質をいっさい含んでいない純水 pure water は，1気圧では3.98℃で最大 999.97 kg/m³ の密度をもち，ツォー・ロルパ氷河湖がある標高4580 m(約0.6気圧)でも，この

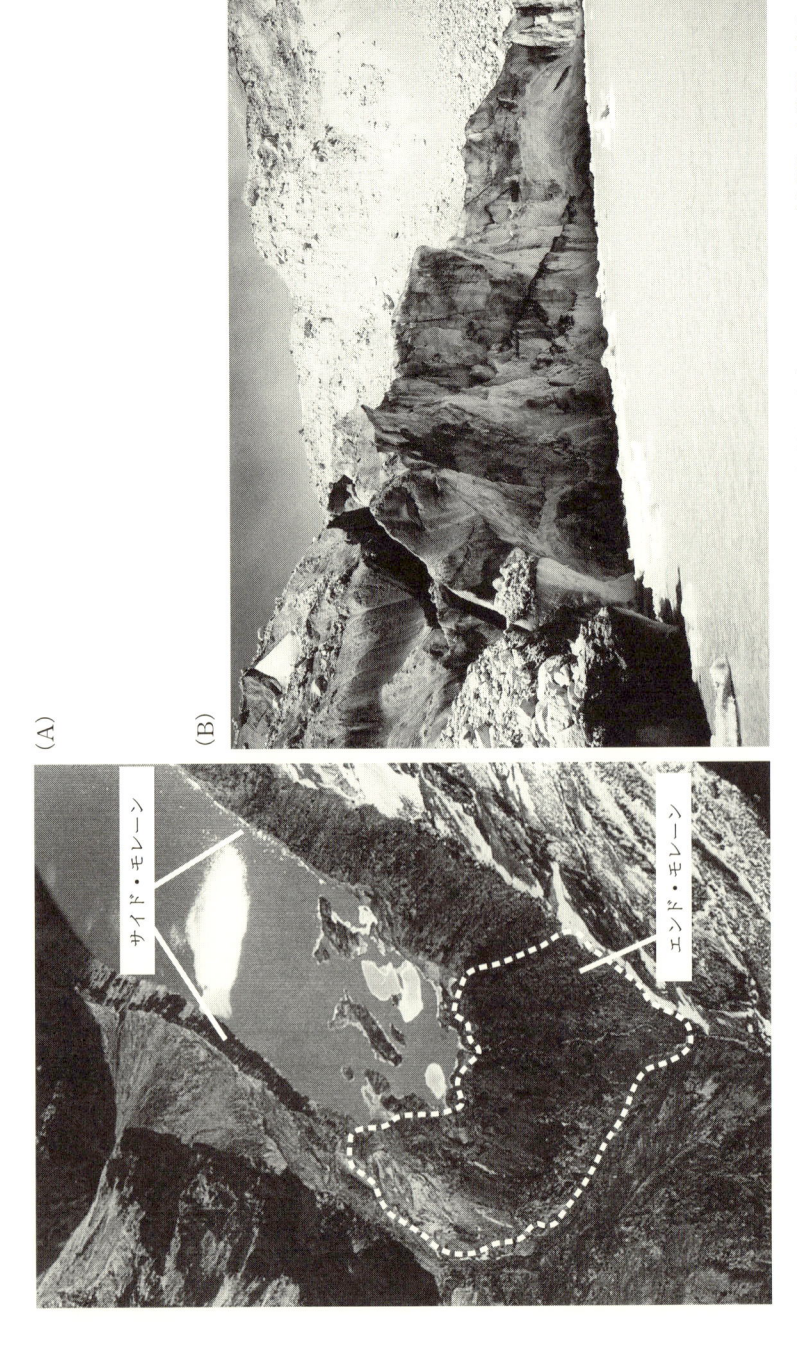

図5 (A) ツォー・ロルパ氷河湖を堰き止めているモレーン (Yamada, 1996 の掲載写真に加筆)。(B) ツォー・ロルパ氷河湖の上流側に接する氷河末端 (湖面上の高さ約 20 m) (知北, 2005)。口絵参照

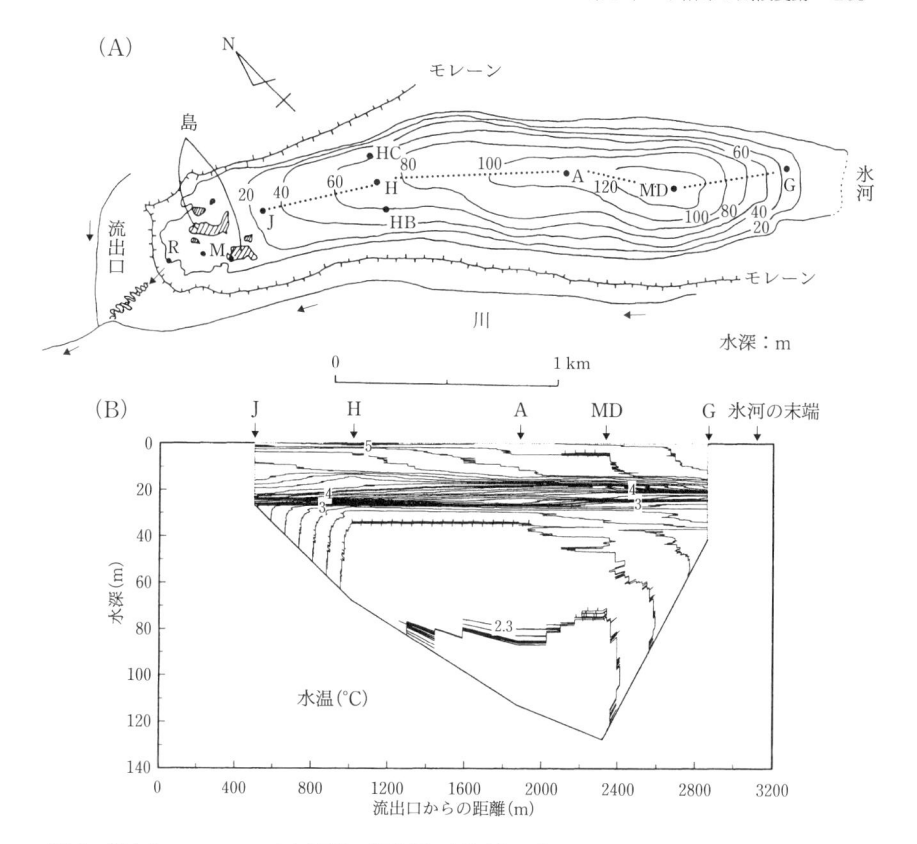

図6 (A)ツォー・ロルパ氷河湖の湖盆図と観測点の位置。(B)ツォー・ロルパ氷河湖の1996年6月5日の水温分布(Chikita et al., 1999を一部改変)

条件はほとんど変わらない。つまり，ツォー・ロルパ氷河湖の水が純水と同じように溶解物質や浮遊物質を含んでいないなら，図6Bの水温分布は起こりえない。つまり，4℃の水が2.3〜2.4℃の冷水塊の上にあるのは，一見おかしい。

そこで，溶解物質や浮遊物質が湖水にどの程度含まれているか，それらの濃度(g/l)を調べてみた。すると，溶解物質濃度は表層から湖底近くまで，約0.04 g/lとほぼ一様であったが，浮遊物質濃度は，表面の0.4 g/lから湖底の0.9 g/lまで水深とともに増加した。このことから，この氷河湖には浮遊物質がつねに供給され，それは湖水と接した氷河末端の下部から，濁った

氷河の融解水(水温0°C)が重い水として湖底にそって流れ込んでいると考えることで，18〜25 m より深い冷水塊の存在が説明できる。水深 18〜25 m より浅いところにある暖水塊は，高山での強い日射が湖面で吸収され，風で攪拌されて形成されたと考えられる。なお，濁水が長期にわたって存在するには，浮遊物質が沈降速度のかなり遅い微細粒子である必要がある。実際に浮遊物質の粒径組成を調べると，全体の 70〜95% は粒径 4 μm 以下の粘土粒子，ほかはシルト粒子からなる微細な鉱物粒子であった。このように，ツォー・ロルパ氷河湖が異常な水温分布をもちうるのは，浮遊物質が長期的に浮遊しうる条件をそなえており，その空間分布が湖水の密度を決めているためである。

8. 森林火災と氷河

ここでは，源流域に氷河高山帯をもつアラスカのタナナ川 Tanana River 流域(図7A)を例に，大規模な森林火災が氷河の融解流出にどのように影響したかを示す。近年の地球温暖化にともなう乾燥化によって，アラスカやシベリアなどのタイガ taiga(針葉樹林)地帯では，毎年のように森林火災が発生している(Chikita et al., 2007)。図8は，2004年6月から始まった森林火災によって，その煙霧 smoke が氷河域に達したようすを示す。この氷河は，タナナ川源流部のアラスカ山脈にあるガルカナ氷河 Gulkana Glacier(標高1250〜2430 m)である。2000年以来，筆者はガルカナ氷河からの流出河川フェラン・クリーク(図7A の PC 地点：標高1125 m)でこの氷河の融解流出の特徴を調べている。氷河の融解は氷河表面で起こり，融解量はおもに日射や大気からの顕熱(大気と氷河表面(ほぼ0°C)との温度差に基づく乱流熱輸送)，および氷河表面の状態(氷なのか雪なのか，あるいはデブリが覆っているか)によって決まる。夏期はガルカナ氷河流域全体で気温が 0°C 以上になるので，氷河表面はほぼ 0°C を維持しながら表面全体で融解が起こることになる。図7B は，2005年8月8〜18日の毎日の天候，フェラン・クリークでの流量，気温，日射量の時間変化を示す。2005年夏も大規模な森林火災が起こり，煙霧がガルカナ氷河を覆ったのは8月12〜18日である(写真8C)。8月8〜11日の天候はほぼ

第 9 章　水循環と気候変動　205

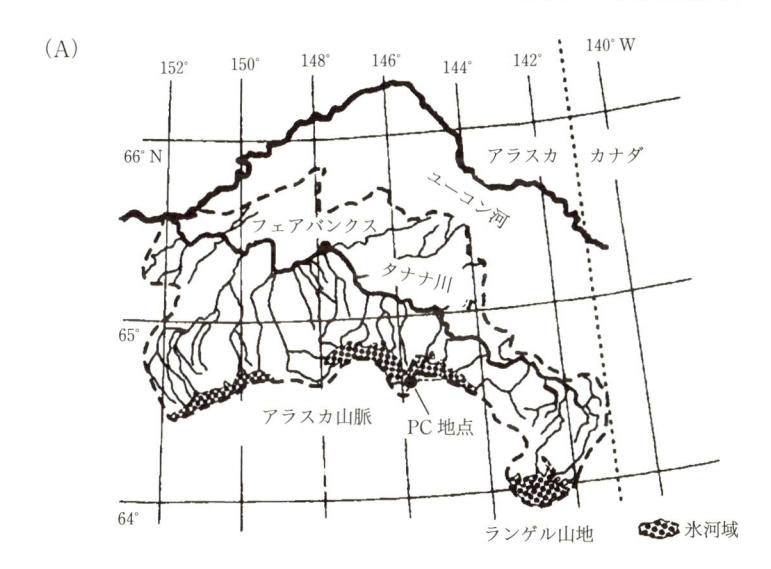

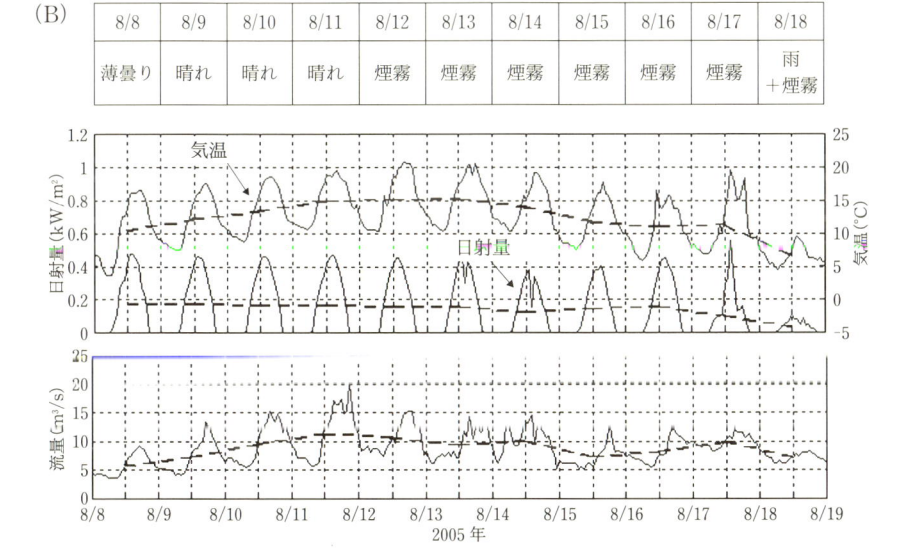

図7　(A)アラスカ・タナナ川流域(破線が分水界)。(B)タナナ川源頭部ガルカナ氷河流域((A)のPC地点)の天候，およびPC地点における日射量(kW/m²)，気温(℃)，流量(m³/s)の1時間ごとの変化(実線)。点線は24時間移動平均

(A)

(B)

図8 (A)アラスカ，ガルカナ氷河(2004年9月8日)と(B)森林火災の煙霧に覆われたガルカナ氷河(2004年7月1日)。(A)(B)は同地点から撮影。(C)MODIS衛星画像で見る森林火災の煙霧のようす(2005年8月15日，現地時間14：10)(アラスカ大GINA-URL: www.gina.alaska.edu による)。灰色が森林火災からの煙。PC地点周囲の白い部分は氷河で，下の白い部分は雲。

晴れの状態で，気温の上昇とともに氷河融解量が増えて流量も増大している(図7Bの点線に着目)。この期間の日射量は，同じようなパターンで日変化し日平均値はほぼ同じであった。つまり，氷河の融解量は日射量よりも気温に影響されていることがわかる。煙霧が襲った8月12日から，流量の日変化は不規則になり，8月15日に流量は大きく低下した。気温が低下し始めるのは8月14日で，煙霧に覆われてから2日後である。結局，氷河の融解量は，煙霧が襲ってから3日後にその影響が現れることがわかった。このあいだ，融解量は気温と日射の両方の変化に敏感に反応して変化した。この流域の一般の曇天・雨天は，極気団の南下にともなって起こるため，日平均での日射量と気温の低下はほぼ同日に起こる(たとえば，降雨日の8月18日)。しか

アメマス，オショロコマと地球温暖化

前川光司

　多くの予測では，二酸化炭素などの温室効果ガスの放出が現状のまま推移すれば，21世紀末には，年平均気温が2〜5℃ほど上昇するという。この影響は，北半球の高緯度地方ほど顕著になるといわれている。実際，アラスカ州の氷河は急速に後退している(図9：氷河の後退の機構については本文参照)。

　この温度の上昇に打撃的な影響を受けるのは，冷温性で移動が困難な生物である。ここでは，冷水を好む河川や湖に生息する淡水性の魚類を取り上げる。淡水魚は海を通じて別の川に移動ができないために，環境の変化は，淡水魚に生活や分布に影響を与える。ある場合には絶滅する。この典型が渓流に生息する冷水性のサケ科イワナ属魚類である。たとえば，日本列島に広く生息するアメマス(本州に生息する河川型アメマスをイワナと呼ぶことがある)や日本では北海道にのみ分布するオショロコマがある。

　両者とも分布北方域では川と海を行き来する回遊魚(遡河回遊魚)であるが，それぞれ分布南限域にあたる本州および北海道では，海に降海することなく生涯を川だけで生活する(河川型と呼ぶ)。さらに，分布は夏期水温によって制限されている。たとえば，オショロコマの河川内分布は河川の夏期温度が約16℃，アメマスでは約23℃で制限されている。オショロコマとアメマスともに実験的に調べると，それぞれこの水温を超えると，食欲が減り，死亡率も上がる。

　興味あることに，ある地方の地下水温はその地方の年平均気温とよく一致する。このことから，地球温暖化によって，たとえば，年平均気温が3℃上がれば，地下水温も約3℃上がる。河川上流部の河川水温は，湧水(地下水)温度に影響を受ける。1つの河川における，ある地点の夏期の河川水温は，地下水温と水源からの距離の関係ともよく一致する。

　オショロコマとアメマスの地理的な規模での分布変化をみてみよう。現在，オショロコマは道南部の千走川を南限に札幌周辺と大雪・日高地方の標高が高い山岳地域と知床半島全域に分布する。たとえば，年平均気温が4℃上がった場合，千走川個体群はもちろん，寒冷な地方として知られる知床半島も，標高の高い山や流程の長い川がないために，逃げ込むところを失って絶滅し，高い山がある札幌周辺と大雪地方で，少しの個体群だけが生き残ると予想される。

　アメマスはどうか。降海型が優占する本州から東北地方では，その影響は年平均気温4℃の上昇でもそれほどの変化は見られない。もっとも大きな影響を被るのは，中国地方である。この地方では2つの河川を除いてすべて絶滅すると予想される。北緯39°以南の個体群も多かれ少なかれ影響を受け，残された個体群も標高700m以上に押しやられて分断化が進むと考えられる。

　温暖化によって地下水温が上昇し，それにつれて河川上流部の水温が上昇する。この水温がオショロコマやアメマスの生理限界を超えれば否応なく絶滅する。絶滅の要因は別にもある。生息場所の分断化による個体群の縮小がある。その1つは，偶然の個体数の揺らぎが絶滅要因を高める。個体数が少なくなればなるほど，この確率は高くなる。もう1つは，個体数の減少によって起こる遺伝的多様性の減少(近親交配や遺伝的浮動)がある。こうして地球温暖化によって生じるイワナ属魚類個体群の絶滅は，耐性限界温度を超えることを基にした絶滅予測よりも，いっそう加速されることを示唆する。

　(中村・小池(2005)より一部改変して転載。さらに深く知りたい方は，河野・井村(1999)や前川(2004)を参照のこと)

1973 年

2000 年

図9 アラスカ州ジュノー近郊のメンデンホール氷河(前川光司撮影)。約30年で急速に縮小後退している。

し,森林火災による煙霧の場合は,日射と顕熱が1〜2日程度のズレをもって氷河融解に影響していることがわかる。

　1970年代中ごろから始まった急速な地球温暖化は,陸域での乾燥化や氷河・永久凍土の融解促進,海洋での水温上昇や海面上昇をもたらしている(図4A)。地球全体の水収支が成り立つために,現在の大陸での乾燥化や乾燥地帯の拡大は,縮小しつつある「水が存在する陸域」の水循環を活発化さ

せるという働きをもつ。この水循環の活発化は，海水温上昇にともなう海洋での水循環の活発化(蒸発量，降水量，河川流出がともに増えること)と連動している。たとえば，海洋モンスーンと大陸モンスーン両方の影響を強く受けている日本のような多降水地域では，今後ますます多降水の傾向が強まり，洪水災害・多雪災害の起こる確率が高くなると考えられる。結局，地球温暖化は，ある陸域での降水による災害を増加させるが，大陸の砂漠化や乾燥化がこれに拍車をかけているといえる。

[引用文献]

知北和久. 2005. ヒマラヤにおけるモレーン堰止型氷河湖の拡大機構について—湖水流動系の観点から. 雪氷, 67：39-49.

Chikita, K., Hattori, M. and Hagiwara, E. 1985. A field study on river-induced currents- An intermountain Lake, Lake Okotanpe, Hokkaido. Jpn. J. Limnology, 46: 256-267.

Chikita, K., Jha, J. and Yamada, T. 1999. Hydrodynamics of a supraglacial lake and its effect on the basin expansion: Tsho Rolpa, Rolwaling Valley, Nepal Himalaya. Arctic, Antarc. Alp. Res., 31: 58-70.

Chikita, K.A., Wada, T., Kudo, I., Kido, D., Narita, Y. and Kim, Y. 2007. Modelling discharge, water chemistry and sediment load from a subarctic river basin: the Tanana River, Alaska. IAHS Publ., 314: 45-56.

IPCC. 2001. Climate Change 2001: The Scientific Basis. 94 pp. IPCC Third Assessment Report.

河野昭一・井村治編. 1999. 環境変動と生物集団. 280 pp. 海漉舎.

榧根勇. 1980. 水文学. 272 pp. 大明堂.

Lvovich, M.I. 1973. The World Water. 213 pp. Mir Publishers, Moscow.

前川光司. 2004. サケ・マスの生態と進化. 343 pp. 文一総合出版.

Milliman, J.D. and Meade, R.H. 1983. World-wide delivery of river sediment to the oceans. Jour. Geol., 91: 1-21.

Mool, K.P. 1995. Glacier lake outburst floods in Nepal. Jour. Nepal Geol. Soc. Kathmandu, 11: 273-280.

中村太士・小池孝良. 2005. 森林の科学—森林生態系科学入門. 232 pp. 朝倉書店.

中尾欣四郎. 1971. 湖沼水位の安定性についての研究. 北海道大学地球物理学研究報告, 25：25-87.

札幌管区気象台編. 1991. 北海道の気候. 362 pp. 日本気象協会北海道本部.

Shrestha, A.B., Wake, C.P., Mayewski, P.A. and Dibb, J.E. 1999. Maximum temperature trends in the Himalaya and its vicinity: an analysis based on temperature records from Nepal for the period 1971-94. J. Climate, 12: 2775-2786.

鈴木雅一. 1985. 短期水収支法による森林流域からの蒸発散量推定. 日本林学会誌, 67：115-125.

Wang, X., Matsuoka, N., Yu, G. and Zhang, Z. 2005. The relationship between vegetation changes and cut-offs in the lower Yellow River based on satellite and ground

data. Jour. Natural Disaster Sci., 27: 1-7.
Yamada, T. 1996. Report on the Investigations of Tsho Rolpa Glacier Lake, Rolwaling Valley. 35 pp. WECS/JICA.
山田知充. 2001. モレーン堰き止め氷河湖の拡大と気象・水文・熱環境. 雪氷, 63：223-243.
Yang, S.-L., Zhao, Q.-Y. and Belkin, I.M. 2002. Temporal variation in the sediment load of the Yangze River and the influence human activities. Jour. Hydrol., 263: 56-71.

第10章 太古の大気組成を探る
大気の長周期変動

沢田　健

　地球の大気の主成分は窒素(N_2; 78.084%)と酸素(O_2; 20.946%)で，これら2つの気体成分だけで大気組成の99.03%を占める(Brimblecombe, 1986)。N_2，O_2以外ではアルゴン(Ar)が約1%(0.934%)，二酸化炭素(CO_2)，Ar以外の希ガスなどが極微量に含まれる[注1]。N_2は化学的に安定した気体であり，生物学的には窒素固定や脱窒によってその濃度はわずかに変動する。しかし，それが直接的に大気の状態や気候，環境を変えることはないと考えられている。一方で，O_2は光合成生物によって初めて地球上にもたらされた気体成分で，地球上にいるほとんどの生物の呼吸には不可欠である。また，地球環境におけるもっとも主要な酸化剤として海洋や大気環境の酸化還元条件を決める重要な気体である。CO_2は大気組成の0.036%(360 ppm)にすぎないが，地球における主要な温室効果気体であり(第11章)，地球表層の温度をコントロールしている。大気中のCO_2濃度は地球史を通じてつねに変動し，地球の環境・気候に大きく影響を及ぼしてきた。また，大気中のO_2濃度も数千万～数億年オーダーでは変化していることが提唱されている。したがって，地

[注1] 現在の地球の乾燥大気の組成は，N_2とO_2以外は，Ar 0.934%，CO_2 360 ppm，Ne 18.18 ppm，He 5.24 ppm，CH_4 1.7 ppm，Kr 1.14 ppm，H_2 0.5 ppm，Xe 0.087 ppm である。ただし，実際の大気は0.5〜4.0%の水蒸気H_2Oを含む(Brimblecombe, 1986)。

球大気の変遷史は O_2, CO_2 の変遷史といっても過言ではない。それらの濃度変動を知ることによって，地球環境や気候の変動の系統的な復元が可能になる。しかし，過去の地球大気の O_2 と CO_2 の濃度を定量的に復元することはかなり難しく，現時点で復元されたそれらの濃度変動は，仮説の域をでないといわざるをえない。そこで，復元するための方法論を理解し，検討することが重要である。この章では，まず O_2 と CO_2 にかかわる長周期変動スケールの地球化学システムについて解説する。次に，現時点で広く受けいれられている地質時代における大気中の O_2 と CO_2 の濃度の変遷史について概説する。そして，それらの濃度の変動史の復元を導くに至る具体的な方法について詳述したい。

1. 大気の長周期変動

炭素・酸素の長周期的な循環

大気中の CO_2 濃度の長周期変動は，地球内部に蓄えられている炭素が火成活動などにともなう脱ガス(CO_2)によって地球表層へもたらされる量と，地球表層における風化 weathering や堆積作用によって除去される量のバランスによって決められている(Berner et al., 1983；図1A)。O_2 は風化作用にともなって消費されることから濃度変化が起こるので，長周期の CO_2 濃度変動と連動しているといってよい。火成活動による CO_2 の脱ガスは，おもに中央海嶺 mid-ocean ridge や島弧 island arc などで起こる。脱ガスによって地球表層に放出された CO_2 は降水などに溶けて炭酸水となり，地表(地殻)の岩石鉱物(ケイ酸塩鉱物)を溶解する化学的な風化作用が起こる(第11章に詳述)。その反応は以下の式で表される[注2]。

$$CaAl_2Si_2O_8 + 2CO_2 + 3H_2O \rightleftharpoons Ca^{2+} + 2HCO_3^- + Al_2Si_2O_5(OH)_4 \quad (1)$$

地殻から溶出された炭酸水素イオン(HCO_3^-)が河川を通じて海洋へもたらされると，これは炭酸塩として沈殿・堆積する。ケイ酸塩の風化は，テクトニ

[注2] 本書第11章の(6)式と基本的に同じ反応系を示している。ケイ酸塩鉱物の式における項の表現が異なる(第11章(6)式では $CaSiO_3$)。

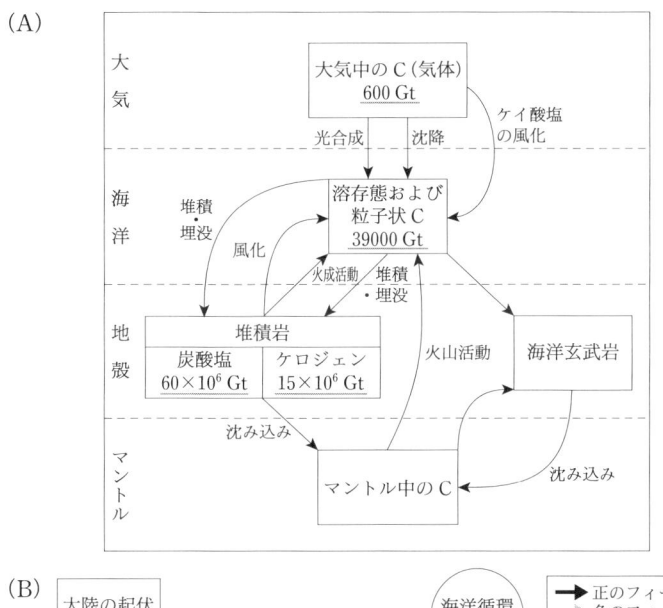

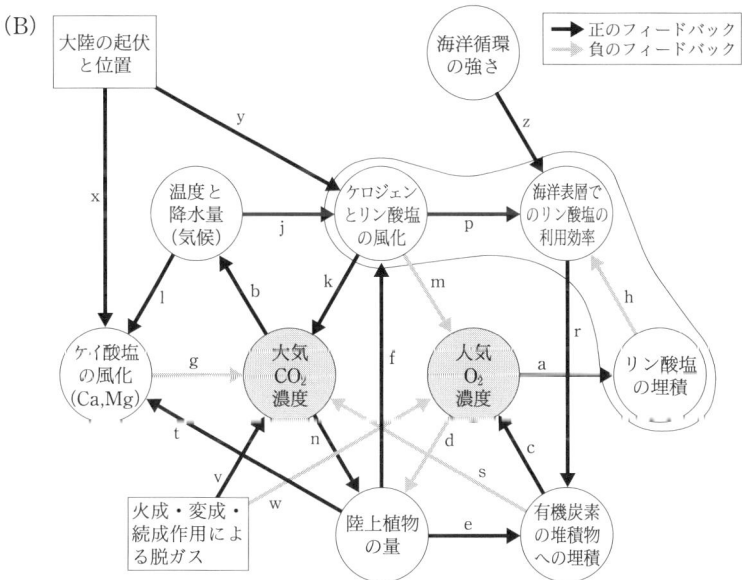

図1 (A)単純化した地球化学的な炭素循環(Killops and Killops, 2005を一部改変)。(B)長周期変動に関係したフィードバックの概略図(Berner, 1999; Killops and Killops, 2005を一部改変)。枠で囲った部分は,リン酸塩にかかわる循環。

クスによる陸域の隆起 uplift と侵食作用に大きく影響され，活発化あるいは減少する(Chang and Berner, 1999)。また，陸上に分布する炭酸塩鉱物も風化作用により，以下の(2)式のように HCO_3^- に再び溶解して海洋へと流入する。

$$CaCO_3 + CO_2 + H_2O \rightleftarrows Ca^{2+} + 2HCO_3^- \tag{2}$$

それらの結果，大気から CO_2 は除去されていく。

炭酸塩の生成－堆積－溶解のような無機炭素の循環に加えて，生物の有機物生産と有機物の堆積・埋没も重要なシステムである。海洋表層での光合成による基礎生物生産と有機物の分解・無機化 remineralization，および海洋深層への沈降といったシステム(いわゆる生物ポンプ biological pump)は，短周期的な循環としてとらえるのが普通だが，このような循環にも長周期的な要素がある。海洋表層で生産された有機物が海水での分解を免れて沈積し，その後の表層堆積物での微生物分解からも免れて堆積物(岩)中に埋没し保存される(図1A)。つまり，有機炭素は大気圏・水圏から除去されて，堆積物(岩)の岩石圏に長時間，貯蔵され，長周期的な循環に組み込まれることになる。生物が生産した有機物がどれだけ堆積物に埋積するのかは，時代や海域によって異なり，もとの生物生産量(あるいは生産された有機物の沈降フラックス量)と海水の酸化還元条件によって決まると考えられている(Wakeham and Lee, 1993)。堆積岩中の有機物は，ケロジェン kerogen と呼ばれる高分子量の難分解性有機物に変化する。ケロジェンは石油や天然ガスの前駆物質と考えられているが，堆積岩中の有機物の9割以上を占める(Durand, 1980)。地殻 crust に含まれる炭素は，ほとんどケロジェンと炭酸塩岩という形態で存在している。各々の炭素量に関しては，ケロジェンが約1万5000 Tt(テラトン：10^{12} トン)，炭酸塩が約6万 Tt と見積もられている(Kempe, 1979；図1A)。ケロジェンは炭酸塩の1/4に達するほど，岩石圏に貯蔵されているのである。地球環境における長周期かつマクロスケールの有機物(ケロジェン)の生成と除去は以下の式で表される。

$$CH_2O + O_2 \rightleftarrows CO_2 + H_2O \tag{3}$$

(3)式は普通，光合成と呼吸を示す式であるが，長周期の物質循環においては，この式の右方向の反応は堆積物中のケロジェンの風化を示し，左方向への反応は光合成とそれによって生産された有機物(ケロジェン)の堆積・埋没を示

す．ただし，実際のケロジェンの風化作用では溶存有機炭素 Dissolved Organic Carbon(DOC)と固体の酸化生成物もつくられるので，(3)式ほどは単純ではない．ケロジェンの風化は，ケイ酸塩と同様に陸域の隆起と侵食の速度が制限要因である(Chang and Berner, 1999)．

海底に堆積した炭酸塩や有機物は海洋プレートによって運ばれ，やがて沈み込み帯から地殻深部・マントルへと沈み込んでいく．あるいは，沈み込み帯で付加体(第2章)となり，それが地殻の隆起によって陸上の一部となった後に，再び風化作用を受けて炭素が除去されていく．このようなシステムによって，大気中の CO_2 濃度は長期的に極端に高くなったり低くなったりせずに比較的安定しているのである．

大気中の O_2 と CO_2 のフィードバック過程

大気中の O_2 と CO_2 の濃度変動にかかわる物質循環は，大まかにはこれまで述べたような脱ガスと風化のループ loop で説明できるが，実際にはもっと複雑なシステムが重なりあい，フィードバック feedback 過程もある(Killops and Killops, 2005；図1B)．ある現象が結果としてその状態を増幅または減少させるように働くシステムを，それぞれ正または負のフィードバックという．長期的に物理化学的状態が安定するには，打ち消しとして働く負のフィードバック過程が重要である．正のフィードバックシステムが働き続けると，その現象は増幅して一定の方向に進行し続けるからである．図1Bに示したように，以下のような負のフィードバック過程がある(Killops and Killops, 2005)．

① 〈図1の blg のループ〉ケイ酸塩の風化は大気から CO_2 を除去する．それによって温室効果による温暖化が減少する．そして，気温が下がり，その結果として風化作用が減じる(Berner and Caldeira, 1997)．

② 〈ntg〉陸上植物の生長は炭酸固定により大気中の CO_2 濃度を減じる．また，陸上土壌の形成をうながし，その結果，ケイ酸塩の風化を加速することでますます CO_2 濃度を減じる．そして，CO_2 の減少の結果，植物の生長が抑えられる．

③ 〈dec〉高い大気 O_2 濃度は植生の火災を引き起こし，陸上の基礎生物

生産の総量を制限し，O_2 濃度を減少させる(Kump, 1988)。ただし，形成された木炭 charcoal は分解しにくく，負のフィードバックの程度を抑制するだろう。

また，研究者によっては大気中の O_2，CO_2 の循環におけるリン酸塩 phosphate の生成・埋積と風化を重視する考え方がある(Berner, 1999; Killops and Killops, 2005)。それを含めたフィードバック過程を以下に示す。

④〈dfprc〉大気中の O_2 濃度の増加は植生の火災を引き起こし，植生の存在量が減少する。その結果，リン酸塩鉱物の風化が減じて，海洋へのリン酸塩の供給量が減少し，海洋の生物生産が減る。そして，有機炭素の埋積量が減少して O_2 の生産も減る。

⑤〈bjprs〉大気中の CO_2 濃度が上昇すると気候は温暖かつ湿潤になり，リン酸塩の風化が活発になる。その結果，海洋にリン酸塩が供給されて海洋生物のリン酸塩利用効率が増し，生物生産が増加する。最終的に，有機炭素の埋積量が増加し，大気中の CO_2 濃度は減少する。

負のフィードバック過程は，大気中の O_2 と CO_2 の濃度を長期的に安定化させる。しかし，上記の過程はテクトニクス・火成活動を引き金にした現象の結果であって，フィードバックそのものが制限要因になっているわけではない。

2. 数値モデルによって推定された地質時代の酸素と二酸化炭素の濃度変動

過去の大気組成は，南極やグリーンランドの氷床の氷に閉じ込められた大気成分を取り出して分析することから直接的に求められる。しかし，それが可能なのは，現在まで残っている氷床の年代—せいぜい過去数十万年間までである。したがって，大気組成(O_2 と CO_2)の濃度の長周期変動を探るには間接的に求めなければならない。間接的な方法として，数値モデルによるコンピューターシミュレーションから過去の大気組成変動を推定する方法と，堆積物や化石などを使って分析・解析してそれらに残された過去の大気記録を復元する方法がある。前者はモデル研究，後者は分析的研究と呼べる(柏木・鹿園，2003)。ここではモデル研究について説明する。

過去の大気中のO_2，CO_2の濃度変動に関するモデル研究では，米国エール大学のロバート・バーナーRobert A. Bernerとその研究グループが精力的に研究し，成果をあげている。まず，Berner et al.(1983)は過去150万年の数値モデルから大気CO_2変動を定量的に見積もった。ただし，このモデルは無機炭素の循環のみを扱ったもので，現実の物質循環とは大きくかけ離れていた。その後，Lasaga et al.(1985)が有機炭素を加えたモデルを構築した。そして，Berner(1991)では，顕生代(約6億年前～現在)を通しての大気中のCO_2変動を解析・復元した。いわゆるGEOCARBと呼ばれるモデルである。このモデルは，有機炭素の堆積物への埋積とCa，Mgをもつケイ酸塩鉱物の風化によって，CO_2が大気から除去される相対速度の見積もりに基づいて構築されている。有機炭素の埋積と岩石風化を見積もるには，それぞれ堆積物中の炭酸塩の炭素同位体比($\delta^{13}C$)とストロンチウム同位体比($^{87}Sr/^{86}Sr$)を使っている。さらに，$\delta^{13}C$データからは有機炭素と無機炭素のマスバランス式をつくって見積もりに用いている。GEOCARBモデルはその後，GEOCARB II(Berner, 1994)，GEOCARB III(Berner and Kothavala, 2001)と改良が加えられている。

　図2にGEOCARB IIIに基づいた顕生代における大気中のCO_2の濃度変動を示す。図2のように古生代前半と中生代中ごろではCO_2濃度が顕著に高いが，これは海洋プレート生産が高い，つまり海洋底拡大が効率的に起こった時期にあたり，中央海嶺などでの火成活動の活発化とそれにともなう脱ガスの増大による結果が大きく効いていることを示している。逆にCO_2濃度の低い古生代後半と新生代後半は海洋底拡大速度が遅い時期であり，その要素が大きく影響していることがみて取れる。前節で述べたように，大気中のCO_2濃度は火成活動による脱ガスだけでなく有機炭素の埋積率などの要素によっても大きくコントロールされているはずだが，図2の変動曲線は海洋底拡大の影響を大きく反映しているようにみえる。大気中のCO_2濃度の長周期変動は，大局的にはテクトニクスと火成活動にコントロールされているということである。

　Rothman(2002)も，GEOCARBモデルと同様に，有機炭素と無機炭素の$\delta^{13}C$と，$^{87}Sr/^{86}Sr$を使った地球化学モデルに基づいて，大気中のCO_2濃度

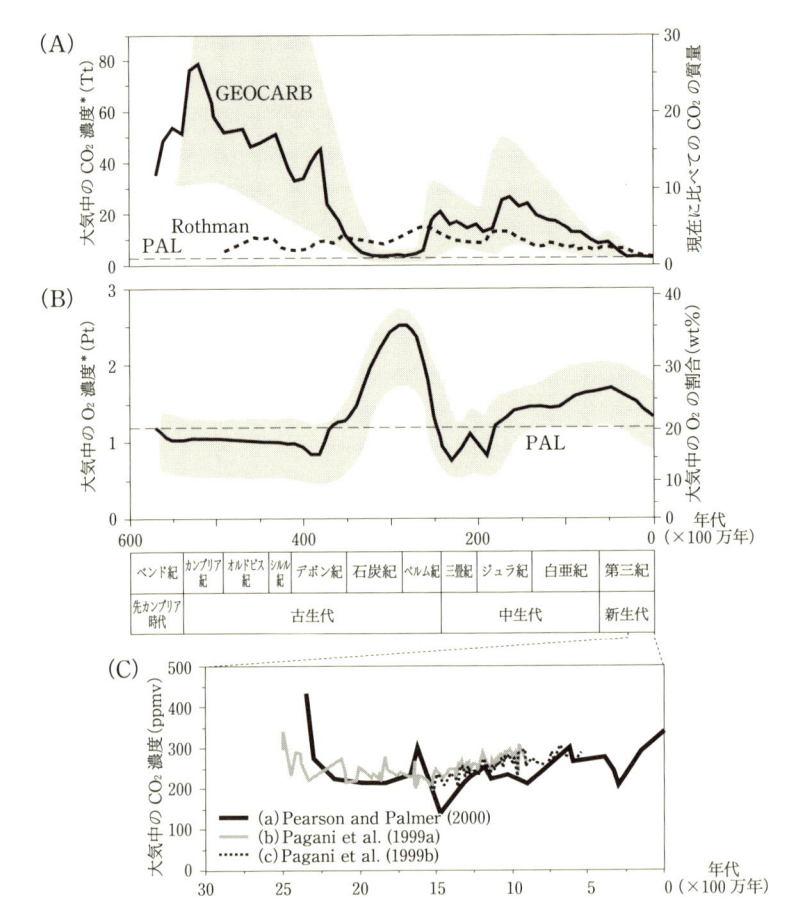

図2 (A)数値モデル(GEOCARB III)から構築された顕生代における大気中の CO_2 の濃度変動(Berner and Kothavala, 2001; Royer et al., 2001)。Rothman(2002)の結果も示す。(B)数値モデルから構築された顕生代における大気中の O_2 の濃度変動(Berner and Canfield, 1989; Berner, 2001)。(C)堆積物中のホウ素同位体比($\delta^{11}B$)およびアルケノンの炭素同位体分別(ε_p)モデル解析によって復元された,漸新世末期以降の大気中の CO_2 の濃度変動(Pearson and Palmer, 2000; Pagani, 1999a, b を改変)。*：CO_2, O_2濃度を質量で示す。口絵参照

の過去5億年間の変動を復元している。ところが，GEOCARBとは異なる結果が得られている(図2A)。復元された大気中のCO_2濃度はGEOCARBに比べるとかなり低く見積もられている。また，大気中のCO_2濃度は古生代後期のペルム紀に極大値をとる。この研究は，地質時代オーダーの長周期の気候変動と大気中のCO_2濃度の変動とは，必ずしも連動しないことを主張している。GEOCARBと異なる結果が提示されていることも留意する必要があるだろう。

Tajika(1998)はGEOCARB IIを基に，脱ガスフラックスを中央海嶺，ホットスポット，沈み込み帯の3つに分け，$δ^{13}C$データから過去約1.5億年前〜現在のモデリングを行った。このモデルでは，ヒマラヤ・チベット地域の隆起とその風化・侵食を考慮した。新生代後半におけるヒマラヤ・チベット地域の大規模な隆起とその結果として起こった風化の活性化が，大気中のCO_2濃度の低下と気候の寒冷化をもたらしたという，いわゆるRaymo仮説(Raymo and Ruddinman, 1992; Raymo et al., 1988)がある。Tajika(1998)のモデルでは，新生代後半において全地球的にはケイ酸塩の風化の活性化が起こっているわけではなく，Raymo仮説で単純に大気中のCO_2濃度の低下を説明できないことを指摘している。ただし，ヒマラヤ・チベット地域で起こったことは地域的な現象であると位置づけたうえで，大気中のCO_2濃度の低下との関連性があったことを論じている(詳細は，田近，2002を参照)。

一方，バーナーらは大気中のO_2の顕生代における濃度変動も構築している(Berner and Canfield, 1989; Berner, 2001；図2)。大気中のO_2濃度変動の数値モデルは，O_2の生成と消費の速度比から構築されているが，基本的にはCO_2濃度変動の推定方法と同じである。この際，O_2生成は有機物と黄鉄鉱(パイライト pyrite)の埋積量の見積もりから，O_2消費はケロジェンと黄鉄鉱の風化率の見積もりからモデル化している。それによって提案された大気中のO_2濃度の顕生代における変動曲線を図2に示した。この変動曲線では，古生代後半のO_2濃度の増加がとくに目につく。これは有機炭素の埋積量の増加と連動した現象であるといえる。また，この時代は陸上植物が分布域を広げる時期にあたり，陸上生態系の光合成によるO_2が大気に付加されだしたことも大きな要因といえるだろう(ベアリングとウッドワード，2003)。この時

代には，前節で説明したような負のフィードバックシステム(③と④)が働いていた可能性が高い。古生代末に急激に大気中の O_2 濃度が低下したことは，この時期の環境激変，いわゆるペルム－三畳紀(P-T)境界の環境激変の結果であることが提唱されている(Knoll et al., 2007)。ただし，具体的にどのような要因で引き起こされたのかはよくわかっていない。

3. 地層や化石に残された過去の大気中の酸素濃度の記録

図3に大気中の O_2，CO_2 の濃度を復元するための指標 indicator・プロキシー proxy[注3] をまとめた。この節で説明する大気中の O_2 濃度については，プロキシーというより指標から復元されている。原始地球の大気は O_2 がほとんどなく，ほぼ0の状態から急激にその濃度が上昇したと考えられるため，大気中に O_2 が満ちていく過程で生成した酸化物や現れた酸素発生型生物の化石の存在を証拠として，O_2 の状態の大まかな復元が可能となる(図3)。還

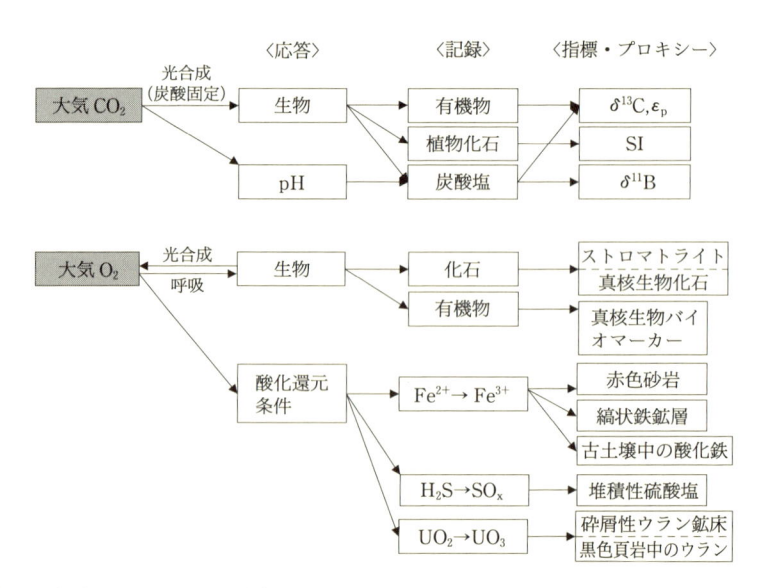

図3 大気中の O_2 と CO_2 の濃度を復元するための指標・プロキシーの原理と対象試料の種類の関係を示した図。大気中の O_2 については川上(2002)を参照。SI，ε_p，$\delta^{11}B$ は本文を参照。

元条件から酸化条件に変わって現れる地層や化石といった地質学的試料が，そのまま指標となるわけである。

　O_2 は初めにランソウ（シアノバクテリア）による光合成によって地球上にもたらされた。ランソウは堆積粒子を膠着するなどしてストロマトライト stromatolite という縞状構造をもつ堆積岩をつくる。最古のストロマトライトが約 27 億年前の西オーストラリアの地層から見つかること（Buick, 1992）から，酸素が発生したのはその時期という推測がされている。また，ランソウに由来するバイオマーカー biomarker の 2-メチルホパン（2-methylhopane）が西オーストラリアの同時期の地層から検出され（Summons et al., 1999），地球表層での O_2 の発生が 27 億年前に始まっていることが広く受けいれられている。

　ランソウの光合成によって発生した O_2 は海水中に満ちていく。その過程で海水中に溶けている 2 価の鉄イオン（Fe^{2+}）が酸化されて 3 価の鉄イオン（Fe^{3+}）に変わり，赤鉄鉱 hematite（Fe_2O_3）や磁鉄鉱 magnetite（Fe_3O_4）などの酸化鉄が生成して海底に沈積した。その際，酸化鉄鉱物の割合の多い層と炭酸塩や石英（シリカ）の粒子の割合が多い層の互層ができて特徴的な縞状構造が発達する。この互層は縞状鉄鉱層 Banded Ion Formation（BIF）と呼ばれ，海水の酸化の証拠と考えられている。BIF は約 25 億〜19 億年前に大規模に形成されたことが知られていて（Klein and Beukes, 1992），ストロマトライトの出現年代より後の年代になる。19 億年前より新しい地質体からは BIF はほとんど見つからなくなることから（Klein and Beukes, 1992），海洋の酸化による酸化鉄の沈積が約 19 億年前に終了したことが推察される。

　BIF が見られなくなる約 19 億年前の地層からは，新しく赤色砂岩 red sand stone が見られるようになる。これは当時，陸上に露出していた砂岩で，酸化鉄の赤色を反映した色を呈している。これは陸上および大気の酸化（O_2 の増加）を示している。また，過去に形成された土壌（古土壌 paleosol）において

---

222 頁(注3) プロキシー proxy とは「代わりになるもの」という意味で，地球科学ではある現象や物理化学量の代わりになる対象やパラメーターのことをいう。指標よりも直接的で定量性が高い。水温のプロキシーとしての酸素同位体比（$\delta^{18}O$）を例にすれば，$\delta^{18}O$ の値そのものが温度の代わりになるものである。水温との関係式も設定し，換算することができる。

も鉄イオンの指標がある。土壌は岩石と大気の境界で生成されるので，大気組成をよく反映していると考えられる。約22億年前の古土壌では鉄が土壌の地表に近い部分から失われている。これは還元条件下で起こる炭酸水による Fe^{2+} の溶脱の証拠と考えられている (Holland, 1994)。約19億年前より新しい古土壌には鉄が保持されていて，これは酸化的環境で酸化鉄が生成して水に溶けなくなってその場に残ったと解釈されている。このことは，BIFや赤色砂岩の証拠とよく一致している。鉄イオンのほかに酸化還元条件を利用した指標として，硫黄(S)とウラン(U)がある(図3)。硫黄は硫酸塩堆積物(たとえば，$BaSO_4$)，ウランは砕屑性ウラン鉱床として得られる。閃ウラン鉱(UO_2)は酸化されると UO_3 になるが，南アフリカの約23億年前までの地層に閃ウラン鉱が見いだされる。しかし，それ以降に堆積した地層からは認められない。

　大気中の O_2 の濃度がさらに上昇した時代では，本格的に酸素呼吸を行う生物である真核生物が現れる。好気性バクテリアがミトコンドリアとなって細胞内共生したことで，真核生物は O_2 濃度の高い環境で生息が可能になった。そのミトコンドリアの酸素呼吸は O_2 濃度が現在の約1％，つまり0.01 PAL[注4] を超えると機能すると考えられていて，その O_2 濃度をパスツールポイント Pasteur point と呼ぶ。真核生物の出現時期がわかると，大気 O_2 濃度がいつパスツールポイントに達したのかが推定できることになる。真核生物の化石としてアクリターク acritarch とグリパニア Grypania があり，それぞれ最古の化石記録は19億～18億年前 (Knoll, 1994)，19億年前 (Han and Runneger, 1992) とされている。しかし，現在でも最古の真核生物の化石記録については議論が続いており，真核生物の出現時期はいまだ不明瞭である。

　顕生代のような大気中に O_2 が十分にある環境において，O_2 濃度を復元するための高感度で定量性の高い指標・プロキシーは，現在のところ開発されていない。顕生代においても，図2のようにモデルで推定された大気 O_2 濃度は劇的に変動している。これを分析的研究で実証することは重要で，今後の研究テーマである。

[注4] PAL (Present Atmospheric Level) とは，大気中の O_2 や CO_2 などの気体の現在の濃度レベルに対する割合で示す値である。

4. 地球化学・古生物学プロキシーから大気中の二酸化炭素濃度の変動を復元する

過去の大気中の CO_2 濃度を復元する分析的研究は，1990年代以降，目覚ましく発展している。高感度で定量性の高いプロキシーとして，ホウ素同位体比，葉の気孔密度指数，有機物の炭酸固定における炭素同位体分別による3つの方法が挙げられる(図3)。有機物の炭素同位体分別については後に詳述する。

ホウ素同位体比($\delta^{11}B$)は海水のpHのプロキシーである。海水のpHは海水中の炭酸の化学平衡(アルカリ度)に依存する。したがって，得られたpHから海水中の CO_2 濃度を計算し，さらに大気中の CO_2 濃度を定量的に見積もることができる(Palmer et al., 1998)。有孔虫やサンゴなど海生石灰質生物の殻に含まれるホウ素を使って分析が行われる。海水中に溶存している水酸化ホウ素は $B(OH)_3$ と $B(OH)_4^-$ の2つの種類があり，その存在比(化学平衡)は海水pHで決まる。$B(OH)_3$ と $B(OH)_4^-$ のあいだでの同位体交換反応は以下の(4)式のとおりである。

$$^{11}B(OH)_3 + {}^{10}B(OH)_4^- \rightleftharpoons {}^{10}B(OH)_3 + {}^{11}B(OH)_4^- \qquad (4)$$

この反応での同位体分別は大きく(−19.5‰)，$B(OH)_3$ と $B(OH)_4^-$ それぞれの $\delta^{11}B$ は海水pHに強く相関する。海成炭酸塩中のホウ素は $B(OH)_4^-$ が優先的に結合し，その $\delta^{11}B$ は高感度のpHプロキシーになる(Hemming and Hönisch, 2007)。Pearson and Palmer(2000)では，浮遊性有孔虫の石灰殻の $\delta^{11}B$ を使って，新生代を通しての大気中の CO_2 濃度を復元した。この研究では大気中の CO_2 濃度が約6000万〜5200万年前(暁新世後期〜始新世初期)に現在の約6倍以上高いレベルであったことを定量的に見積もった。その後，大気 CO_2 濃度は5200万〜4000万年前(始新世)のあいだに急激に減少した。現在のレベルになったのは約2400万年前(中新世初期)であり，それ以降，大気中の CO_2 濃度は安定している(図2C)。

葉の気孔密度指数 Stomatal Index(SI)は，大気中の CO_2 濃度と陸上植物の葉の気孔の数(密度)が密接に関係していることを利用した(古)生物学的なプ

ロキシーである。葉化石の単位面積あたりの気孔の数(気孔密度)を電子顕微鏡で計測することにより求められる。Retallack (2001) は，イチョウ Ginkgo の葉の SI と大気中の CO_2 濃度が指数関数的に相関することを示した。そして，その関係式を基にして，SI を使った過去3億年間(ペルム紀〜現在)の大気中の CO_2 濃度の変動を提示した。ペルム紀の古代イチョウ(現生のイチョウに近縁な絶滅種)の葉化石から現生のイチョウの葉にいたる大量の葉試料の SI データを集めて，大まかではあるが過去2億年間の連続的な CO_2 濃度曲線をつくりあげたことに感心させられる。SI は方法論的には地球化学的プロキシーに比べて精度や定量性が劣るように思われる。ただし，現在のところ，陸上植物を含め陸上の試料を使った大気中の CO_2 の地球化学指標・プロキシーはない。よって，SI は陸上植物から求められるので，海底堆積物の記録よりも直接的に大気中の CO_2 濃度の情報を得ることができるという利点がある。

5. バイオマーカーの炭素同位体分別モデルと二酸化炭素の濃度変動

海洋におけるおもな一次生産者である微細藻類 microalgae(植物プランクトン phytoplankton ともいう)は，地球史を通して地球表層の O_2，CO_2 の濃度を変化させてきた主要な生物である。ランソウ(シアノバクテリア)をはじめとして光合成を行う微細藻類の海洋での生産によって，大気中の CO_2 が有機物として固定されて海洋表層から深層または堆積物へと輸送される，いわゆる生物ポンプにより，大気 CO_2 濃度の低下が促進されていった。一方で，微細藻類は，地球環境変動の〝記録者″でもある。それらは成長時の環境条件に敏感に順化して，代謝産物や細胞内の構成成分の組成を制御し，その結果として，細胞の有機物組成，元素比，または同位体比などの化学量論的パラメーターとして環境情報を記録する。それらの記録の一部は細胞が死んで堆積した後にも失われずに残されている。ここでは微細藻類の炭素同位体比と同位体分別を使った CO_2 濃度を復元するためのプロキシーについて説明する。

炭素同位体分別モデル

1980年代末ごろから，微細藻類の有機物の炭素同位体比($\delta^{13}C$)が細胞外のCO_2濃度に密接に関連して変化することが指摘されるようになった。このことから堆積物に含まれている藻類由来の有機物の炭素同位体比から過去の海洋表層もしくは大気中のCO_2濃度を復元する方法が提案された(Rau et al., 1989)。さらに，1990年代には有機分子個別の$\delta^{13}C$測定が可能になり，かつ，微細藻類の系統的な培養実験に基づく同位体分別モデルが構築された。それによって，実際の堆積物試料から過去のCO_2濃度を解析する試みがなされるようになった。

海水中の溶存無機炭素 Dissolved Inorganic Carbon (DIC) は，CO_2，HCO_3^-，およびCO_3^{2-}の化学平衡状態で存在する。微細藻類の多くは圧倒的に大きな割合で存在するHCO_3^-ではなく，分子状のCO_2を光合成の基質として吸収し，C_3型の炭酸固定回路によってそれを固定していくことがわかっている(Aizawa and Miyachi, 1986)。C_3型の炭酸固定による同位体分別(ε_p)と，藻類の細胞内外のCO_2濃度との関係は次のように示される(Farquhar et al., 1989)。

$$\varepsilon_p = \varepsilon_t + (C_i/C_e)(\varepsilon_f - \varepsilon_t) \tag{5}$$

ε_tは細胞外のCO_2が細胞内へ輸送されるときの同位体効果による分別，ε_fは細胞内での酵素 Rubisco (Ribulose-1,5-bisphophate carboxylase/oxygenase) による固定時における同位体分別を示す。C_iとC_eはそれぞれ細胞内外のCO_2濃度である。

Jasper et al (1994)は，(5)式の修正案をまとめて次のように示した。

$$\varepsilon_p = \varepsilon_f + (\gamma/C_e)(\varepsilon_t - \varepsilon_f), \ \gamma = C_e - C_i \tag{6}$$

さらに，$a = \varepsilon_f$，$b = \gamma/(\varepsilon_t - \varepsilon_f)$として次式のように簡略化した。

$$\varepsilon_p = a + b/C_e \tag{7}$$

aとbを定数として，ε_pからC_e，すなわち藻細胞の周囲の溶存CO_2濃度が求められることがわかる。この研究では堆積物中に含まれる，ハプト藻 Haptophyte に由来する有機分子(バイオマーカー)であるアルケノン alkenone と浮遊性有孔虫の石灰殻それぞれの$\delta^{13}C$の差からε_pを算出することを提案した(図4A)。

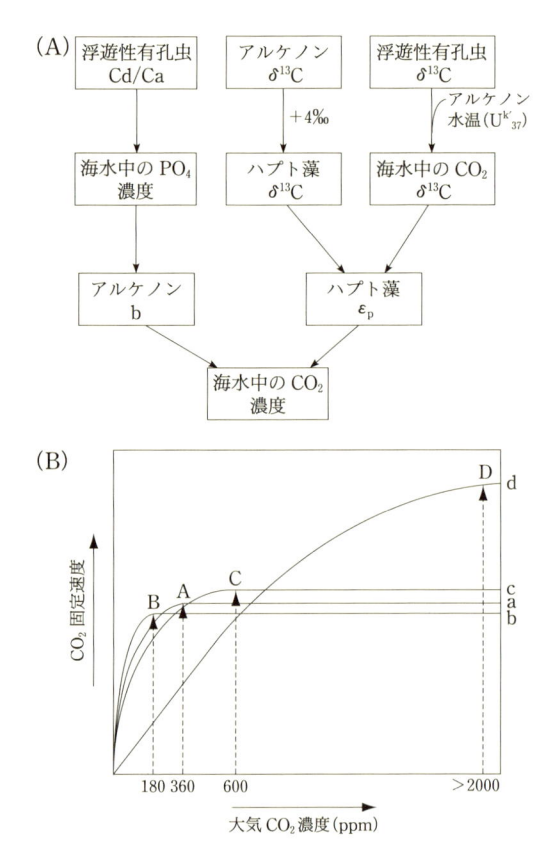

図4 (A)過去の CO_2 濃度の復元法の概略図（Bigigare et al., 1999 を改変）。$U^{k'}_{37}$：アルケノン不飽和指数，+4‰：アルケノンの $\delta^{13}C$ と細胞の全体的な有機物の $\delta^{13}C$ のあいだの差。(B)地球史における過去の大気中の CO_2 濃度(ppm)と光合成 CO_2 固定速度の関係を示す仮想概念図（沢田・白岩, 2001）。A：現在の大気中の CO_2 濃度(360 ppm)，B：最終氷期(約2万年前)の大気中の CO_2 濃度(180ppm；Barnola et al., 1987)，C：地球温暖化が進んだ場合の21世紀半ばの大気中の CO_2 濃度(600 ppm)，D：始新世(約2500万年前)以前の大気中の CO_2 濃度(2000 ppm 以上；Pearson and Palmer, 2000)において推定される微細藻類の光合成 CO_2 固定速度の飽和値。a, b, c および d：A, B, C および D のそれぞれの CO_2 濃度条件に順化した細胞の光合成キネティックス。

Jasper and Hayes(1990)では(7)式の定数 a，b は，氷床コアの CO_2 濃度と堆積物中の ε_p の値から求めた経験式から，各々 a＝29.2，b＝－109 という値を得ている。また，海水中の CO_2 濃度(Ce)から大気中の CO_2 濃度(pCO_2)への換算は，アルケノン不飽和指数($U^{k'}_{37}$；図 4A)から得られた水温におけるヘンリー則の関係式(8)で行われる。

$$pCO_2 = Ce/K_{H(T)} \tag{8}$$

$K_{H(T)}$ は，温度 T におけるヘンリー定数である。

　さらに，Bigigare et al.(1997)では海水中の粒子試料の分析から(7)式におけるbが栄養塩(リン酸塩)濃度に相関することを見いだした。このことにより，地球化学で使われる過去のリン酸塩濃度指標であるカドミウム(Cd)/Ca 比から b を見積もることが可能であると提案した(図 4A)。炭素同位体分別モデルは，アルケノン以外にも珪藻やランソウなどのバイオマーカーからも提示され，CO_2 濃度プロキシーとして検討されている(Popp et al., 1998; Burkhardt et al., 1999)。

炭素同位体分別モデルに関する植物生理学と地球化学の協調

　近年の微細藻類の光合成(CO_2 固定)による炭素同位体分別機構の研究は，藻細胞の環境の変化に対する順化 acclimation の過程を考慮する必要性を提起している。この藻類の順化機構は，ε_p と CO_2 濃度の関係を複雑にする。微細藻類の環境変化に対する順化機構の研究は，培養実験を基本とした植物生理学の方面から精力的に行われている。また，植物生理学と地球化学の共同研究も行われている(沢田・白岩, 2001)。その結果，CO_2 濃度と光合成速度の関係において，微細藻類の光合成 CO_2 固定系の複雑な順化機構が解明されつつある。地球史における CO_2 濃度レベルでの仮想的な微細藻類の光合成(CO_2 固定)速度 vs. CO_2 濃度の関係は，これまで培養実験で得られた知見から，図 4B のような傾向を示すことが推定できる。たとえば，微細藻類を第四紀の最終氷期の CO_2 濃度(180 ppm)条件で培養した場合，藻細胞は 180 ppm で光合成(CO_2 固定)速度が最大となるように順化する。それ以上の CO_2 濃度にしても光合成速度は頭打ちとなって大きくならない(図 4B)。また，180 ppm 以下では光合成速度は対数関数的に減少する(図 4B)。つまり，現在

の大気中のCO_2濃度レベルで最大光合成速度を示す藻細胞も，最終氷期の低濃度レベルや，始新世以前の高濃度条件下で成長すれば，それぞれのCO_2濃度条件に順化して，その濃度環境でもっとも効率的な光合成を行うと考えられる。微細藻類は異なるCO_2濃度条件下で光合成系の機構そのものを変化させることにより，光合成効率を上げていることが明らかにされている。光合成系そのものが異なる環境条件下で変化するということは，CO_2濃度にかかわるε_pモデル式が単純でないことを意味する。

図4Bにおいて，低CO_2濃度に順化した細胞が，かなり低レベルのCO_2濃度条件下でも高CO_2濃度に順化した細胞よりも高い光合成速度を示すのは，"酵素カルボニックアンヒドラーゼ Carbonic Anhydrase(CA)[注5]の合成"と"CO_2濃縮機構 CO_2-Concentrating Mechanism(CCM)の構築"という2つの順化機構が働いているからである(Aizawa and Miyachi, 1986; Kaplan and Reinhold, 1999)。微細藻類は，低CO_2濃度条件下でこれらの機能を誘導することにより，少ないCO_2で効率的に光合成CO_2固定を行うことができる。一方，高CO_2濃度に順化した細胞においては，CAおよびCCMの誘導が抑制されるために，その働きがないままCO_2固定が行われる。おもに細胞膜外側に存在する酵素CAによってHCO_3^-のCO_2への交換反応が促進されると，DICの能動的な細胞内への輸送が起こる。これは，酵素CAが関与する順化機構の1つである。CCMとは，細胞内にDICを蓄積することにより，水圏環境のCO_2濃度レベルが低い場合でも，光合成CO_2固定を行うためのDICを確保するシステムである。とくに，ランソウは細胞外のDIC濃度の数万倍も細胞内でDICを濃縮して貯蔵していることが知られている(Kaplan and Reinhold, 1999; Badger and Price, 1994)。真核細胞においては細胞外DIC濃度の数〜数十倍であり，その濃縮率はランソウに比べて非常に小さい(Aizawa and Miyachi, 1986)。

酵素CAが関与したり，CCMが効率的に機能してDICの細胞内へ能動的輸送が行われる場合，細胞外のCO_2濃度の変化に対応した細胞内へのCO_2

[注5] 酵素CAは，CO_2とHCO_3^-の平衡反応の触媒であり，この酵素により細胞における両DIC種の交換反応が迅速に行われる。

フラックスや細胞内 CO_2 濃度(つまり，Ce と Ci の関係)が直接対比できなくなることが危惧される。つまり，それらの機能により，微細藻類は水圏環境の CO_2 濃度が変化した場合にも，細胞内 CO_2 濃度をある程度一定に維持することになるので，ε_p は細胞の周りの CO_2 濃度に影響されないことになる。ここで，地球化学や自然史科学にとって幸運なことは，アルケノンを合成するハプト藻 *Emiliania huxleyi* がこの酵素 CA をもたず CCM 活性も低いことである(Sekino and Shiraiwa, 1994)。したがって，アルケノンの $\delta^{13}C$ 値を使った ε_p モデル式からの CO_2 濃度解析法は，広く受けいれられる信頼性の高い方法であるといえる。しかし，そのほかのバイオマーカーの $\delta^{13}C$ 値を使った ε_p 解析からの CO_2 濃度の復元については，CO_2 順化機構を考慮した解析モデルを再構築する必要があると思われる。このことは早急に検討するべき問題であると思われる。

ε_p による大気中の CO_2 濃度変動の復元

堆積物のアルケノンの ε_p 解析を行って，高時間分解能の大気中の CO_2 濃度変動が復元されている。メキシコ湾北部で採取された深海掘削コアから，過去約 14 万年間の大気中の CO_2 濃度変動が推定された(Jasper and Hayes, 1990)。この結果は南極で掘削された氷床コア(ボストークコア)中に保存されている CO_2 気体の濃度の変動とよく一致することがわかった。赤道太平洋の深海底掘削コア(MANOP サイトコア；Jasper et al., 1994)や，大西洋東部の堆積物コア(アンゴラ海盆コア：Andersen et al., 1999)からも，同様にアルケノンの ε_p 解析により大気中の CO_2 濃度変動が求められている。しかし，MANOP サイトコアの結果は，ボストークコアの大気中の CO_2 濃度変動とは異なる変動パターンを示した。また，アンゴラ海盆コアの変動曲線のパターンはボストークコアとよく似ているものの，ボストークコアより約 1.5～2 倍高い CO_2 濃度が得られた。この違いは，アルケノンの ε_p 解析方法の精度の問題に起因するかもしれないが，CO_2 濃度変動の緯度的な違いを反映している可能性も指摘できるだろう。

Pagani(1999a, b)は，南太平洋，大西洋，インド洋で採取された深海底掘削コアを用いて，アルケノンの ε_p 解析を行い，約 2500 万～500 万年前(漸新

世末期〜中新世)における大気中のCO$_2$濃度の変動を復元した(図2C)。推定されたCO$_2$濃度変動曲線は,数万年オーダーの変動を繰り返しながらも,大まかにはほぼ一定である。中新世前期から後期,さらに鮮新世と時代が進むにつれ,地球規模で寒冷化が進行しており,大気中の温室効果気体であるCO$_2$の濃度は低下したと考えられてきた。しかし,Paganiらの結果は異なる傾向を示したのである。さらに,Paganiらは,大気中のCO$_2$濃度の変動と陸上植生の進化との関係について論じている。C$_4$植物からなる草原の植生は,ヒマラヤ・チベット地域の上昇にともなうインド地域の乾燥化や大気中のCO$_2$濃度の低下に強く影響を受けて,約800万〜600万年前に大規模に拡大したと考えられてきた(Cerling et al., 1997)。しかし,Paganiらが推定した大気中のCO$_2$濃度の変動曲線は,800万〜600万年前の時期にはやや上昇する傾向を示している。このことから,C$_4$植物の植生の拡大は,大気中のCO$_2$濃度の変化というよりも,乾燥化や季節的な降雨のある気候への変換などの要因が影響して起こったと提唱している。今後も,アルケノンのε_p解析から多くの大気中のCO$_2$濃度の復元データが提供されていくであろう。

地球の大気組成,大気中のO$_2$とCO$_2$の濃度の長周期変動は,数値モデルと地球化学・地質学的な指標・プロキシーの分析から復元されている。各々の手法で方法論的な検討を続けて,その精度や信頼性,適用性を上げていくことはもちろんだが,複数の手法を併用することで個々の特徴をいかし(あるいは補完しあい),より現実に近い組成や濃度を復元していくことが望まれるだろう。本章で述べたように,O$_2$とCO$_2$濃度の指標・プロキシーには,生物の環境変化に対する生理学的な応答を利用したものが多い(図3)。また,バイオマーカーの炭素同位体分別モデルの検討において,植物生理学と地球化学の共同研究が実現している。このような地球科学系と生物学系の学問分野が融合した「新・自然史科学」は,大気変動を解明する研究においても重要な役割を果たしていくであろう。さらに,過去の大気中のO$_2$とCO$_2$の濃度を復元する新しい手法・技術の開発は今後もますます求められることである。新しい指標・プロキシーが開発されれば,飛躍的に大気中のO$_2$とCO$_2$濃度変動の復元データが加えられ,新しい大気組成の変動像やその条件下で

の生命や生態系の進化像が構築される。そこから，新しい地球観・自然観・生命観が生まれていくことを期待したい。

ミニチュアの地球，タイタン

倉本　圭

　霞んだ太陽の下に広がる茶色い大地に河がくねり，海岸線の先には黒褐色の干潟が水平線に溶け込んでいる。内陸に目を転ずると風紋に覆われた砂丘が続くかと思えば，沸き立つ雲が湖面に映える湿地帯も見いだすことができる。
　これは地球の風景の描写ではない。太陽光を地球のわずか1/100の強さでしか浴びていない土星の衛星タイタンの地表の姿である。
　母惑星の土星も美しいリングで装飾された特徴ある姿をしているが，タイタンもじつに個性的である。その質量は地球の2%程度だ。しかしサイズは地球の4割ほどで，太陽系第一惑星の水星を凌いでおり，大きさの点では小型の惑星といっても過言ではない。タイ

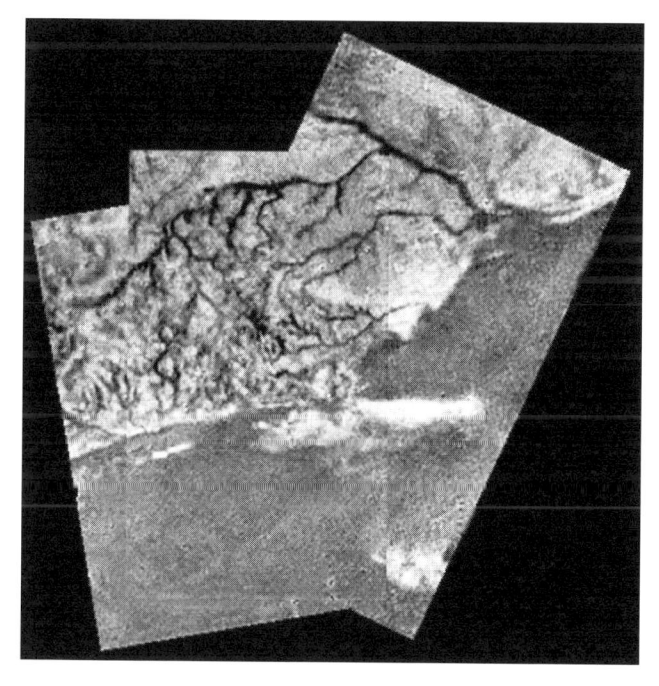

図5　タイタンの「河」と「海岸線」。およそ3km四方の範囲が映しだされている。土星探査機カッシーニから投下されたタイタン大気プローブ・ホイヘンスが大気を降下中に撮像した画像である。© NASA/JPL/ESA/University of Arizona. http://photojournal.jpl.nasa.gov/catalog/PIA07236

タンは地表で1.5気圧に達する濃密な窒素大気に覆われている。奇しくも大気組成まで地球によく似ている。

タイタンの地表の姿は最近まで謎に包まれていた。それは大気に漂うオレンジ色の霞に全体が覆われており，地表を直接観察することが難しかったためである。2004年末に土星系に到着し，現在も周回観測中のカッシーニ探査機は，タイタン大気に観測機器をパラシュート降下させ，文字通りベールに包まれていたタイタンの地表の姿を初めてわれわれに送り届けてくれた。さらにカッシーニ探査機は，タイタンの変化に富む地表の姿を，霞を透過できるレーダー撮像によっても明らかにしつつある。

太陽光の弱いタイタンでは，その地表面は約$-180°C$の極低温状態にある。このような環境では液体の水は存在できない。タイタンの地表を流れている物質はメタンである。じつはタイタンでは凝固点の低いメタンが地球における水の役割を果たしている。メタンの雨が降って地表を流れて湖沼や浅海に注ぎ，そこからメタンが蒸発して雨をもたらす循環が起きているのである。

しかし，いくつもの疑問が浮かぶ。H_2O氷が主成分と考えられるタイタンの地表は，なぜケイ酸塩でできた地球の地表と同様に風化侵食されるのだろうか。また地球同様に侵食を起こす作業物質の三重点に近い気温になっているのは偶然なのだろうか。

その理解のヒントの1つに，作業流体(地球ではH_2O，タイタンではメタン)の蒸発熱や風化侵食を受ける固体物質の結合エネルギーの1分子あたりの値を，それぞれの天体の太陽光強度や地表面の絶対温度で割ってみると，大体同じ大きさにスケールできることが挙げられる。つまりタイタン上では温度や物質の異なる地球上と同様の速さで，表層物質の物理化学的な変化が起こっていると考えられる。

もう1つのヒントには，タイタンが地質学的に活動的であることが挙げられる。タイタンの地表はクレーターがほとんど存在しない半面，起伏に富む。これは風化侵食に加え，

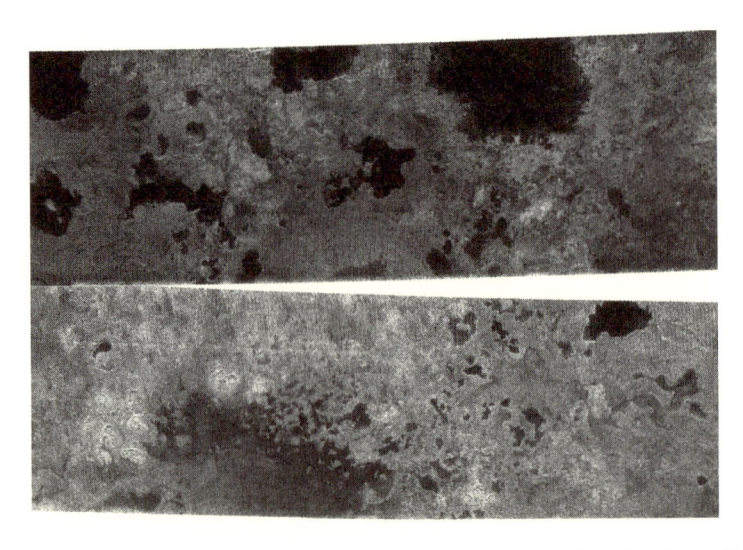

図6 タイタン北極域の湖沼地帯。上下2枚の写真とも，パッチ状に暗く見える部分が「湖沼」である。横幅はおよそ500 km。カッシーニ探査機によってレーダー撮像されたものである。© NASA/JPL. http://photojournal.jpl.nasa.gov/catalog/PIA08630

活発な地殻変動が起こっていることを示している。地球の表層環境の安定化には，固体地球を含めた物質循環が大きく貢献していることを思いだそう。タイタンの表層環境も，内部との物質交換を含む物質循環によって，地球同様の絶妙な動的バランス，つまり物質が常に気相と液相を行き来する状態に保たれているのかもしれない。

タイタン表層環境の地球との相似性はもっと広いいろいろなレベルで成り立っているかもしれない。なかでも最大の興味は水に依存しない極低温型生命の可能性であろう。タイタン大気の霞は，じつは大気メタンと窒素を原材料とする光化学反応で生成された複雑な有機化合物である。タイタンにはこうした物質を栄養源とする，われわれが想像していなかったような極低温生命系が広がっていてもおかしくはない。タイタンと地球の相似性の研究は，地球システムの理解を深化させるだけでなく，そこに革命を起こす可能性も秘めている。

[引用文献]

Aizawa, K. and Miyachi, S. 1986. Carbonic anhydrase and CO_2 concentrating mechanism in microalga and cyanobacteria. FEMS Microbiol. Rev., 39: 215-233.

Andersen, N., Müller, P.J., Kirst, G. and Schneider, R.R. 1999. Alkenone $\delta^{13}C$ as a proxy for past pCO_2 in surface waters: results from the late Quaternary Angola Current. In "Use of Proxies in Paleoceanography: Examples from the South Atlantic" (eds. Fischer, G. and Wefer, G.), pp. 469-488. Springer-Verlag, New York.

Badger, M.R. and Price, G.D. 1994. The role of carbonic anhydrase in photosynthesis. Annu. Rev. Plant Physiol. Plant Mol. Biol., 45: 369-392.

Barnola, J.M., Raynaud, D., Korotkevich, Y.S. and Lorius, C. 1987. Vostok ice core provides 160,000-year record of atmospheric CO_2. Nature, 329: 408-414.

Berner, R.A. 1991. A model for atmospheric CO_2 over Phanerozoic time. Am. J. Sci., 291: 339-376.

Berner, R.A. 1994. GEOCARB II: A revised model of atmospheric CO_2 over phanerozoic time. Am. J. Sci., 294: 56-91.

Berner, R.A. 1997. The rise of land plants and their effect on weathering and atmospheric CO_2. Science, 276: 544-546.

Berner, R.A. 1999. A new look at the long-term carbon cycle. GSA Today, 9: 1-6.

Berner, R.A. 2001. Modeling atmospheric O2 over Phanerozoic time. Geochim. Cosmochim. Acta, 65: 685-694.

Berner, R.A. 2002. Examination of hypotheses for the Permo-Triassic boundary extinction by carbon cycle modeling. Proc. Natl. Acad. Sci. U.S.A., 99: 4172-4177.

Berner, R.A. and Canfield, D.E. 1989. A new model for atmospheric oxygen over Phanerozoic time. Amer. J. Sci., 289: 333-361.

Berner, R.A. and Caldeira, K. 1997. The need for mass balance and feedback in the geochemical carbon cycle. Geology, 25: 955-956.

Berner, R.A. and Kothavala, Z. 2001. GEOCARB III: A revised model of atmospheric CO_2 over Phanerozoic time. Am. J. Sci., 301: 182-204.

Berner, R.A., Lasaga, A.C. and Garrels, R.M. 1983. The carbonate-silicate geochemical cycle and its effects on atmospheric carbon dioxide over the past 100 million years. Am. J. Sci., 283: 641-683.

ベアリング, D.J.・ウッドワード, F.I. 2003. 植生と大気の 4 億年―陸域炭素循環のモデリング (及川武久監修). 454 pp. 京都大学学術出版会.
Bidigare, R.R., Fluegge, A., Freeman, K.H., Hanson, K.L., Hayes, J.M., Hollander, D., Jasper, J.P., King, L.L., Laws, E.A., Milder, J., Millero, F.J., Pancost, R., Popp, B.N., Steinberg, P.A. and Wakeham, S.G. 1997. Consistent fractionation of ^{13}C in nature and in the laboratory: growth rate effects in some haptophyte algae. Global Biogeochem. Cycles, 11: 279-292.
Brimblecombe, P. 1986. Air Composition and Chemistry. 267 pp. Cambridge University Press, Cambridge.
Buick, R. 1992. The antiquity of oxygenic photosynthesis: Evidence from stromatolites in sulphate-deficient Archaean lakes. Science, 255: 74-77.
Burkhardt, S., Riebesell, U. and Zondervan, I. 1999. Effects of growth rate, CO_2 concentration, and cell size on the stable carbon isotope fractionation in marine phytoplankton. Geochim. Cosmochim. Acta, 63: 3729-3741.
Cerling, T.E., Harris, J.M., MacFadden, B.J., Leakey, M.G., Quade, J., Eisenmann, V. and Ehleringer, J.R. 1997. Global vegetation change through the Miocene/Pliocene boundary. Nature, 389: 153-158.
Chang, S. and Berner, R.A. 1999. Coal weathering and the geochemical carbon cycle. Geochim. Cosmochim. Acta, 63: 3301-3310.
Durand, B. 1980. Kerogen-insoluble organic matter from sedimentary rocks. 225 pp. Editions Technip, Paris.
Farquhar, G.D., Ehleringer, J.R. and Hubick, K.T. 1989. Carbon isotope discrimination and photosynthesis. Annu. Rev. Plant Physiol. Plant Mol. Biol., 40: 503-537.
Han, T.-M. and Runneger, B. 1992. Megascopic eukaryotic algae from the 2.1-billion year-old Negaunee Iron-Formation, Michigan. Science, 257: 232-235.
Hemming, N.G. and Hönisch, B. 2007. Boron isotopes in marine carbonate sediments and the pH of the ocean. *In* "Proxies in Late Cenozoic Paleoceanography" (eds. Hillaire-Marcel, C. and de Vernal, A.), pp. 717-734. Elsevier.
Holland, H.D. 1994. Early Proterozoic atmospheric change. *In* "Early Life on Earth" (ed. Bengtson, S.), pp. 237-244. Columbia University Press.
Jasper, J.P. and Hayes, J.M. 1990. A carbon isotope record of CO_2 levels during the late Quaternary. Nature, 347: 462-464.
Jasper, J.P., Hayes, J.M., Mix, A.C. and Prahl, F.G. 1994. Photosynthetic fractionation of ^{13}C and concentrations of dissolved CO_2 in the central equatorial Pacific during the last 255,000 years. Paleoceanography, 9: 781-798.
Kaplan, A. and Reinhold, L. 1999. CO_2 concentrating mechanisms in photosynthetic microorganism. Annu. Rev. Plant Physiol. Plant Mol. Biol., 50: 539-570.
柏木洋彦・鹿園直建. 2003. 新生代におけるグローバル炭素循環と気候変動との関係―CO_2 は長期的気候変動の主要因か? 地学雑誌, 112：473-488.
川上紳一. 2002. 生命と地球の相互作用の歴史. 全地球史解読 (熊澤峰夫・伊藤孝士・吉田茂生編), pp. 393-422. 東京大学出版会.
Kempe, S. 1979. Carbon in the rock cycle. *In* "The Global Carbon Cycle" (eds. Bolin, B., Degens, E.T., Kempe, S. and Ketner, P.), SCOPE Rep. No. 13, pp. 343-377. Wiley, Chichester, UK.
Killops, S. and Killops, V. 2005. The carbon cycle and climate. *In* "Introduction to

Organic Geochemistry" (2nd ed.)(eds. Killops, S. and Killops, V.), pp. 246-294. Blackwell Publishing, Oxford, UK.

Klein, C. and Beukes, N.J. 1992. Proterozoic iron-formations. *In* "Proterozoic Crustal Evolution" (ed. Condie, K.C.), pp. 383-418. Elsevier.

Knoll, A.K. 1994. Proterozoic and Early Cambrian protests: evidence for accelerating evolutionary tempo. Proc. Natl. Acad. Sci. U.S.A., 91: 6743-6750.

Knoll, A.H., Bambach, R.K., Payne, J.L., Pruss, S. and Fischer, W.W. 2007. Paleophysiology and end-Permian mass extinction. Earth Planet. Sci. Lett., 256: 295-313.

Kump, L.R. 1988. Terrestrial feedback in atmospheric oxygen regulation by fire and phosphorus. Nature, 335: 152-154.

Lasaga, A.C., Bener, R.A. and Garrels, R.M. 1985. An improved geochemical model of atmospheric CO_2 fluctuations over past 100 million years. *In* "The Carbon Cycle and Atmospheric CO_2: Natural Variations Archean to Present" (eds. Sundquist, E.T. and Broecker, W.S.), pp. 397-411. American Geophysical Union, USA.

Pagani, M., Freeman, K.H. and Arthur, M.A. 1999a. Late Miocene atmospheric CO_2 concentrations and the expansion of C_4 grasses. Science, 285: 876-879.

Pagani, M., Arthur, M.A. and Freeman, K.H. 1999b. Miocene evolution of atmospheric carbon dioxide. Paleoceanography, 14: 273-292.

Palmer, M.R., Pearson, P.N. and Cobb, S.J. 1998. Reconstructing past ocean pH-depth profiles. Science, 282: 1468-1471.

Pearson, P.N. and Palmer, M.R. 2000. Atmospheric carbon dioxide concentrations over the past 60 million years. Nature, 406: 695-699.

Popp, B.N., Laws, E.A., Bidigare, R.R., Dore, J.E., Hanson, K.L., and Wakeham, S.G. 1998. Effect of phytoplankton cell geometry on carbon isotopic fractionation. Geochim. Cosmochim. Acta, 62: 69-77.

Rau, G.H., Takahashi, T. and Des Mariais, D.J. 1989. Latitudinal variations in plankton $\delta^{13}C$: implications for CO_2 and productivity in past oceans. Nature, 341: 516-518.

Raymo, M.E. and Ruddinman, W.F. 1992. Tectonic forcing of late Cenozoic climate. Nature, 359: 117-122.

Raymo, M.E., Ruddinman, W.F. and Froelich, P.N. 1988. Influence of late Cenozoic mountain building on ocean geochemical cycles. Geology, 16: 649-653.

Retallack, G.J. 2001. A 300-million-year record of atmospheric carbon dioxide from fossil plant cuticles. Nature, 411: 287-290.

Rothman, D.H. 2002. Atmospheric carbon dioxide levels for the last 500 million years. Proc. Natl. Acad. Sci. U.S.A., 99: 4167-4171.

Royer, D.L., Berner, R.A. and Beerling, D.J. 2001. Phanerozoic atmospheric CO_2 change: evaluating geochemical and paleobiological approaches. Earth-Sci. Rev., 54: 349-392.

沢田健・白岩善博. 2001. 微細藻類の光合成から地球環境を読む. 月刊地球, 23：191-196.

Sekino, K. and Shiraiwa, Y. 1994. Accumulation and utilization of dissolved inorganic carbon by a marine unicellular coccolithophorid *Emiliania huxleyi*. Plant Cell Physiol., 35: 353-361.

Summons, R.E., Jehnke, L.L., Hope, J.M. and Logan, G.A. 1999. 2-Methylhopanoids as biomarkers for cyanobacterial oxygenic photosynthesis. Nature, 400: 554-557.

Tajika, E. 1998. Climate change during the last 150 million years: reconstruction from a carbon cycle model. Earth Planet. Sci. Lett., 160: 695-707.

田近英一. 2002. ウィルソンサイクルと気候変動. 全地球史解読(熊澤峰夫・伊藤孝士・吉田茂生編), pp. 286-291. 東京大学出版会.

Wakeham, S.G. and Lee, C. 1993. Production, transport, and alteration of particulate organic matter in the marine water column. *In* "Organic Geochemistry" (eds. Engel, M.H. and Macko, S.A.), pp. 145-169. Plenum Press, New York.

第11章

炭素循環と環境変化
大気の短周期変動

角皆 潤

　生物は気候や環境の変化に大きく影響される。生物の絶滅と進化の歴史は，環境の変化が主導してきたといってよいだろう。しかし，生物は一方的に環境の変化に従属しているわけではない。生物はさまざまな気体成分の放出や吸収を通じて，環境に対して影響を及ぼす。典型的な例が光合成である。地球史上における光合成生物の登場が，地球大気中の二酸化炭素濃度を減少させるとともに酸素濃度を増加させ，地表の環境は一変した。加えてメタンやそのほかの炭化水素，一酸化炭素や水素，亜酸化窒素などの窒素酸化物，さらにハロゲンのはいった化合物まで，さまざまな揮発性物質が，何らかの生物活動を通じて大気に放出され，大気環境に少なからず影響を及ぼしている。

　この影響を具体的に定量化するのはきわめて難しい作業であり，科学的な理解が大きく立ち遅れている分野の1つである。この章では，まず気体分子と地球環境の物理的および化学的関係の概要について解説する。次に，地球システムにおける炭素循環について解説し，大気中の二酸化炭素濃度の増減や気候変動に対して生物活動が果たす重要性を示す。

1. 電磁波と分子の相互作用

　まず地球環境のもっとも基本的な要素である地表の気温に対して，大気中の気体分子が果たしている役割について理解しておこう。地球のおもな熱源

は太陽が放射する電磁波(太陽放射 solar radiation)である。しかし，その強弱だけでは地球の温度は決まらない。

　太陽放射が地球に到達すると，大部分は大気を通過して地表に吸収され，熱となる。もし太陽放射を一方的に吸収するだけだと，地表は無限に熱くなることになる。実際はそうではなく，太陽放射と釣りあうように，地球自体が宇宙空間に向かって電磁波を放射して，ある温度で太陽放射とバランスがとれる。この地球が放射する電磁波を地球放射 earth radiation と呼ぶ。もし地球放射も，太陽放射同様に大気を素通りして宇宙空間に放出されると，地球の平均気温は−20℃程度となり，酷寒の惑星となる。しかし，地球の大気中には，地球放射の一部だけを吸収して，熱に換えて地表に戻してくれる分子が存在する。おかげで現在の地表の平均気温は約+15℃となっている。このままでは太陽放射と地球放射のエネルギー量は釣りあわなくなるが，温度増加分だけ地球放射のエネルギーは増加するので，最終的に太陽放射と同じエネルギー量の地球放射が宇宙空間に放出される。

　それではなぜ，地球放射だけが大気分子に吸収されるのだろうか？　このからくりを理解するためには，2つの基礎知識が必要である。1つは惑星が放射する電磁波に関する基礎知識であり，もう1つは気体分子と電磁波の相互作用に関する基礎知識である。惑星は物理学でいう「黒体 Black body」に近似できる。黒体とは物理学において仮想する物体で，電磁波の反射が起こらず，入射した電磁波のすべてを一度吸収し，そのうえで温度に応じた電磁波を再放射する物体のことである。太陽や地球なども黒体に近似できる。もちろん，人工衛星から写した地球の写真に地表が写ることから理解できるとおり，電磁波をまったく反射しないわけではない。しかし，その比率は低く(反射率は10%以下)，大部分の電磁波は吸収されている。

　では，この再放射される「温度に応じた電磁波」とは具体的にどのような電磁波であろうか。太陽の内部では核融合反応が進行しており，表面温度は6000 K 近くに達している。このような高温の黒体の場合，600 nm を中心とした電磁波を放射する(図1A)。一方，地球の表面温度は300 K 弱にしかならない。この場合は，1500 nm を中心とした電磁波が表面から放射される。

　電磁波の性質は，その波長と振幅によって大きく異なり，とくに波長は電

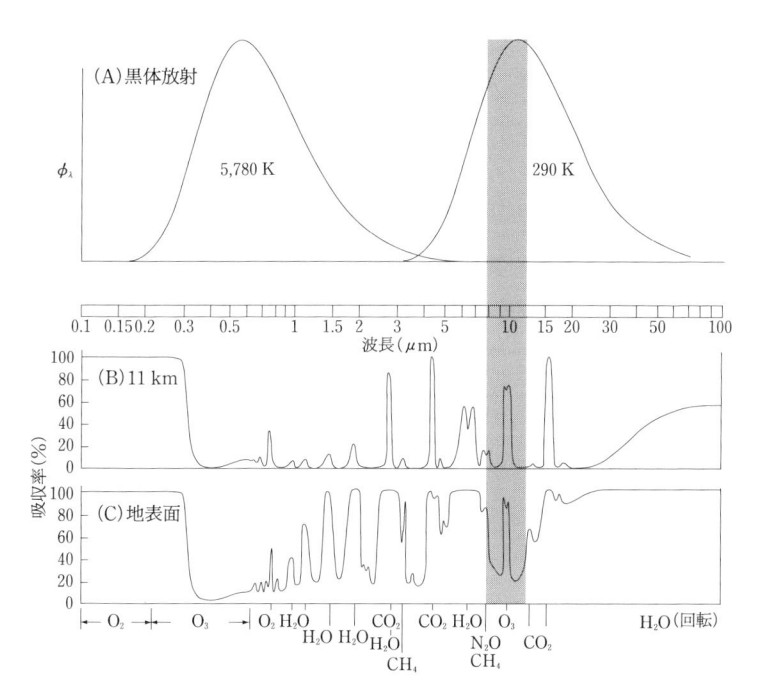

図1 (A)太陽および地球の黒体放射スペクトル(縦軸は規格化済み),(B)高度11 kmにおける主要大気分子による電磁波の吸収率,(C)地表面における吸収率と各波長の電磁波を吸収する分子.吸収率100%はその波長の電磁波が大気全層((B)の場合は大気圏外から高度11 kmまでの大気層)を通過できないことを示し,吸収0%はその波長の電磁波が大気層全層((B)の場合は大気圏外から高度11 kmまでの大気層)を完全に透過できることを示す.ハッチ状で示したのは,「地球大気の窓」と呼ばれる領域で,大気による吸収がほとんど起きないためこの領域に吸収をもつ気体分子は,高いGWP(247頁参照)を示す(Peixoto and Oort, 1992).

磁波が物体に及ぼす作用の種類を変える.このため電磁波は波長に応じて異なる名称で呼び分けられており,波長の長いほうから,電波 radio waves,赤外線 infrared radiation,可視光線 visible light,紫外線 ultraviolet radiation,X線 X-rays,ガンマ線 gamma rays などと分類されている.われわれの目で見えるのは可視光線のみで,その範囲は400〜800 nmである[注1].太陽の放射する電磁波の中心波長は可視光線であり,これはわれわれが太陽放射を目視できる(=光っているように見える)ことからもわかる[注2].一方,地球の放射する電磁波は赤外線に分類される.可視光で照らされ,それを反射していなけ

れば地球を目視することができないが,実際は赤外線を放射している。つまり,先に紹介した「太陽放射は透過するのに,地球放射を吸収する分子」とは,言い換えると「可視光線は透過するのに,赤外線は吸収する分子」ということになる。

　大気中の分子がこのような性質を示す理由を理解するために,電磁波と気体分子のあいだに起こる相互作用についても知っておく必要がある。個々の気体分子の内部のような微視的なスケールで起きる現象は,「量子力学」が支配しており,われわれの目視できる世界を支配する古典力学ではありえない現象が起こる。その代表的な現象に,エネルギー準位の量子化 quantization がある。

　分子は,それを構成する各原子の原子核と,それを周回する電子から成り立っている。マイナスの電荷をもつ電子は,プラスの電荷をもつ原子核に近い場所を周回するほど低いエネルギー状態にある。また電子の授受で成立した共有結合 covalent bond という一種のバネで結ばれた各原子は,バネの負荷が極小になる位置に近い場所で振動するほど(振動の振幅が小さいほど)低い振動エネルギー状態にある。これは古典力学の世界でも量子力学の世界でもいっしょであるが,違いは古典力学では任意のエネルギー状態が選べるのに対して,量子力学の世界では,ある決まった選択肢のなかからしか,エネルギー状態を選べない点である。この「ある決まった選択肢のエネルギー状態」はエネルギー準位と呼ばれる。あるエネルギー準位から別のより高いエネルギー準位への移動は,そのあいだのエネルギー差と均しいエネルギーを気体分子が受けとった場合に限って起きる。電磁波は,その波長ごとに異な

241頁(注1) 可視光線は単色光(特定の波長だけの光)の場合に,さらにその波長に応じて異なる「色」として分類されている。各色のおよその波長(nm)は以下のとおりである。

色	紫	青	緑青	青緑	緑	黄緑	黄	橙	赤	赤紫
波長(nm)	400〜	435〜	480〜	490〜	500〜	560〜	580〜	595〜	610〜	750〜800

241頁(注2) ただし,太陽の放射する電磁波が偶然可視光線といっしょだったのではなく,太陽が放射する電磁波の主要波長をすべて検出できるようにわれわれの目が進化したので,これが可視光線となったのであろう。

るエネルギーをもつ光子としての性質をもっており，波長が長いほど光子エネルギーは小さくなる。電磁波の光子エネルギーが気体分子の選択可能な電子や振動のエネルギー準位差と一致すると，電磁波は吸収されて分子内でエネルギー準位の移動が起きる。しかし，一致しないと分子とは相互作用をしないで通過する。これは電磁波のもつエネルギーが必要とされるエネルギーより小さい場合は当然だが，必要とされるエネルギーより大きい場合でも同じである。量子力学の世界では，大は小を兼ねない。

一般に，X線やガンマ線などの波長の短い電磁波のエネルギーは，原子を周回する電子を無限遠に吹き飛ばしてイオン化してしまうほど大きなエネルギーに相当している[注3]。しかし，紫外線ぐらいのエネルギーになると，イオン化する（電子を無限遠に吹き飛ばす）には不十分で，分子の安定準位を周回する電子を励起してほかの準位に遷移させる程度に相当する。電子励起された分子はそのままでは不安定なので，結合が切れて分裂（ラジカル化 homolytic cleavage）したり，ほかの分子と反応したりする。紫外線で皮膚がやけどするのは，分子レベルでは紫外線と細胞を構成する分子とのこのような相互作用が原因である。これが可視光線になると，π 電子をもつような一部の有機分子を除くと電子のエネルギー準位の遷移には不十分になり，相当するエネルギー準位差が分子にはほとんどなくなる。しかし，さらに波長の長い近赤外線の領域（700〜2000 nm）になると，今度は分子の振動準位エネルギー差と同程度となり，より高い振動エネルギー準位への移動が起きる分子がでてくることになる。このように高いエネルギー状態に遷移した分子の振動エネルギー準位が元に戻る際には，そのエネルギー差に相当する赤外線を放射して元に戻ることになる。これが大気分子である場合，再放射された赤外線の一部は黒体である地表に吸収され地表を暖める。また，地表には到達しなかった赤外線も，再びほかの気体分子に吸収されれば，その後に地表側に戻って再び地球を暖めることになりうる。このようにして，赤外線を吸収する能力

[注3] 岩石の主成分組成などを計測するのに蛍光X線分析法といった方法が使われることが多いが，これはまず含有元素の内殻の電子を吹き飛ばすことで，外殻から内殻への電子遷移を誘発し，そのときに発生する元素固有の電磁波（蛍光）を定量化することで，含まれる元素の種類と量を定量化している。

のある一部の大気分子の有無は，太陽放射量が一定の条件下でも，地球の地表温度を変化させることができるのである。このような機能をもつ気体を赤外放射活性気体 infrared absorbing gases と呼ぶが，一般には「温室効果気体 greenhouse gases」と呼ばれることのほうが多い[注4]。

地球大気中の主要な赤外放射活性気体は，水蒸気(H_2O)，二酸化炭素(CO_2)，メタン(CH_4)，亜酸化窒素(N_2O)，オゾン(O_3)といった分子である。一方，地球の大気の主要構成物質である窒素(N_2)や酸素(O_2)などの等核二原子分子や，アルゴン(Ar)やヘリウム(He)などの単原子分子は赤外放射活性気体ではない。単原子分子が赤外放射活性気体でないのは分子内で原子の振動が存在していないからであるが，等核二原子分子が赤外放射活性気体でないのは振動していないからではない。古典力学のイメージでは理解しにくい現象であるが，量子力学の世界では，等核二原子分子のなかで唯一起こる対象形の振動のエネルギー準位間の遷移が禁止されているからである。

現在の地球大気では水蒸気が最大の赤外放射活性気体として稼働しており，その熱量は地表 1 m^2 あたり 100 W 程度になる。また二酸化炭素がそれに続き，50 W 程度，メタンが 1.8 W，亜酸化窒素とオゾンがそれぞれ 1.3 W となっている。

2. 大気の組成変化とその影響

1938 年にイギリスの蒸気工学者であったカレンダー博士は，大気の観測データから，地球大気で 2 番目に赤外放射活性の高い気体である二酸化炭素の濃度が，人間の活動によって増加している可能性があることを指摘した (Callendar, 1938)。そして，その二酸化炭素濃度の増加の結果として，19 世紀末から全地球的に温暖化傾向にあるとした。さらに国際地球年の 1958 年に，スクリップス海洋研究所のキーリング博士は，ハワイ島のマウナロア山

[注4] もともとは，地表を暖めるという意味あいで，温室を模して温室効果という言葉が使われた。しかしながら，実際の温室が暖かいのは，放射を吸収するというよりは，寒気の移流を止めるという効果のほうが大きいといわれており，正しい用語ではない。

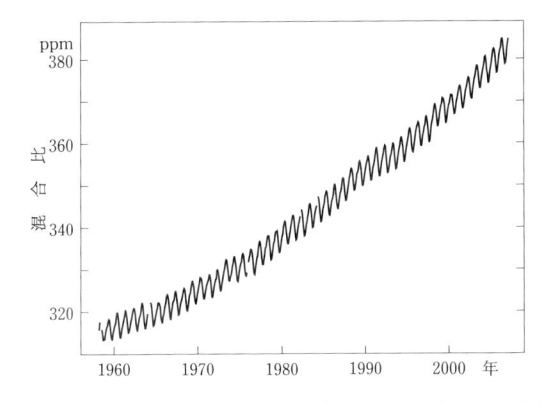

図2 ハワイ・マウナロア山頂のアメリカ海洋大気局の観測所で1958年以来観測されている大気中の二酸化炭素の長期変動(スクリップス海洋研究所およびアメリカ海洋大気局のデータ；Tans, 2007)

のアメリカ海洋大気局の観測所で，二酸化炭素の精密な連続観測を開始した(Keeling et al., 1976)。図2は1958年から2007年までの二酸化炭素濃度の変化を表したものである(Tans, 2007)。一見してわかるように1958年には年平均315 ppmだった二酸化炭素の混合比が，2007年には380 ppmと，50年間で20%増加している。

さらに，二酸化炭素だけでなく，同じく赤外放射活性気体であるメタンや亜酸化窒素も，同じように大気中の濃度が増加していることが近年の観測を通じて明らかになってきた。カレンダー博士が指摘したように，赤外放射活性気体の混合比が大気中で増加するということは，大気分子による地球放射の吸収と地表の再加熱がより活発になるということであり，地表温度が上昇することを意味する。では大気の組成が変化したことで，地表はどの程度加熱されたのであろうか。これを定量化したのが，以下で紹介する放射強制力である。

放射強制力

もし，ある赤外放射活性気体の大気中の混合比が瞬間的にある量増加すると，その分だけ地球の放射収支が釣りあわなくなる。混合比の瞬間的な変化が引き起こす，この一時的な放射収支の不均衡の大きさを放射強制力

radiative forcing と呼ぶ．図3は，工業化以前から現在までの各赤外放射活性気体の混合比の変化に相当する，放射強制力の大きさを示したものである(IPCC, 2007)．実際の地球大気中の赤外放射活性気体の混合比の変化は，瞬間的に起きたわけではなく徐々に変化したものであり，したがって放射収支も不均衡になったことはないが，この放射強制力を使うことで，異なった赤外放射活性気体のあいだで，それぞれの気候への影響を比較することができるという利便性がある．不確実性の大きいエアロゾル成分(aerosols, 大気中の粒子状の成分)を除くと，工業化以前から現在までの各赤外放射活性気体の混合比の増大でもっとも放射強制力が大きかったのは二酸化炭素であることがわかる．しかし同時に，大気中の混合比が二酸化炭素の1/100にも満たない

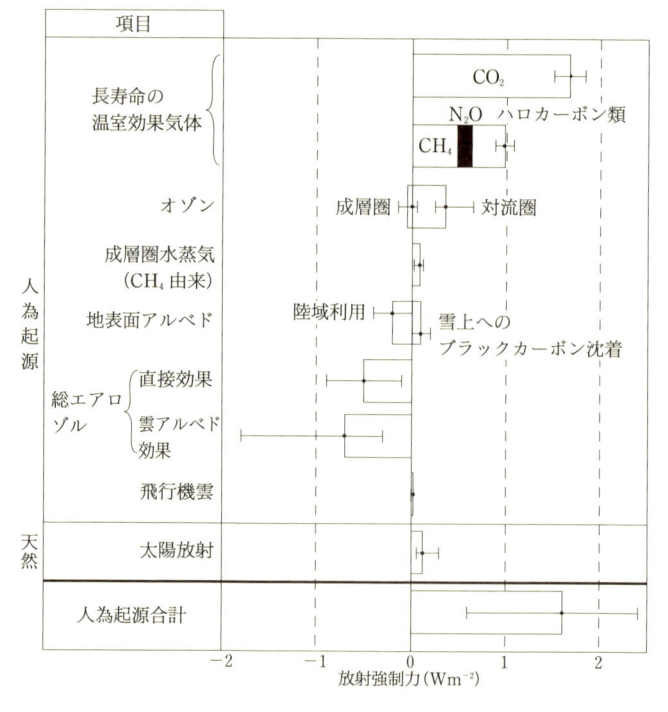

図3 工業化以前(1750年)からの大気組成などの変化による放射強制力の一覧(IPCC, 2007)．カラムの長さが現在もっとも信頼できる見積値を示し，エラーバーは各見積値の誤差を表す．

メタンや亜酸化窒素も，放射強制力には大きく貢献していることがわかる。これは二酸化炭素に比べると，メタンや亜酸化窒素では分子1個あたりの放出がもたらす放射強制力の大きさが非常に大きいことに起因している。

放射強制力が明らかになると，これを元に地球の平均気温上昇を計算することが原理的には可能になる。気候変動に関する政府間パネル(IPCC)の第三次報告書では，21世紀末までに二酸化炭素濃度は少なくとも 540 ppm から多い場合には 970 ppm に上昇し，そのときの気温上昇は 1.4〜5.8°C と試算している。気温上昇の見積もりに誤差が大きいのは，大気組成の変化や平均気温の微少な変化が引き起こす二次的な地表環境の各種変化には，確定していない要素が多くあるためである。

また，人間活動などによる地表からの各種赤外放射活性気体の放出と，放射強制力の増加との関係を定量的に評価する際には，各分子について単位放出量あたりの放射強制力の変化を知る必要がでてくる。そこで単位重量あたりの各分子の大気への放出で起きる放射強制力を，単位重量あたりの二酸化炭素の大気への放出で起きる放射強制力との比で表した地球温暖化ポテンシャル Global Warming Potential(GWP) という指標もよく使われるので，以下で説明しておく。

大気中に放出された各気体分子は大気中に恒久的に蓄積するわけではなく，大気中での分解や地表の諸プロセスによる吸収・分解などによって，一定の寿命で大気から除去されている。したがって，大気中寿命がより長い気体の場合には放射強制力はより長く持続することになる。そのため，異なる種類の分子の放射強制力に与える影響を比較する場合，より長い時間スケールを考える際には大気中寿命がより長い気体の放射強制力に与える影響が相対的に大きくなる。そこで GWP を算出する際には，「20年スケール」とか「100年スケール」とか，考慮する時間スケールを明記して算出することになる。また電磁波の吸収を根源とする放射強制力の特徴として，吸収する波長によって各分子の赤外放射活性に与える影響が異なる。地球放射を構成する電磁波のなかで，大気中に大量に存在する水蒸気や二酸化炭素の波長は大部分がすでに吸収されてしまっているため，これらの分子と吸収が近接する分子の放射強制力に与える影響は小さく，逆にこれらと大きく異なる分子の

表1 各赤外放射活性気体の地球温暖化ポテンシャル(GWP)の一覧（ジェイコブ，1992より）。

気体	寿命(年)	各時間スケールにおけるGWP		
		20年	100年	500年
二酸化炭素	5〜200[*1]	1	1	1
メタン	10	62	25	8
亜酸化窒素	120	290	320	180
CFC-12[*2]	102	7900	8500	4200
HCFC-123[*3]	1.4	300	93	29
SF_6	3200	16500	24900	36500

[*1] 二酸化炭素の場合，吸収プロセスによって吸収速度が異なることから，寿命を1つの値で表すことができない。
[*2] 対流圏大気濃度が500 pptを超える代表的なフロン。化学式は CCl_2F_3
[*3] フロンによる成層圏オゾンの破壊を避けるために使用されるようになった代替フロンの1つ。化学式は $CHCl_2CF_3$

影響は大きくなる。

表1にはいくつかの赤外放射活性気体に対するGWPの具体的な値を列挙してある。工業的に合成される気体であるフロン類や六フッ化硫黄(SF_6)は，長寿命であるうえにほかの分子と異なる波長の地球放射を吸収するため，GWPが大きい。逆にいえば二酸化炭素は濃度が高く，その吸収がほぼ飽和しているため(図1C参照)，1分子あたりで比較すると二酸化炭素の温室効果はほかの温室効果気体よりも温暖化の効率は悪い。今後100年間を考えた場合，メタンの1 kgの削減は二酸化炭素の25 kgの削減と同等の効果をもつことが表からわかる。

炭素循環

人間による化石燃料の消費は大気中に二酸化炭素を放出する。化石燃料の消費量は容易に求めることができるので，放出される二酸化炭素の量も簡単に算出できる。このような化石燃料の消費を中心とした人間活動によって大気中に放出される二酸化炭素量は，年間7 Gt(ギガトン Giga ton＝Pg＝10^{15}g)程度であり，大気中の二酸化炭素量の年間増加量である3 Gt程度とオーダーでは一致している。このため，先に図2に紹介したような二酸化炭素濃度の

時間変化は，人間活動によって放出された二酸化炭素の大部分が，あたかも密閉した大教室内の空気が講義中に悪化するかのように，地球の大気中に蓄積していると一般的にはとらえられている．このような考えは「間違い」とまではいえないが，地球システムに対する正確な理解ではない．なぜなら，実際の地球は窓ががらあきの教室であり，教室内の学生がだす二酸化炭素よりはるかに大量の二酸化炭素が教室の内外を自由に出入りしているからである．大気中の二酸化炭素濃度の増大の本質を見誤らないためにも，また実際には放出に対して増加が半分になっている理由を理解するためにも，化石燃料から大気への流れ以外の炭素の出入りを加えた広範な炭素循環 carbon cycle について理解しておく必要がある．

図4は現在もっとも確からしいと考えられている地球上における各炭素リザーバー reservoir [注5] の大きさと各リザーバーのあいだの炭素収支を表したものである．この炭素リザーバー間の収支の数値を見て明らかなように，人間活動によって放出される二酸化炭素量(年間約7 Gt)は，陸上植物の吸収速度である年間120 Gt，あるいは海洋の吸収速度である年間90 Gtと比較するとそれぞれの数%程度と，きわめて少ない．そもそも大気二酸化炭素は，ほかに比べて小さなリザーバーであり，各リザーバーとのあいだの収支が少しでも不均衡になればすぐにでもその影響が顕在化して不思議ではないリザーバーである．大気中に存在する1個の二酸化炭素分子に注目すると，これは数年程度の寿命で大気から除かれていることになる．その一例が図2に表れている鋸の歯のような二酸化炭素濃度の上下変動である．これは季節変化に対応しており，陸上植物の大部分が存在する北半球の夏期に，その光合成が盛んになることを反映して二酸化炭素濃度が低下しているのである．

このような状況を考慮すると，むしろ地球の炭素循環は現在でも奇跡的ともいえるほどに収支のバランスがとれており，このおかげで大気の二酸化炭素濃度の経年変化は年1%未満に収まっている状態である．もし，大気中二酸化炭素濃度の変化にともなう放射強制力の増大を恐れるのであれば，地球

[注5] 図4に示したように地球をいくつかの構成単位に分け，各構成単位のあいだで炭素が往来している場合にこの移動過程を炭素循環と呼び，元素を一定期間貯留するシステム内の主要構成単位をリザーバーと呼ぶ．

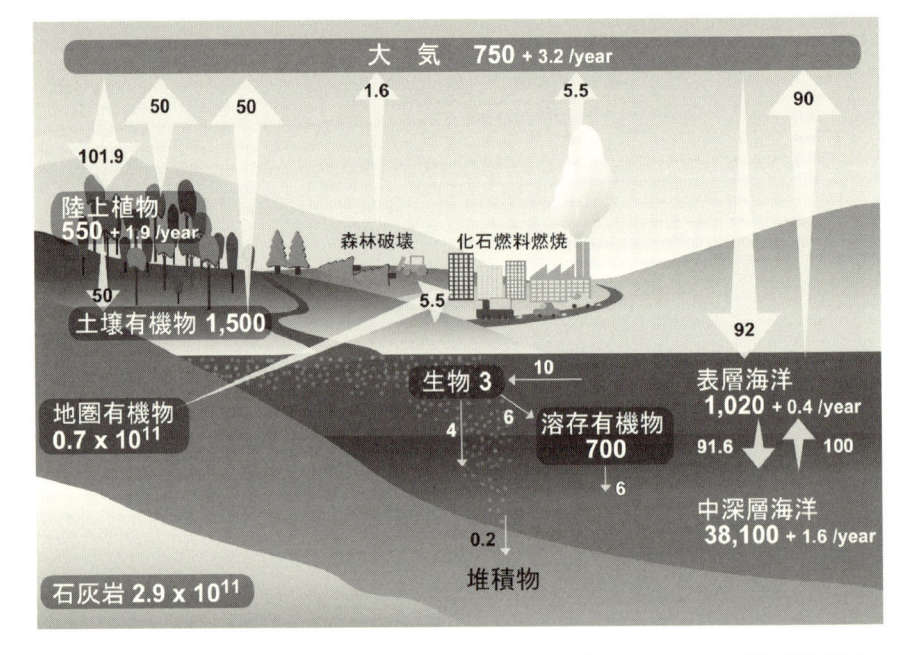

図4 地球表層部における各炭素リザーバーの大きさと各リザーバーのあいだの炭素収支の一般的な見積値(Siegenthaler and Sarmiento, 1993; Schimel et al., 1995 などを参考に作成)。ただし，それぞれ相当程度の誤差を含む。大気・表層海洋・中深層海洋・陸上植物の「＋」記号の後の数字は，人為起源二酸化炭素の増加に起因する年変化を表す。各数値の単位は Gt。口絵参照

環境の微少な変化が，海洋や陸上植物の炭素収支にどのような影響を与えるのかについても注意深く見守る必要がある。これらの炭素収支がわずかでも変動すると，人間が少々省エネルギーに努めても，すぐに吹き飛んでしまうからである。これが，炭素循環が研究対象として重要な理由でもある。

3. 炭素循環——石灰化と風化

図4中でもっとも印象的なのが，地球表層圏における最大の炭素のリザーバーである岩石圏の石灰岩 limestone リザーバーの大きさである。主体は石灰石 calcite で，化学的には炭酸カルシウム($CaCO_3$)と表されるものであるが，その総量は地球表層のあらゆる炭素リザーバーを凌駕している。しかし，地

球が生成したときには岩石圏には石灰岩はほとんど存在していなかったと考えられており，現在の地球表層圏に存在する石灰岩の大部分は，その後の地球上に現れた生物がつくりだした石灰石が集積したものである。

　カルシウムイオン(Ca^{2+})と炭酸イオン(CO_3^{2-})が水圏中で結合して生成する炭酸カルシウムは水に対する溶解度がきわめて低く，カルシウムイオンと炭酸イオンが相当量存在する水環境下では，炭酸カルシウムの沈殿が生じることになる。これは無機的にも進行可能な反応であるが，その反応速度は海水中ではマグネシウムの存在のためきわめて遅い。このため，海洋では表層から深さ1000 m前後の広範な領域で炭酸カルシウムが過飽和になっている。海洋のこの特質を利用して，一部の生物，たとえば有孔虫 foraminifera や円石藻 coccolothophorid (石灰質ナノプランクトン calcareous nanoplankton)，サンゴ coral は，生物体の表面で炭酸カルシウムの沈殿生成反応を促進し，敵から身を守る鎧などとして利用している。こうして海水から生物体の表面に結晶化した石灰石は，一部は生物の死後に溶解して海水に戻ることもあるものの，大部分は海底堆積物などを経由して，岩石圏に移行する。岩石圏に存在する石灰岩の多くはこのような生物活動に由来する。加えて，海底下の岩石が海水の浸透で風化する際にも石灰石が沈殿するが，こちらのほうは多くの場合，無機的な反応である。

　他方，地質時代を通じて考えると，過去にははるかに多量の二酸化炭素が大気圏に存在していたと考えられていて，現在の大気二酸化炭素濃度はきわめて低い状態にある。つまり，生物活動を通じて大気圏から岩石圏石灰岩へ炭素の移行が行われていたことになる。もしそうだとすると，たとえばサンゴの活動が活発化するなどして石灰岩への炭素の移行を促進することができれば，大気中の二酸化炭素濃度の上昇を抑えることができるようにみえてしまう。残念ながら，実際にはわれわれがこれを実行しても大気中の二酸化炭素濃度の上昇を抑えることはできない。以下では地球システムのこの特質について解説しておく。

　生物が担体となる場合でも，また無機的な場合でも，炭酸カルシウムの生成反応は，水中に溶存する炭酸イオンを水中の系から除去する反応である。化学式で表すと以下のような反応になる。

$$Ca^{2+} + CO_3^{2-} \longrightarrow CaCO_3 \qquad (1)$$

一方,海水中には,このCO_3^{2-}以外にも$CO_2(aq)$(溶存態の二酸化炭素),H_2CO_3(水和した溶存態の二酸化炭素),HCO_3^-(H_2CO_3が第一段解離をして生成するイオン。第二段解離をして生成する炭酸イオンと区別して重炭酸イオンと呼ばれる)といった複数の炭酸系イオンが存在するが,そのあいだには以下に示すような反応が進行する。これらの反応はいずれも速やかに進行するため,海水中では以下に示したように平衡反応が実現している。

$$CO_2(aq) + H_2O \rightleftarrows H_2CO_3 \qquad (2)$$
$$H_2CO_3 \rightleftarrows H^+ + HCO_3^- \qquad (3)$$
$$HCO_3^- \rightleftarrows H^+ + CO_3^{2-} \qquad (4)$$

今,(1)式の反応が進行して海水からCO_3^{2-}が除去されると,平衡に対して働く質量作用の法則に従って,(4)の平衡反応が右方向に進行し,$[CO_3^{2-}]$の減少の一部を補うはずである。つまり$[HCO_3^-]$が減少する。もし減少する$[HCO_3^-]$を補うために(3)の反応も(4)と同じく右方向に進行すると,これによって減少する$[H_2CO_3]$を補うために,(2)の反応が左から右方向に進行して海水から$CO_2(aq)$が減少し,これを補うため大気CO_2が海水へ移行することになる。すなわち石灰化にともなって大気中の二酸化炭素が減少することになる。質量作用の法則によると,このような結論が理にかなっているようにみえるが,これには一点重大な誤りがある。

確かに(4)の平衡反応が右方向に進行することによって$[HCO_3^-]$は減少するが,(3)の反応は必ずしも右方向には進行しない。なぜなら,(4)の平衡反応が右方向に進行すると$[H^+]$が増加するからである。$[H^+]$の増加は(3)の反応を逆方向へ,すなわち左方向に変化させるように作用するように働く。つまり(3)の反応がどちらの方向に進行するかは,質量作用の法則によれば,(4)の反応が右方向に進行することで$[H^+]$と$[HCO_3^-]$の積がどのように変化するかで決まり,もしこれが減少すれば右方向へ反応が進むことになるが,増加すれば左方向へ進むことになるのである。

この積の増減を,平均的な海水において計算してみる。海水のpHは8前後であり,$[H^+]$に換算すると,10^{-8} mol/l 程度となる。一方,海水の$[HCO_3^-]$濃度のほうは10^{-3} mol/lのオーダーであり,$[H^+]$の約10万倍存

在する。このような海水中で(4)の反応が右方向に進行する場合，HCO_3^- の減少と同じ数の H^+ が生成するので，たとえば 10^{-8} mol/l 反応が進行すると，$[HCO_3^-]$ は 10^{-8} mol/l 減少し，$[H^+]$ は 10^{-8} mol/l 増加することになる。この場合，もともと存在量の少ない $[H^+]$ は倍に増加することになる。一方，存在量の多い HCO_3^- の減少は相対的に小さく，$[HCO_3^-]$ はほぼ不変である。したがって $[H^+]$ と $[HCO_3^-]$ の積は増加することになり，(3)の反応は左方向へ進行することになるのである。この場合，H_2CO_3 の増加を補償するため，(2)の反応が左方向に進行して $CO_2(aq)$ が増加し，これを補うため海水から大気へ二酸化炭素が移行することになる。すなわち石灰化にともなって大気中の二酸化炭素が増加することになるのである。この関係は，(2)〜(4)式を変形して $[H^+]$ を消去すると理解しやすくなる。

$$2HCO_3^- \rightleftharpoons CO_2(aq) + CO_3^{2-} + H_2O \tag{5}$$

つまり $[CO_3^{2-}]$ の減少は，$[HCO_3^-]$ の減少 (ただしほんのわずかでほとんど不変) と $[CO_2(aq)]$ の増加を引き起こし，$[CO_2(aq)]$ の増加は海水から大気への CO_2 の放出を促進する。実際には，石灰化の主要な担い手であるサンゴは石灰化以外に共生藻類による光合成を同時に行うため，厳密には石灰化イコール $[CO_2]$ の増加ではない。しかし，光合成の石灰化に対する比率は小さく，積算量の一次近似としては問題ない。

　それでは，なぜ地球上では大気から石灰岩への炭素の移行が実現したのであろうか。(5)式を見てわかるように，1分子の石灰化の進行は，1分子の二酸化炭素を大気に移行させるものの，2分子の炭酸水素イオン(HCO_3^-)を海水から減少させることになる。もし仮に，水環境の pH を変えることなしに地球上のどこかで大気 CO_2 が HCO_3^- に変化する機構が働いてくれれば，石灰化によって半分は大気に戻ってくるものの，半分は石灰岩に移行することになる。この「水環境の pH を変えることなしに大気 CO_2 が HCO_3^- に変化する機構」に相当するのが，以下の式で表される陸上における岩石の風化 weathering である。

$$2CO_2 + 3H_2O + CaSiO_3 \longrightarrow Ca^{2+} + 2HCO_3^- + H_4SiO_4 \tag{6}$$

$CaSiO_3$ とはケイ灰石 wollastonite の化学式であるが，ここでは火山岩一般を代表して使用しており，Ca^{2+} の代わりに Mg^{2+} でもよい。これは見方に

よっては，大気二酸化炭素が溶解して生成した弱酸性の降水が岩石によって中和される反応である。この式で示した風化によって生成する HCO_3^- が河川を通じて海洋に供給されると，これは(5)式の石灰化で使用される。つまり陸と海を合わせると，以下のような式で表される反応が進行することになる。

$$CO_2 + 2H_2O + CaSiO_3 \longrightarrow CaCO_3 + H_4SiO_4 \qquad (7)$$

この(7)式は，火山岩の風化に使用された分の二酸化炭素が，$CaCO_3$ として岩石圏に移行することを示している。つまり，風化の速度を上昇させることができれば，大気中の二酸化炭素を地圏へと除去することができることになる。残念ながら人為的に，かつ二酸化炭素を大気に放出せずにこれを実現するのは難しい。

なお，(7)式で風化が進行すると，河川を通じて流入する溶存ケイ酸 H_4SiO_4 が海洋にあふれてしまい，(7)式の進行を妨げるようになるようにみえる。ところが，地球の物質循環システムは非常にうまくできており，海洋には以下に示す反応でオパール opal($SiO_2 \cdot nH_2O$)の殻をつくる生物も大量にいる。

$$H_4SiO_4 \longrightarrow SiO_2 + 2H_2O \qquad (8)$$

こうして生成したオパールは，石灰石と同様に海底堆積物を経由して岩石圏に移行してくれる。つまり火山岩の風化反応は，最終的には大気中の二酸化炭素を除去する以外は，地球表層圏のシステムに擾乱を与えておらず，継続的に稼働していくことが可能になっている。

炭素循環をはじめとした地球上における物質循環の概念は，グローバルな地球環境の諸問題が顕在化して初めてその重要性が認識されるようになってきたもので，新しい概念である。地球を患者にたとえるなら，地球上における物質循環の理解を目指す学問(以下では「物質循環学」と呼ぶことにする)とは現代医学に相当する。過去には祈祷や薬品のトライアンドエラー，各症状に対する対処療法のみで病気に立ち向かっていた時代もあったが，現代医学では人間の体の成り立ちや病理の発生過程，有効な薬品の効用の理由の詳細を理解することで，最終的に患者の正しい救済法をみつけることを目指すものである。現代医学では理解を増進するために必要であれば，レントゲンが使用

されることもあり，遺伝子が調べられることもあり，放射性同位体が投入されることもありというように，有効と思われる手段が発祥の分野を問わず広範な分野から結集されている．これは物質循環学でもまったく同様で，病理に直結するしないを問わず物質循環全体の理解を目指す．また広範な学問が集積して成り立っており，今後もさらなる集積が進むであろう．しかし一方で，現代医学にも治癒できない多数の病気があるのと同様に，物質循環学にも理解の及んでいない点は数多い．むしろその歴史の浅さを考慮すれば，知らないことのほうが多いのが当然ともいえるだろう．

　しかしそうこうするうちに，「地球環境」とか，それを言い換えた「エコ」といった言葉は，今やお題目のようにありとあらゆる場所で看板に使用されるようになってしまった．しかし，その実態はというと，大部分は元々は地球環境を破壊する側だった者が，「対策」を口実に看板をすげ替えただけのマッチポンプであり，激しく咳き込む患者に猿ぐつわをはめて咳を収めようとしているようなものである．猿ぐつわをはめられた哀れな患者が治癒することがないのと同じで，複雑な地球の物質循環の理解を少しでも前に進める努力をすることなしに目先の対策だけに腐心しても，地球の病理が治癒することは決してないだろう．そもそも大気への各種気体成分の放出が現在の多様な問題を引き起こすことが予見できなかったのは，単にそれまでの歴史で物質循環の理解が人類全体から軽視されていたからである．今後も「対策」に腐心するあまり同じ誤ちが繰り返される可能性は大きく，著者は関係する者の一人として大きな危機感を覚えている．本章を通じて，物質循環全体の理解なしに地球環境の理解はありえないという点を是非理解して欲しい．

海洋の酸性化

見延庄士郎

　大気中の二酸化炭素が増加することの，重要な帰結の1つが海洋の酸性化 ocean acidification である。

　本文中の(2)〜(4)式は，全体として二酸化炭素が増加すると海水中の水素イオン濃度が高まることを意味している。水素イオン濃度が水酸イオン[OH^-]よりも多い状態が酸性であるから，水素イオンが増加するとは酸性的になるということである。酸性化は定量的には通常，pH の減少として表現される。なお[H^+]を水素イオン濃度とすると，pH は－$\log[H^+]$で表される。IPCC の第四次報告書では，産業革命以来現在まで，海洋は pH で0.1 の減少がすでに生じており，21 世紀中にさらに 0.14〜0.35 の pH の減少となる酸性化が進むと予測している。すでに生じた酸性化が pH で 0.1 というと大したことがないように響くが，水素イオンの濃度では 30%と大きな増加になる。

　海洋の酸性化は海洋生態系に大きな影響を与えることが予想されている。とくに，炭酸カルシウム($CaCO_3$)が現在の過飽和状態から，未飽和状態に変化すると予想されており，その影響は甚大である。現在の海洋では，炭酸カルシウムは，溶けているよりも結晶であるほうが安定な過飽和状態であるので，容易に結晶化させることができる。そのため海洋生物は，炭酸カルシウムを結晶化させて，サンゴの骨格や，ある種の動物プランクトンの殻，魚の耳石などさまざまに利用している。しかし，二酸化炭素濃度が増加して海洋が酸性化されると，炭酸イオン(CO_3^{2-})が減少するために，炭酸カルシウムを結晶化することが難しくなる。さらに酸性化が進み，炭酸カルシウムが結晶であるよりも溶けているほうが安定な未飽和状態になると，生物が炭酸カルシウムを結晶化して利用することは不可能になる。

　炭酸カルシウムの溶けやすさは，結晶の種類と水温に依存する。生物が利用する炭酸カルシウムの結晶には，アラゴナイト aragonite と石灰石 calcite がある。このうち，アラゴナイトのほうが酸性化によって溶けやすくなる。アラゴナイトをつくるのは，サンゴや翼足類 Pteropod という動物プランクトンである。また水温が低いほど，炭酸カルシウムは未飽和となりやすい。したがって，冷たい海水に生息する冷水サンゴや翼足類の一種であるクリオネなどが，まず酸性化による影響を一番強く受けそうである。寒冷な南極周辺の南大洋では，大気の二酸化炭素濃度が 600 ppm 程度になるとアラゴナイトが溶けることが予想されている。この二酸化炭素濃度はこのまま行けば 21 世紀中にも到達する濃度である。このように，海洋酸性化は非常に大きな問題である。しかし，海洋酸性化によって，どういう変化が海洋生態系に生じ，それがどのように気候に影響するかはほとんどわかっていない。これらの問題に解答を得るには，今後の多くの研究が必要である。

[引用文献]

Callendar, G.S. 1938. The artificial production of carbon dioxide and its influence on climate. Quarterly J. Royal Meteorological Society, 64: 223-240.

IPCC. 2007. Climate Change 2007: The Physical Science Basis: Working Group I Contribution to the Fourth Assessment Report of the IPCC. Cambridge University

Press, Cambridge, U.K.

ジェイコブ, D.J. 1992. 大気化学入門(近藤豊訳). 296 pp. 東京大学出版会.

Keeling, C.D., Bacastow, R.B., Bainbridge, A.E., Ekdahl, C.A., Guenther, P.R. and Waterman, L.S. 1976. Atmospheric carbon dioxide variations at Mauna Loa Observatory, Hawaii. Tellus, 28: 538-551.

Peixoto, J.P. and Oort, A.H. 1992. Physics of Climate. American Institute of Physics.

Schimel, D., Enting, I.G., Heimann, M., Wigley, T.M.L., Raynaud, D., Alves, D. and Siegenthaler, U. 1995. CO_2 and the carbon cycle. *In* "Climate Change 1994: Radiative Forcing of Climate Change and An Evaluation of the IPCC IS92 Emission Scenarios" (eds. Houghton, J.T., Meira Filho, L.G., Bruce, J., Lee, H., Callander, B.A., Haites, E., Harris, N. and Maskell, K.), pp. 35-71. Cambridge University Press, Cambridge, U.K.

Siegenthaler, U. and Sarmiento, J.L. 1993. Atmospheric carbon dioxide and the ocean. Nature, 365: 119-125.

Tans, P. 2007. http://www.cmdl.noaa.gov/gmd/ccgg/trends. NOAA/ESRL.

第12章 急速に変わりつつある地球環境
あとがきにかえて

岡田尚武

1. 自然界の周期性に基づく地球環境の予測

　これまでの各章で記述してきたように，地表の環境は数百万年以上の周期をもつ長期的変化と，数十万年より短い周期での短期的変動を繰り返してきた。実際には，第5章で述べたように，数年から100年周期での環境変動がわれわれの生活で実感できる変動である。地球上の生物はこれらの長期的・短期的変動によって種の存続や生息範囲が変化し，新たな生物群の出現にもつながった。長期的変動では，大陸の分裂や衝突が海流系の変化や巨大山脈の形成などの地表環境変化をもたらし，地球規模での長期的気候変化の原因となってきた。ウィルソン・サイクルに基づく最後の超大陸パンゲアの分裂が始まって約2億年経った現在は，大陸分裂の極期にあるともいえるが，現実的に現代文明の継承を考えうる今後数百〜数千年のあいだは，海陸分布の変化による地球環境変動は無視できよう。

　一方，地球の自転や公転要素の周期的変動に起因するミランコビッチ・サイクルに支配されて，地表へ降り注ぐ太陽光エネルギー量は変動しており，この結果として，第四紀後期を通しての氷期と間氷期の繰り返しがあった。この気候変動パターンに従えば，最近の1万年間は気候がきわめて安定した間氷期の極大期にあたり，農耕技術の開発と都市文明の発展をもたらしたが，

これからは気候が不安定で地球全体が寒冷化する氷期に向かうはずである。

2. 人為的要因に基づく最近の温暖化傾向

しかし，今や国民的知識となった人為的温暖化ガス放出により，地球環境は寒くなるどころか劇的に温暖化すると危惧されている。ハワイ島のマウナケア火山で測定されている大気中の二酸化炭素濃度は，2006年には約380 ppmに達したようであり，メタンや一酸化二窒素などの温室効果ガスも確実に増え続けている(Hofmann et al., 2006)。自然史科学を学んだ者として，ここで留意すべきは，地球は過去に極度の温暖化を何度も経験しているということである。約1億年前の白亜紀中ごろには大気中の二酸化炭素濃度は2000 ppmもあったと推定されている(Royer et al., 2001)。この時代は大型の恐竜や海棲爬虫類が多く出現し，地球の生物界はそれなりに繁栄していた。これでわかるように，大気中の二酸化炭素濃度が今の数倍や十倍になっても，熱帯での温度上昇は限られており，極端な砂漠以外では高温のため生物が住めない環境にはならないのである。つまり，地球温暖化で直接その生存が危うくなるのは寒冷圏に特化した生物だけであり，極端な温暖化でも移住などによって新たな環境に適応できる生物は多い。しかし，定住生活を営み整ったインフラのうえに成り立っている現代文明は，地球の過去の変動から比べればきわめてスケールの小さい環境変動でも，大問題となる。

国内産業界保護のため，人為的要因での地球温暖化を認めようとしなかったブッシュ米国大統領ですら，2005年8月の超大型ハリケーン「カトリーナ」の襲来や，カリフォルニア州での集中豪雨など，相次ぐ異常気象の勃発を目のあたりにして，温室効果ガス排出規制にシフトせざるをえないほど地球温暖化の影響は顕在化しつつある。これには，ゴア米国元副大統領の出演した映画「不都合な真実」が大ヒットとなって，多くの米国市民が地球環境の直面している危機に気づいた点も大きく貢献しているだろう。また，今年のノーベル平和賞が，ゴア元副大統領と国連の気候変動に関する政府間パネル(IPCC)に贈られたのも，この問題に関する国際的な意識の高まりを象徴しているできごとであった。IPCC第1作業部会では地球温暖化問題に対処す

る基礎として，科学的知見を集成した第4次報告書を2007年2月に公表した(気象庁で翻訳した報告はウェブ上で公表されており，以下のアドレスからダウンロードできる http://www.data.kishou.go.jp/climate/cpdinfo/ipcc/ar4)。

この第4次報告書作成にあたっては，観測されたデータを詳しく解析し，「地球全体が温暖化していることに疑問の余地はない」と結論づけている。

その概要は，

① 地球全体の平均気温は，過去100年間に0.74℃上昇したが，北極での気温上昇は世界平均の上昇率の2倍であった。

② 過去50年間の観測では，水深3000mまでの層で全海洋での水温上昇が認められ，気候システムに加えられた熱の80%以上を海洋が吸収している。

③ 海水準は過去100年間に17cm上昇したが，とくに過去10年間の上昇速度は急激である。

④ 過去30年ほどのあいだに，北極海の海氷面積は10年あたり2.7%減少し，とくに夏期の減少は10年あたり7.4%と大きい。

⑤ 北半球の地表面の凍結面積は7%減少し，とくに春季における減少は15%に達した。

⑥ 熱帯・亜熱帯の一部での降水量減少とユーラシア北部での降水量増加が認められ，豪雨や旱魃の発生頻度が増えた場所もある。

⑦ 最後の間氷期(12.5万年前)における世界平均海水面は，20世紀に比べて4～6m高かった可能性が高く，この期間における極域の平均気温は現在より3～5℃高かった。

最近，北海道沿岸でこれまで捕れなかったサワラが大量に捕獲されるようになり，大型のクロマグロがオホーツク海の定置網にはいった，などという報道があったことを思うと，海洋の温暖化は身近に実感できる。実際，北太平洋での表層水温変動に関するモデル計算の結果では，2040年ごろまでには，20世紀最後の20年間の平均より1℃ほど高い海水温が予測されており，基礎生産力の高い亜極水塊 subarctic water mass[注1] の北方移動によって米国

[注1] 北極圏の外側に隣接する海域の水塊。

やカナダ西岸での漁獲量が減少するとの観測もある(Overland and Wang, 2007)。北極海の周年海氷面積が減少すると海水による太陽熱吸収を促進し，この熱が冬季における海氷形成を阻害して翌年の海氷面積をさらに減少させるという正のフィードバックが働く。Stroeve et al.(2005)によれば過去30年間で海氷面積は20%減少したため，このフィードバックの臨界点を超えた可能性があるという。実際，2007年の夏には北極海の海氷が今までなかったほど大幅に減少し，これまでの予測を上回る速度で海氷面積が縮小しているのが明らかになった。このため，近い将来に北極海を通る商船ルートが可能になる一方，ホッキョクグマの急激な減少が予測されたりしている。

3. 温暖化を実感した私的体験

　私は，今年6月の週末にスイスアルプスのフィルストからグロッセシャイデック間を歩く機会があった。当日は大変良い天気で風もなく，路傍の高山植物を観察しながら歩いていたが，突然雷鳴のような音が聞こえた。いくら見渡しても雲ひとつない晴天なのでどこで雷が鳴っているのかまったくわからない。不思議に思いながらも歩いていると，1時間後に再び同じ音を聞いた。間もなくグロッセシャイデックのレストランに着いて休んでいると，先ほどと同じ雷鳴がもっと大きな音で鳴り響き，1 kmほど離れたウェッターホルンの岸壁上部から白い水流が滝のように落ちてゆくのが見えた。水流にしてはいやに白いなと思ってよく見ると，砕けた氷の流れであり，かなり大きな氷塊も混じっているではないか。これでやっと事態が判明した。午後の太陽光で暖められた氷河末端が崩壊し，氷塊流となって谷筋を流れ下って，落差数百mの断崖から滝のように落下しているのだ(図1)。氷の滝は1分ほどしか継続しなかったが，絶壁の下には氷の堆積が認められた。最近テレビで繰り返し放映されている，大陸氷河が海に崩壊する映像の山岳氷河版というわけである。

　多くの氷河が後退を続けているのはよく報道されているし(Oerlemans, 2005)，スイスのグリンデルワルトに流下しているウンタラー・グリンデルワルド氷河が最近後退したようすは(第8章の図4参照)，リフトで登ったフィ

第12章 急速に変わりつつある地球環境　263

図1　ウェッターホルンの岸壁から流下する崩壊した氷河による氷の流れ

ルストからつぶさに観察できる。私自身は，山岳氷河の後退は過度の溶解によるものと思いこんでいたので，この観察はいささかショックであった。テレビで放映されている極域での氷河崩壊ほど大規模ではないが，私としては地球温暖化の現実を身をもって感じたできごとであった。

　地球が温暖化すれば海水準が上昇するのは誰にでも想像できるし，南太平洋の小さな島国であるキリバスやバヌアツでは，大規模な住民疎開がすでに始まっている。海水準があるレベルまで上昇すると，大陸棚に引っかかっている南極氷床が急速に海に流れ出して，さらに大規模な海面上昇を引き起こすことが懸念されており(Hodgson et al., 2006)，これが起これば日本の沿岸地域にも多大な影響が及ぶことになろう。

4. 地球変動と地域文明社会の栄枯盛衰

最近数十万年間の地球では，数万〜10万年周期の氷期‐間氷期サイクルを通して，海水準が現在より100m以上も低下したり数m高かったりした。この変化は長期間にゆっくり起こるので，生物群集レベルでの生物地理への影響は大きいものの，個体としての地球生物にとっては大きな問題ではなかった。しかし，1万年前に始まった現在の間氷期のあいだに，農耕技術を獲得して定住生活にはいった人類にとっては，わずか1mの海面変動でも大問題となる。第2節で述べたように，海面上昇が17cm程度である現在でさえ，海岸侵食が進んで住めなくなった南太平洋の島国の住人がニュージーランドへ移住し始めている。

地球温暖化は，海面上昇や地域的な異常気象のみならず，継続的で大規模な降雨量変化を引き起こすことも，明らかになりつつある。中国西部のシルクロード沿線で栄えた都市が砂に埋もれてしまっている映像は，NHKのテレビ番組で記憶に新しいところであるが，周辺の山岳地帯への降水量減少による内陸河川の流量減少が原因であるとされている。中東の半乾燥地帯や中部アメリカの季節的砂漠地帯でも，同様の古代社会の崩壊が知られている。最近では，熱帯収束帯(ITCZ)の南北移動が南米のマヤ文明の盛衰と関連があるとの研究報告があり(deMenocal, 2001など)，古代文明の栄枯盛衰と気候変動の因果関係にスポットがあてられているようである。その一例として，10世紀までの1000年間に3回の古地磁気強度変化があり，これが北大西洋の寒冷化につながって，ユカタン半島での気候変化を引き起こし，さらにはマヤ文明の衰退を引き起こしたという説も唱えられている(Gallet and Genevey, 2007)。にわかには信じがたい気はするものの，古地磁気変動と気候変動の関連についての研究の進展を期待したい。

5. 国境を越えた環境汚染と食糧不足

最近，国連環境計画(UNEC)が発表した第4次地球環境概況(GEO4)による

と，最近の20年間に世界人口は50億〜67億人に増え，1人あたりの収入は40%増加したが，大規模な環境汚染を引き起こしているという。人口増加にともなって1人あたりが使える淡水の量は減少しており，2025年までに18億人が極度の水不足となるというし，大気汚染が原因で年間最大50万人が早期死亡するとも推測する。最近のニュースでは，中国は世界最大の二酸化炭素放出国になり，国内での水と大気の汚染が進んでいることから，中国政府としても，これまでの経済発展重視の政策から，環境を考慮したバランスのとれた経済発展を謳うようになったという。ドイツ黒森(シュバルトワルト)の森林が酸性雨のために立ち枯れがひどくなり，その原因は東欧の国々にある石炭火力発電所の排煙であると報じられて久しい。アジアでも，インドネシアの焼き畑農業による泥炭地火災の煙がシンガポールを悩ませたり，大陸起源の汚染物質による西日本の光化学スモッグ多発や春の黄砂など，政治的な国境を越えた広域汚染は身近に起こっている。日本は大陸からの汚染物質の被害を受け続けている被害国というイメージが強いが，一方では，日本や朝鮮半島から廃棄された漁網やプラスチックボトルが北太平洋のセントラルジャイロに集中し，海獣，海鳥，ウミガメ，大型魚類の生息を脅かしているという実態もある。今や，地球規模での環境汚染に加担していない文明国はないのである。

　サトウキビやトウモロコシを使っての燃料(バイオエタノール bioethanol)生産は，最近世界の各国で事業規模が拡大し，家畜の飼料や人間の食料の価格高騰を引き起こして問題になっている。アマゾンでは，違法にジャングルを切り開いて牛の放牧をするのが問題であったが，最近では燃料生産のためのジャングルを焼き払ってのサトウキビ栽培が拡大し，ブラジル政府が規制の目を光らせているが，栽培面積は拡大の一歩をたどっているという。穀物以外の植物体を使ってバイオ燃料をつくれば，食料と飼料の不足問題にはつながらないわけだし，この方面の研究は多くの研究者が取り組んでいる。しかし，世界的規模での燃料問題解決には大きな貢献は期待できないというのが一般的な通説である。大規模な牧畜業の盛んな北海道東部では，最近家畜の糞尿を材料としたバイオガス生成プラントの実験が始まっている。経営規模が大きくなるにつれて，飼育されるウシの糞尿は地域河川の水質汚染の元凶

となってきた。このガス生成プラントは，環境汚染の防止と消費するエネルギー削減の両面で有効であるが，その有効性は国内での牧畜産業の規模を考えれば，あくまで地域的な効用でしかないようにみえる。しかし，もっと大規模な牧畜の行われている国では事情は大分違うだろう。ウシのような反芻動物のゲップにはメタンガスが含まれており，これによる温暖化ガス放出の量は無視できないレベルに達しているという説はある程度本当らしいが，その程度はともかくとして，糞尿からのバイオガス利用はこの作用を打ち消す方向に働くことは間違いない。

6. 最後に

温暖化の影響は日本の生物相にも影響が現れており，アサギマダラの飛来北限更新などのような微笑ましいものならよいが，デング熱を媒介するネッタイシマカの北上(2007年で秋田県まで)や，寄生虫を媒介するアフリカマイマイの九州本土上陸など，これまでになかった病害の可能性が広がっている。この調子では，東京がマラリヤ感染地帯になったり，北海道にゴキブリが広く定着するのも時間の問題であろう。温暖化の直接影響かどうかはわからないが，最近は高山帯にまでシカが現れ，高山植物を食い荒らすので多くの山で高山植物が消滅し始めているという。人間による盗掘に加えて，温暖化やシカの食害まであるのでは高山植物愛好家は気が休まらない。

北海道に居住する者にとっては，温暖化は異常な集中豪雨や強い台風の襲来など好ましくない面はあるものの，冬の厳しい気候の緩和や北海道米の質の向上など，好ましい側面をもつのも事実である。しかし，温暖化がさらに進めば，北海道がその利点を享受できなくなるのも時間の問題であろう。地球温暖化と環境汚染の拡大は何としてでも食い止めなければならない。そのためには，地球総人口の抑制も大事だし，先進工業国で開発された汚染防止技術を開発途上国に輸出するのも大事である。もちろん，最近は国際語になったらしい「mottai-nai」精神の普及・実行も必要であろう。楽観はできないが，われわれ日本人は世界のモデルとなれる技術と文化をもっていると自覚し，一人一人が自分でできることを日常的に実行すべきであろう。また，

地球の現状と将来予測を正しく理解するために，できるだけ多くの人が本 COE で提唱している自然史科学を学ばれんことを希望する。

[引用文献]

deMenocal, P. 2001. Cultural response to climate change during the late Holocene. Science, 292: 667-673.

Gallet, Y. and Genevey, A. 2007. The Mayan: climate determinism or geomagnetic determinism? Eos Trans. AGU, 88(11): 129, 131.

Hodgson, D.A., Bentley, M.J., Roberts, S.J., Smith, J.A., Sudgen, D.E. and Domack, E. W. 2006. Examining Holocene stability of Antarctic Peninssula ice shelves. Eos Trans. AGU, 87(31): 305, 308.

Hofmann, D.J., Butler, J.H., Conway, T.J., Dlugokencky, E.J., Elkins, J.W., Masarie, K., Montzka, S.A., Schnell, R.C. and Tans, P. 2006. Tracking climate forcing: the annual greenhouse gas index. Eos Trans. AGU, 87(46): 509-511.

Oerlemans, J. 2005. Exacting a climate signal from 169 glacier records. Science, 308: 675-677.

Overland, J.E. and Wang, M. 2007. Future climate of the North Pacific Ocean. Eos Trans. AGU, 88(16): 178, 182.

Royer, D.L., Berner, R.A. and Beerling, D.J. 2001. Phanerozoic atmospheric CO_2 change: evaluating geochemical and paleobiological approaches. Earth Sci. Rev., 54: 349-392.

Stroeve, J.C., Serreze, M.C., Fetterer, F., Arbetter, T., Meier, W., Maslanik, J. and Knowles, K. 2005. Tracking the Arctic's shrinking ice cover: another extreme minimum in 2004. Geophys. Res. Lett., 32, Lo4501, doi: 10. 1029/2004GL021810.

用 語 解 説

光合成による炭素同位体分別
同じ元素を含む2つの物質のあいだで同位体比に偏りがあるときに，同位体分別 isotope fractionation があるという．光合成による炭素同位体分別は，同位体分別の典型例であり，生命の起源，炭素の起源生物種の推定，生態系における生物生産，古気候・古環境の復元などさまざまな研究に広く応用されている．近年，光合成による炭素同位体分別モデルを使って，過去の二酸化炭素濃度を復元する研究なども行われている（第10章）．さらに，細胞の成長速度（μ）を炭素同位体分別の関数として表したモデルも構築されている．それを使うと，炭素同位体分別モデルから過去の生物生産性（成長速度）も求めることができる．

順化 acclimation
生物個体が環境に適応するために起こる変化のなかでも，遺伝子の変化をともない最低でも何世代も必要とする「適応進化」と異なり，数日から数週間という短い時間で起こり，生殖も遺伝子の変化も必要としない，それぞれの個体内部で起こる変化．ヒトの高地順化や植物が移植された環境になじむまでの順化などが代表的な例である．

トランスフォーム断層 transform fault
プレートのすれ違い境界に発達する断層で，この断層を境にして発散境界と収束境界へと形態が変異することがあるのでこの名前がつけられた．典型的なものは，中央海嶺を横切る断層として観察される．トランスフォーム断層は，単なる横ずれ断層と異なり，変位した中央海嶺の移動方向とトランスフォーム断層の運動方向は逆になるという特徴がある．

氷河のカービング
calving（カービング）は「氷山分離」と訳されていたが，この訳語は南極やグリーンランドの氷床や棚氷から巨大な氷山を産出する現象を表すのにふさわ

しい。calving は山岳氷河の末端からは氷塊や氷片が崩壊することを示すので，単に氷河の「末端崩壊」あるいは訳さずに「カービング」と呼ぶほうが適当である。氷床および氷河の全消耗(質量損失)量に占めるカービング量の割合は，南極氷床では97％，グリーンランド氷床では57％，山岳氷河と氷帽では7％と見積もられている(IPCC, 1996)。このように地球上の全氷河に占めるカービングの寄与は重要である。

分子時計
遺伝子として使われるDNAやRNAが一定の速度で変異することを前提に，特定の遺伝子内の塩基置換や，その産物であるタンパク質中のアミノ酸置換などをもとに，生物種の分岐の順序やその絶対年代などを推測する手法。しかし使われる遺伝子やタンパク質の種類や，生物の種によってその「時計」が進む速度が違うことが多いので利用には十分な注意が必要である。

メランジュ melange
付加体に産出する地層の1つで，過去にプレートの収斂境界(沈み込み帯や海溝)があったことを特徴づける岩相をしている。緑色岩，チャートなどの遠洋性の堆積物と陸源のタービダイトが複雑に混在し，一般に強く剪断された鱗片状片理の発達で特徴づけられる。外来岩塊の混在化の成因には，堆積性と構造性の場合があり，それぞれ Sedimentary mélange, Tectonic mélange と呼ばれる。前者の場合，オリストストロームと同義で使われる場合が多い。

リザーバー reservoir
レザバーともいう。地球化学的な物質循環において，物質を貯蔵・蓄積する場所のことをいう。たとえば，炭素循環において，堆積物(岩)や，生物の現存する場所(海洋表層，陸域など)は炭素を貯蔵するリザーバーである。

地殻の炭素のリザーバーとしての規模，すなわち地殻の炭素貯蔵量は地殻を構成する堆積岩(火成岩などそのほかの岩石には，炭素はほとんど貯蔵されていないと仮定)の平均的な炭素含有率と堆積岩の体積の推定値を使って見積もられる。本書の第10章(図1)と第11章(図4)で示されている地殻の炭素貯蔵量(絶対値)に違いがあるように，研究者によってその見積もり値は異なる。

レフュジア refugia

待避所(避難場所)という本来の意味から派生した用語で，気候が温暖化した地域のなかに分布する高山や洞窟などの冷涼な地点や，逆に気候が寒冷化した地域の温泉の周辺など，気候が変化した周りの地域では生存できなくなった生物が生存し続けることが保障される部域のことを指す。レフュジアに生き残った生物では，少数個体からのビン首効果によるすばやい進化が予測される。

IPCC 気候変動に関する政府間パネル

Intergovernmental Panel on Climate Change の略。二酸化炭素などの温室効果気体の増加にともなう地球温暖化についての科学的・技術的(および社会・経済学的)評価を行う政府間機構である。1988年に，世界気象機構(WMO)と国連環境計画(UNEP)が協力して設立された。1990年に第一次評価報告書(Assessment Report: AR)を作成・公表し，それ以降，数年おきに AR が公表されている(現時点で最新の AR4 は 2007 年公表)。AR は地球温暖化に関する国際的な研究協力によって科学・技術的知見を集めた報告書であり，近年，国際政治や各国の政策に大きな影響を与えつつある。

索　引

【ア行】

亜極水塊　261
アクリターク　224
アナジェネシス　126
アラゴナイト　256
アリューシャン低気圧　107
アルケノン　227
アレレード期　162
アロザイム分析　131
安定同位体比　180
アンビル　7
遺存固有種　125
遺伝子系統樹　131
遺伝子頻度　142
糸魚川‐静岡構造線　130
糸状藻類　61
隕石　3
咽頭歯　118
インド洋ダイポール現象　104
ウィルソン・サイクル　19, 259
エアロゾール　246
エイコンドライト　3
衛星タイタン　233
エクマン流　103
エクロジャイト　4
エネルギー準位　242
エル・ニーニョ　98
遠隔伝播　102
円石藻　251
煙霧　204
黄錫鉱　46
黄鉄鉱　46
黄銅鉱　46
応答時間　180

黄土高原　157
オパール　254
オフィオライト　24
温室　69
温室効果気体　244
温泉水　42
温暖氷河　171

【カ行】

外核　2
海溝充填堆積物　33
階層クレード解析　137
海底扇状地　32
海面変動　182
海洋性氷河　172
海洋プレート　22
海洋無酸素事変　86
カオリナイト　46
核　2
花こう岩　4
可視光線　241
化石燃料　248
カタバ風　157
カッシーニ探査機　234
カービング　172, 200
下部マントル　2
カーボナタイト　12
カルボニックアンヒドラーゼ　230
岩盤温度　56
間氷期　181
涵養　172
涵養域　173
気候のレジーム・シフト　107
気候変動に関する政府間パネル　247,

260
北大西洋の熱塩循環　112
北太平洋指数　107
基底流出　194
極地ツンドラ　155
極地氷河　171
極低温型生命　235
金属元素濃集作用　42
金属鉱化作用　40
金属鉱床区　39
キンバーライト　5
クセノキプリス亜科　122
クラドジェネシス　126
グリパニア　224
グリーンタフ　121
グルートアイランド　62
ケイ灰石　253
結晶成長組織　62
ケロジェン　216
顕生代　68
玄武岩　4
鉱液　40, 49
高温流体　41
降河回遊魚　137
鉱化ステージ　45
鉱化流体　43
後期脈　45
光合成速度　229
鉱床　37
降水量　190
鉱石　37
構造山脈　27
鉱脈型鉱床　43
鉱脈系統　43
氷　173
氷コア　181
黒色頁岩　86
黒体　240
古土壌　223
古琵琶湖　124

古琵琶湖層群　124
コリオリ力　103
コールド・プルーム　15
コンドライト　3
コンドリュール　3

【サ行】

歳差運動　83
最終間氷期　151
最終氷期極相期　151
最節約分析　130
砕屑粒子　32
錯体　42
サプロペル　87
山岳氷河　168
サンゴ　251
サンゴ礁　165
酸性マグマ活動　42
酸素極小層　87
酸素同位体ステージ　151
酸素同位体比　51, 69
紫外線　241
資源地質科学　63
糸状藻類　61
地震波トモグラフィー　12
試錐　56
質量収支　172
磁鉄鉱系花こう岩　40
自転軸の傾き　83
シトクロム b 遺伝子領域　133
指標　222
縞状鉄鉱層　223
周氷河地域　154
種間競争　142
種の絶滅　142
樹木植生の伝播速度　160
順化　229
純淡水魚相　129
蒸散　189
衝突山脈　27

索　引　275

蒸発散　188
上部マントル　2
消耗域　173
初期固有種　125
植物プランクトン　226
磁硫鉄鉱　46
真核生物　224
浸潤　191
深層水　80
新ドリアス期　163
針葉樹林　204
森林サバンナ　155
水素同位体比　53
錫石　46
スタグナントスラブ　13
スティショバイト　10
ストロマトライト　223
スーパープルーム　15,26
スリバー　28
西岸海流系　85
制限断片共有度　133
生態生物地理　143
生物相区系分類　127
生物ポンプ　216
石英　46
赤外線　241
赤外放射活性気体　244
赤色砂岩　223
赤道湧昇　100
石灰岩　250
石灰質ノノプランクトン　251
雪渓　167
セリサイト　45
閃亜鉛鉱　46
前期脈　45
前弧海盆　22
潜在円頂丘　30
全地球凍結　19
浅熱水性金鉱床　39
相互単系統　135

造山論　27
遡河回遊魚　137
塑性変形　174

【夕行】
第一瀬戸内累層群　121
タイガ　204
堆積地質体　31
第二瀬戸内河湖水系　124
太平洋(数)10年振動　107
太平洋/北米パターン　102
ダイヤモンドアンビルセル装置　6
大陸性氷河　172
多金属型鉱化作用　43
脱ガス　214
谷氷河　168
暖温帯林　75
短期水収支法　195
炭酸塩鉱物　46
炭酸カルシウム　251
炭酸固定回路　227
炭酸水素イオン　253
暖水プール　98
炭素循環　249
炭素同位体比(δ^{13}C)　69
断流　196
遅延振動　110
遅延反転フィードバック　110
地殻　1
地球温暖化　260
地球温暖化ポテンシャル　247
地球放射　240
地圏　21
地質温度圧力計　47
地質学　21
地質体　30
チタン鉄鉱型(系)花こう岩　40,55
地熱水　51
地熱地帯　56
地熱貯留槽　56

地表水　41
中央海嶺下　24
長期水収支法　191
重複鉱化作用　42
直接流出　194
地理的階層構造　141
地理的障壁　129
対馬海峡　163
底面滑り　174
適応進化　142
鉄酸化水酸化物　61
デブリ　196
電磁波　240
電波　241
同位体分別　227
島弧‐海溝系　22
島弧‐大陸縁辺部　38
トドロカイト　60
ドームふじ　181
豊羽鉱床　43
トランスフォーム断層　22

【ナ行】
内核　2
南極周極流　79
南極振動　105
南方振動　100
二酸化マンガン　58
熱水混合　49
熱水循環系　41
熱水性鉱床　43
熱水流動モデル　56
熱帯海中事件　76
粘土化変質帯　46
粘土鉱物　53

【ハ行】
バイオマーカー　223
バイオミネラリゼーション　41
背弧海盆　22

胚胎母岩　51
配列分化速度　133
パイロフィライト　46
パイロライト　4
パークツンドラ　163
パスツールポイント　224
パナマ地峡　79
葉の気孔密度指数　225
ハプト藻　227
ハプロタイプ　133
バラタナゴ　133
パラテチス　81
比較生物学　129
微細藻類　226
ピストンシリンダー型装置　6
微生物　57
日高変成帯　29
避難場所　184
氷河上湖　197
氷河地形　176
氷河の前進　178
氷河変動　178
氷河流域　196
氷期　181
氷厚変化　178
氷床　168
氷食作用　196
漂堆礫　79
氷長石　47
氷帽　168
フィッシャーのスーパーサイクル　85
風化　214
フォッサマグナ　121
付加体　22
不整合　33
物質循環学　254
物理化学条件　41
物理化学的生成条件　47
腐泥　87
浮遊土砂　195

索引　277

プルーム・テクトニクス　13, 27
プロキシー　222
分岐年代推定法　132
分散　129
分子遺伝解析　131
分子時計　132
分水界　190
分断　129
分裂　243
平均地殻元素存在度　37
平衡線　173
ペロブスカイト構造　10
変形スピネル　9
貿易風　100
方鉛鉱　46
ホウ素同位体比　225
ホットスポット　13

【マ行】
マグネサイト　12
マグマオーシャン　18
マグマ水　54
マグマの酸化度　40
末端崩壊　200
マルチアンビルセル装置　6
マンガン酸化細菌　61
マンガン土　58
マンガンワッド　58
マントル　1
マントル遷移層　2
ミトコンドリア　224
ミトコンドリアDNA　126
緑のサハラ　157
南半球環状モード　105
ミランコビッチ・サイクル　82, 259
メージャーライト　9
メッシニアン危機　81
メランジュ　34
モツゴ　132
モホ面　2

モレーン　197

【ヤ行】
八尾‒門ノ沢動物群　76
有孔虫　251
湧昇流　82
優勢化学種　51
溶存無機炭素　227
溶存有機炭素　217
翼足類　256

【ラ行】
ラジカル化　243
ラ・ニーニャ　98
ランソウ　223
リザーバー　249
離心率　83
流動速度　174
硫砒鉄鉱　46
両側回遊魚　137
リン酸塩　218
累帯配列　40
冷温帯林　75
冷室　69
冷舌　98
歴史生物地理　142
歴史生物地理解析　131
レフュジア　138, 184
ロスビー波　102
ローレンタイド氷床　154

【記号・数字】
$\delta^{18}O$　69
ε_p　227
ε_p 解析　231
10 Åマンガナイト　60

【B】
BEE　70
Benthic Foraminifera Extinction

【B】
Event 70
BIF 223
biogenic bloom 78
BLAG 仮説 83

【C】
C_4 植物 232
Carbon Isotope Excursion 70
CCD 70
Cenomanin - Turonian 境界 86
CIE 70
CLIMAP 計画 82
CO_2 濃縮機構 230
CO_2 濃度レベル 229

【D】
D"層 2
DHMS 12
DO サイクル 82

【E】
Early Eocene Climatic Optimum 72
Early Middle Miocene Climatic Optimum 76
EECO 72
Eh-pH 図 60
ELA 173
Elmo horizon 72

【G】
Gande Coupure 75
GEOCARB 219
GWP 247

【H】
Hess モデル 24
hothouse 86

【I】
IPCC 182, 247, 260

【K】
K-Ar 年代 45

【M】
marine isotope stage 78
MECO 73
Middle Eocene Climatic Optimum 73
Mid-Pleistocene Revolution 79
Mil Glaciation 75
MIS 78
MMCO 76
MORB 4
MPR 79

【O】
OAE 86
Oceanic Anoxic Event 86
Oil Glaciation 74

【P】
PAL 224
Penrose モデル 24
PREM 1

【R】
Raymo 仮説 221
RNA 遺伝子領域 133
Rubisco 227

【T】
Terminal Eocene Event 73

執筆者一覧(五十音順)
*編集委員

岡田尚武(おかだ ひさたけ)
  北海道大学大学院理学研究院教授
  北海道大学理事・副学長
  理学博士
  第12章執筆

川村信人(かわむら まこと)
  北海道大学大学院理学研究院准教授
  理学博士
  第2章執筆

倉本 圭(くらもと きよし)
  北海道大学大学院理学研究院教授
  博士(理学)
  第10章コラム執筆

*沢田 健(さわだ けん)
  北海道大学大学院理学研究院講師
  博士(理学)
  第10章執筆

高嶋礼詩(たかしま れいし)
  北海道大学基礎融合科学領域助教
  博士(理学)
  第4章執筆

知北和久(ちきた かずひさ)
  北海道大学大学院理学研究院准教授
  理学博士
  第9章執筆

角皆 潤(つのがい うるむ)
  北海道大学大学院理学研究院准教授
  博士(理学)
  第11章執筆

*栃内 新(とちない しん)
  北海道大学大学院理学研究院准教授
  理学博士

永井隆哉(ながい たかや)
  北海道大学大学院理学研究院准教授
  博士(理学)
  第1章執筆

成瀬廉二(なるせ れんじ)
  (NPO法人)氷河・雪氷圏環境研究舎
  代表
  理学博士
  第8章執筆

*西 弘嗣(にし ひろし)
  北海道大学大学院理学研究院准教授
  理学博士
  第4章執筆

平川一臣(ひらかわ かずおみ)
  北海道大学大学院地球環境科学研究院
  教授
  理学博士
  第7章執筆

藤野清志(ふじの きよし)
  北海道大学大学院理学研究院教授
  理学博士
  第1章執筆

前川光司(まえかわ こうじ)
  北海道大学北方生物圏センター教授
  農学博士
  第6章・第8章コラム・第9章コラム
  執筆

前田仁一郎(まえだ じんいちろう)
　北海道大学大学院理学研究院助教
　理学博士
　第2章コラム執筆

松枝大治(まつえだ ひろはる)
　北海道大学総合博物館教授
　理学博士
　第3章執筆

*馬渡峻輔(まわたり しゅんすけ)
　北海道大学大学院理学研究院教授
　北海道大学総合博物館館長
　理学博士

三浦裕行(みうら ひろゆき)
　北海道大学大学院理学研究院講師
　理学博士
　第3章執筆

見延庄士郎(みのべ しょうしろう)
　北海道大学大学院理学研究院教授
　博士(理学)
　第5章・第11章コラム執筆

渡辺勝敏(わたなべ かつとし)
　京都大学大学院理学研究科准教授
　博士(水産学)
　第6章執筆

*綿貫　豊(わたぬき ゆたか)
　北海道大学大学院水産科学研究院
　准教授
　農学博士
　第5章コラム執筆

地球の変動と生物進化——新・自然史科学 II
2008年3月31日　第1刷発行
2009年3月25日　第2刷発行

編著者　沢田健・綿貫豊・西弘嗣・
　　　　栃内新・馬渡峻輔

発行者　吉　田　克　己

発行所　北海道大学出版会
札幌市北区北9条西8丁目 北海道大学構内(〒060-0809)
Tel. 011(747)2308・Fax. 011(736)8605・http://www.hup.gr.jp

アイワード　　　　　　　Ⓒ 2008　沢田・綿貫・西・栃内・馬渡

ISBN978-4-8329-8184-3

地球と生命の進化学 ―新・自然史科学Ⅰ―	沢田・綿貫・ 西・栃内・編著 馬渡	A5・290頁 価格3000円
地球の変動と生物進化 ―新・自然史科学Ⅱ―	沢田・綿貫・ 西・栃内・編著 馬渡	A5・300頁 価格3000円
魚の自然史 ―水中の進化学―	松浦啓一 編著 宮 正樹	A5・248頁 価格3000円
稚魚の自然史 ―千変万化の魚類学―	千田哲資 南 卓志 編著 木下 泉	A5・318頁 価格3000円
動物の自然史 ―現代分類学の多様な展開―	馬渡峻輔編著	A5・288頁 価格3000円
川と森の生態学 ―中野繁論文集―	中野 繁著	A5・380頁 価格6000円
森の自然史 ―複雑系の生態学―	菊沢喜八郎 編 甲山隆司	A5・250頁 価格3000円
ハチとアリの自然史 ―本能の進化学―	杉浦直人 伊藤文紀編著 前田泰生	A5・332頁 価格3000円
蝶の自然史 ―行動と生態の進化学―	大崎直太編著	A5・286頁 価格3000円
高山植物の自然史 ―お花畑の生態学―	工藤 岳編著	A5・238頁 価格3000円
雑草の自然史 ―たくましさの生態学―	山口裕文編著	A5・248頁 価格3000円
植物の自然史 ―多様性の進化学―	岡田 博 植田邦彦編著 角野康郎	A5・280頁 価格3000円
花の自然史 ―美しさの進化学―	大原 雅編著	A5・278頁 価格3000円
北海道の自然史 ―氷期の森林を旅する―	小野有五 著 五十嵐八枝子	A5・238頁 価格2400円
北海道・自然のなりたち	石城謙吉 編著 福田正己	四六・228頁 価格1800円
親子関係の進化生態学 ―節足動物の社会―	齋藤 裕編著	A5・304頁 価格3000円
被子植物の起源と初期進化	髙橋正道著	A5・526頁 価格8500円
モンゴル大恐竜 ―ゴビ砂漠の大型恐竜と鳥類の進化―	小林快次 著 久保田克博	A4・64頁 価格905円

北海道大学出版会

価格は税別

【SI 単位接頭語】

接頭語	記号	倍数	接頭語	記号	倍数
デカ (deca)	da	10	デシ (deci)	d	10^{-1}
ヘクト (hecto)	h	10^2	センチ (centi)	c	10^{-2}
キロ (kilo)	k	10^3	ミリ (milli)	m	10^{-3}
メガ (mega)	M	10^6	マイクロ (micro)	μ	10^{-6}
ギガ (giga)	G	10^9	ナノ (nano)	n	10^{-9}
テラ (tera)	T	10^{12}	ピコ (pico)	p	10^{-12}
ペタ (peta)	P	10^{15}	フェムト (femto)	f	10^{-15}
エクサ (exa)	E	10^{18}	アト (atto)	a	10^{-18}

【ギリシャ語アルファベット】

A	α	alpha	アルファ	N	ν	nu	ニュー
B	β	beta	ベータ	Ξ	ξ	xi	グザイ
Γ	γ	gamma	ガンマ	O	o	omicron	オミクロン
Δ	δ	delta	デルタ	Π	π	pi	パイ
E	ε	epsilon	イプシロン	P	ρ	rho	ロー
Z	ζ	zeta	ゼータ	Σ	σ	sigma	シグマ
H	η	eta	イータ	T	τ	tau	タウ
Θ	θ	theta	シータ	Υ	υ	upsilon	ウプシロン
I	ι	iota	イオタ	Φ	ϕ	phi	ファイ
K	κ	kappa	カッパ	X	χ	chi	カイ
Λ	λ	lambda	ラムダ	Ψ	ψ	psi	プサイ
M	μ	mu	ミュー	Ω	ω	omega	オメガ